赛博物理系统的多范式建模方法
MULTI-PARADIGM MODELLING APPROACHES
FOR CYBER-PHYSICAL SYSTEMS

[荷] Bedir Tekinerdogan　等著

孙智孝　译

北京航空航天大学出版社

内 容 简 介

本书呈现了国际相关研究团队在支持赛博物理系统多范式建模（MPM4CPS）方面的研究成果，书中内容源于领先行业的实践经验以及研究性文献，聚焦该领域最先进的研究方法和实践案例，涵盖MPM4CPS研究团队创建的理论基础、形式化方法、工具以及相应教育资源和案例。读者将从本书中了解赛博物理系统（CPS）设计和运用的关键问题以及解决方案，并可从必需的软件工具的介绍中得到有关模型建立、分析和管理的有益指导。

读者将从书中学习到有关基于模型的系统工程（MBSE）中全面应用建模与仿真技术的基本理论以及研究方向。本书可作为系统工程、自主系统等学科的研究生教材，使学生系统地学习关于多范式建模本体框架的最新理论，并通过案例研究领悟相应的工程实践中的建模方法和分析流程。

图书在版编目(CIP)数据

赛博物理系统的多范式建模方法 /（荷）贝迪尔·特克纳多根（Bedir Tekinerdogan）等著；孙智孝译. ——北京：北京航空航天大学出版社，2023.7

书名原文：Multi-Paradigm Modelling Approaches for Cyber-Physical Systems

ISBN 978 - 7 - 5124 - 4119 - 4

Ⅰ. ①赛… Ⅱ. ①贝… ②孙… Ⅲ. ①虚拟现实
Ⅳ. ①TP391.98

中国国家版本馆 CIP 数据核字（2023）第 124291 号

赛博物理系统的多范式建模方法
MULTI-PARADIGM MODELLING APPROACHES FOR CYBER-PHYSICAL SYSTEMS
［荷］Bedir Tekinerdogan 等著
孙智孝 译
策划编辑 董宜斌 高星海 责任编辑 杨 昕
*
北京航空航天大学出版社出版发行

北京市海淀区学院路 37 号（邮编 100191） http://www.buaapress.com.cn
发行部电话：(010)82317024 传真：(010)82328026
读者信箱：copyrights@buaacm.com.cn 邮购电话：(010)82316936
北京建宏印刷有限公司印装 各地书店经销
*
开本：710×1 000 1/16 印张：18.25 字数：389 千字
2023 年 7 月第 1 版 2023 年 7 月第 1 次印刷
ISBN 978 - 7 - 5124 - 4119 - 4 定价：99.00 元

版权声明

序者序

当今世界我们所面对的工程化系统正在加剧地变得更加复杂,其中最为重要的特征就是不断呈现着由物理、软件和网络等多个方面的集成,真正复杂的、多学科的和工程化的系统多属于赛博物理系统(简称 CPS)的范畴。因此,构思、开发和建造这样的系统是一项卓越的系统工程的努力,不仅具有技术考量及物理约束的挑战性,而且会涉及诸如通信、控制、计算以及人机交互协同等带来的影响。随着 CPS 设计和运用现实需求的不断增加,依赖以往在单个领域的工程学科(机械、电气、网络或软件)拥有的知识和技能已无法提供完整的解决方案。在当今的系统工程领域,我们迫切需要寻求并建立一种统一的理论以及系统化的设计方法、技术和工具。

在此,针对 CPS 固有的跨学科的本质特征,结合当前系统工程面向基于模型的转型方向,将建模、仿真和分析(MS&A)作为开发赛博物理系统的关键使能。为支持在所有研究领域之间建立沟通的公共背景知识,通过研究相关建模语言中的模型规范、转换及其语义技术,综合分析多个学科相关的不同的建模技术,旨在寻求最为合理的建模形式,在最为合适的抽象层级之上清晰地明确系统的各个组成部分以及各个层面的建模方式,由此多范式建模(MPM)应运而生,今天学术界和工程界普遍将 MPM 当作未来应对 CPS 设计和应用挑战的有效路径。

关于本体框架

本体在系统所处的背景环境中捕捉与问题空间和解决方案相关的一般性知识。在此将背景环境表示为我们所认识世界的高层实体(类型和领域)的分类学的层级树,从而概括和抽象,用来指导我们对事物进行分类。从最高到最低层级的所有实体都可作为概念出现,而低层级的实体(概念和实例)将继承其高层实体的一般特性并同时拥有各自独特的特性。本体框架成为我们选择用来构建本体模型的结构、功能和内容的定义,就像关系数据库或面向对象编程语言那样,而无需从头开始创建自己的本体框架。

本书首先翔实地进行有关本体框架的描述并定义本体框架的建模方法和工具,通过提供共享本体、CPS 本体(领域本体)和 MPM 本体(方法本体)之间的跨领域概念来详细阐述和集成这些本体,并利用基于模型的开发流程、元模型(如 megamodel)支持的视角以及对应的形式化概念,引导在更广泛的背景环境中,探索并获得关于支持赛博物理系统多范式建模(MPM4CPS)应用的正确方向和实际方法。

关于方法及其工具

正是由于赛博物理系统的异构性,因此需要一种适应多学科组件的灵活并通用的建模方法,以应对和管控系统组合的复杂性。双半球模型驱动(简称2HMD)方法成功应用于各种领域的建模以及软件设计,其中模型最为突出的特征就是既适用于人的理解又支持模型的自动转换。将2HMD方法与CPS的建模方法相结合,为我们提供了一个组合和分析系统组件的机会,从而在理想的和实际的系统之间发现和弥补差别。进而,在离散事件优先(DE-first)的方法论的指导下,使用离散事件(DE)形式化方法来识别各类不同模型之间的合理的通信接口和交互协议,构造系统最初的、抽象的概念模型;之后使用协同仿真(co-simulation)技术逐步增加协同模型(co-model)的细节,逐渐用更详细的模型取代上述的概念模型,前者如满足物理现象的连续时间(CT)的模型。

书中具体介绍了使用特定领域的建模语言来开发基于智能体(Agent-baesd)的CPS方法,并研究在各类执行平台上实现这些系统。此时,系统将基于状态转换的离散事件与基于变量的连续求解相融合,运用混合系统建模的表达能力支持高度复杂系统的定义,由此赛博物理系统可在错综复杂的背景环境中得以建模,并利用一个易学的图形化界面在Python工具的支持下,实现CPS模型的高效建模、仿真和验证。

关于案例研究

赛博物理系统由不同的硬件、软件、计算和通信组件所组成,在设计和开发中重点考虑通信、传感器与物理组件的有效组合。书中案例重点描述使用MPM方法设计和开发基于物联网的CPS,其中涵盖系统在无线传感器网络(WSN)节点、物联网(IoT)元素跨平台之间的通信,传感器和作动器之间物理世界与系统使用者的交互控制以及传感器、边缘(Edge)及网关的嵌入式组件。复杂系统的开发既要考虑其结构又要考虑其行为,在CPS开发流程的不同阶段,如需求分析、设计、建模和仿真以及实现,MPM方法在流程模型中提供系统开发的数据流和控制流,并应用形式化转换图和流程模型(FTG+PM)技术,旨在通过发现关键的转换来提升CPS及其开发的能力。

本书还介绍了欧洲一些领先的大学在硕士和博士课程上创立MPM4CPS基础理论和研究的成果,为应对CPS开发中跨领域专业共识知识体系的挑战,弥合CPS领域研究人员、工程师培训与高校教育之间的隔阂,详细阐明并给出相关学科的发展路线图。

阅读和翻译本书的过程,就好像一次启航重新认知未来系统基本特征和新型系统工程范式的旅程,作者不仅为我们呈现了未来赛博物理系统运用的宏大全景和探索路径,而且所涉及的大量相关文献又为我们设立了研究和实践的路标。愿与各位读者同行,祝在学习的路途中愉快、充实!

译　者
2023年6月

目　　录

1

第二部分 方法和工具

第1章 引 言

Bedir Tekinerdogan[a]，Dominique Blouin[b]，Hans Vangheluwe[c]，

Miguel Goulāo[d]，Paulo Carreirad[d]，Vasco Amaral[d]

a 荷兰瓦格宁根，瓦格宁根大学与研究中心

b 法国巴黎，巴黎高等电信学院、巴黎理工学院

c 比利时安特卫普，安特卫普大学和弗兰德斯制造研究院

d 葡萄牙里斯本，里斯本大学

1.1 目 标

真正复杂的、多学科的和工程化的系统，即赛博物理系统（CPS），在当今的现实世界中不断地呈现，它们集成物理、软件和网络各个方面，有时还会存在于恶劣的物理环境中。我们可以在自动驾驶汽车、工业控制系统、机器人系统、医疗监控以及自动驾驶的航空电子设备等领域找到 CPS 的案例。例如，本书的封面就展示了一个复杂 CPS 的案例——马耳他猎鹰号帆船，它是世界上最复杂、最大的帆船之一。航海行动包括在迥然不同的环境中，在水面上利用风力，操控船帆，驱动船只航行，此时海况可能具有某种不可预测性。鉴于速度和节省燃料的考量，这些船只的操作在传统上是由经验丰富的船长来完成的，并可当作一项运动来欣赏。在这一点上，与其他运动项目（如一级方程式赛车）一样，自动化介入到设计、仿真中，支持决策和最优化，以及在静止和不稳定条件下的运行。除了考虑几个运动自由度之外，还必须通过平衡水动力、空气动力、浮力和重力来控制复杂动态的力。

建造马耳他猎鹰号这样的帆船是一项复杂的工程，极具挑战性，包括技术的和物理的限制，以及所使用的材料、通信等带来的影响。马耳他猎鹰号长 88 m（289 ft），可以由一个人操作。为此，它拥有大量的作动装置，包括独立式旋转桅杆。此外，为了支持复杂的控制逻辑，它还有一组复杂的采用先进技术的传感器，如植入到桅杆的光纤应变网，用以分析航行中的实时负载。帆船上功能强大的计算机软件会自动检测风速等参数，并向操作人员显示关键数据。这种自主特性属于 CPS 众多特征之一。

尽管 CPS 的运用和影响在不断增加，马耳他猎鹰号就是其中一个示例，但对于这种系统并没有统一的理论或系统化的设计方法、技术和工具。单个领域的工程学

科(机械、电气、网络或软件)仅可提供部分解决方案。在此,我们提出应用多范式建模(MPM),采用最恰当的建模形式、在最合适的抽象层级上明确系统各个部分以及各个方面的建模方式。为实现 MPM 建模,我们研究语言工程,包括模型转换及其语义,当前人们已将 MPM 视为应对 CPS 设计挑战的有效的解决方案。

建模和分析是开发赛博物理系统的关键。此外,CPS 所固有的跨学科特质,需要采用不同学科相关的不同的建模技术。同时,为了实现在所有研究领域之间的沟通,也需要公共的背景知识。

任何开始进入 CPS 领域的人们都需要阅读与 CPS 建模相关的基础理论文献,这些文献对当前不同的技术进行了全面的介绍,并且对这些技术的优势和局限性具有清晰的分析。事实上,尽管特定学科的实践者已将这些技术用于他们的公共实践中,但他们所具有的基础知识和应用知识,通常与另一个领域的实践者相差甚远。最终结果是,CPS 实践者倾向于使用他们最为熟悉的技术,而忽略了最为适合解决问题和建模目标的技术。

本书是 COST 行动计划 IC1404“支持赛博物理系统的多范式建模”(MPM4CPS)合作项目的成果,涉及来自 32 个国家的研究人员、机构和公司人员的 4 年合作。

本书的写作目的是展示 MPM4CPS 网络中不同工作组的研究成果。因此,本书将涵盖 MPM4CPS 网络内产生的理论基础、形式化方法、工具和教育资源的成果,例如,MPM4CPS 网络提供的案例研究。本书将聚焦最先进的研究和实践知识。

本书包括讨论来自行业经验的章节以及面向研究的引用论文。实践者将从书中识别的关键问题、解决方案以及已开发的或可用于模型管理和分析必需的工具中受益;研究人员将从书中识别的模型管理和分析的基本理论与背景、当前研究课题、相关挑战以及研究方向中受益。本书还将帮助相关专业的研究生、研究人员和实践者了解 MPM4CPS 网络工作的最新研究成果。

1.2　本书概要

本书由 3 个基本部分组成:MPM4CPS 的本体框架、方法和工具以及案例研究。第一部分提供 MPM4CPS 的本体框架,包括第 2~5 章。本体框架分为 4 个子部分:共享本体——用于捕获其他本体需要但与其领域无关的概念,以及 CPS 本体、MPM 本体和 MPM4CPS 集成本体。为了推导本体,我们将提出全面的领域分析流程,该流程聚焦于针对 MPM4CPS 所选择的关键研究内容。第二部分介绍用于开发和分析 CPS 的方法和工具,包括第 6~9 章。第三部分为案例研究,包括第 10~11 章。

1.2.1　第一部分——本体框架

第2章首先介绍已被选择用于定义本体的建模方法和工具,以说明和澄清用于引导研究工作的方法和实际方向。它还提供对共享本体的描述,其概念可用于更广泛的背景环境中,以构建其他本体的一些更具体的概念。然后,本章简要描述我们所使用的示例,作为开始探索该领域的参考,关注我们对该领域的愿景并引导读者与我们共赴探索之路。

第3章描述CPS本体。在此,采用特征建模方法,对CPS的公共和变体特征开展显式化的建模。对于生成的特征模型的每个特点都进行详细描述。所生成的特征模型表明了开发CPS的构型空间。第2章中介绍的两个关于CPS的案例,可用于研究推导具体的CPS构型。

第4章介绍使用网络本体语言（OWL）来指定MPM本体,首先全面介绍有关MPM的核心概念、多形式化方法、模型管理方法、语言和工具的最先进的应用方式,成为支持MPM极其重要的组成部分。模型管理方法根据其模块化和增量执行特性予以表征,以满足我们今天所面临的大型复杂系统所需的扩展。随后,引入MPM本体的概述,包括本体的主要类和特性。MPM本体的用法已在第2章中介绍的两个案例研究中进行了说明。

第5章通过MPM4CPS集成本体来集成前几章的结果。为此,本章还通过提供共享本体、CPS本体和MPM本体之间的跨领域概念来详细阐述和集成这些本体。它给出如基于模型开发流程、巨模型（megamodel）片段支持的视角以及这些视角所涵盖的开发中的CPS部分的形式化概念。最后,它介绍了一些正在开展的MPM4CPS核心工作,即在更广泛的工程范式背景环境中建模范式的形式化概念。

1.2.2　第二部分——方法和工具

第6章介绍双半球模型驱动(2HMD)方法,用于确保CPS组合的实现。在对等和关联的基础上,该方法设定建模方法以及所使用的有关程序步骤和概念的知识,将2HMD方法与纯程序步骤的、纯概念的和面向对象的方法加以区别。这种方法可以应用于特定工作领域建模的环境背景中,也可以应用于针对有关该领域知识的建模环境背景中。赛博物理系统是异构的系统,需要多学科的建模方法。通过2HMD方法对赛博物理系统进行建模,提供一个机会来组合和分析那些透明提供的和实际提供的系统组件,从而识别和填补理想的和实际的系统内容之间的差距。

在第7章中,作者表明在遵循"离散事件优先(DE-first)"方法论的情况下,如何使用协同仿真(co-simulation)技术来逐步增加协同模型(co-model)的细节。在这种方法中,使用离散事件(DE)形式化(在本例中为VDM)来识别不同模型之间的正确通信接口和交互协议,创建初始的抽象模型,逐渐由所使用的适当形式、更详细的模型所取代,例如,物理现象的连续时间(CT)模型。

第 8 章介绍一种基于智能体(agent-baesd)的 CPS 开发方法,该方法使用特定领域的建模语言 SEA ML++。本章详细介绍了智能体——以自主和主动的方式协同解决问题的软件组件。智能体可以协同的方式运行,并与构成系统(称为多智能体系统,MAS)的其他智能体进行协同。智能软件体和 MAS 可用于 CPS 的建模和开发。在本章中,作者还讨论了如何将 SEA ML++ 用于基于智能体的 CPS 的设计和实现。我们引入了一种 MDE(模型驱动工程)方法,其使用 SEA ML++设计基于智能体的 CPS,并在各种智能体执行平台上来实现这些系统。在评估案例研究时,考虑开发多智能体的垃圾回收 CPS。所开展的研究展示如何根据 SEA ML ++的各种视角来设计此类 CPS,然后在 JASON 智能体执行平台上得以实现。

第 9 章介绍混合系统的建模,这对 CPS 至关重要。混合系统建模的表达能力支持定义高度复杂的系统,这些系统将离散基于状态转换系统与变量的连续值演变相互融合。由此,赛博物理系统就可在其所有的错综复杂的系统中得以建模。然而,这种表达能力的缺点是模型复杂性和非决定性的验证问题,即使对于小型系统也是如此。在本章中,作者介绍了 CREST,这是一种用于定义混合系统的新型建模语言。CREST 融合各种形式化方法和语言(如混合自动机、数据流编程和内部的 DSL 设计)的特征,从而创建一种简单而又实用的语言,应用于针对小型 CPS 相关资源流的建模,如自动化园艺应用程序和智能家居。该语言提供了一个易于学习的图形化界面,并得到基于 Python 工具实现的支持,可实现 CPS 模型的高效的建模、仿真和验证。

1.2.3 第三部分——案例研究

第 10 章介绍使用 MPM 方法设计和开发基于物联网(IoT)和无线传感器网络(WSN)的 CPS,应用于智能火灾探测案例研究。该系统使用物联网组件和无线传感器网络元素进行开发。我们提出的系统由不同的硬件部件、软件元件、计算元件和通信技术组成,从而形成一个既考虑其结构又考虑其行为的复杂系统。本章详细介绍开发流程的不同阶段,包括需求分析、设计、建模和仿真以及实现。为在这些阶段展示 MPM 方法,本章使用形式化转换图和流程模型(FTG+PM),并描述了所有涉及的制品和模型转换。这有助于在 PM 中提供系统开发的数据流和控制流。更进一步,FTG 的分析表明,通过发现关键的(半)自动的手动转换,系统有可能得以提升。

第 11 章介绍白俄罗斯和乌克兰大学在 CPS 面向行业的跨领域研究计划中的进展。该文档与欧洲 COST 行动 MPM4CPS 项目的目标一致,还考虑了在教育背景中知识扩散的成果。本章介绍欧洲领先的一些大学在 MPM4CPS 欧洲硕士和博士课程上创建的流程和研究成果的基础。此外,它还详细说明和设定相关学科的路线图,以应对在 CPS 开发中相互认可的跨领域专业知识研究计划的挑战。开发研究计划的挑战之一是在 CPS 领域的潜在研究人员和工程师培训方面弥合行业需要和教育产出之间的差距。MPM4CPS 的成功鼓励欧盟合作伙伴将 COST 行动开发的知识和方法应用于 IRASMUS+计划中,以在实践中验证其可行性,目的是在白俄罗斯和乌克兰合作伙伴大学中开发聚焦行业的课程。本章还讨论 COST 团队如何在研究中努力分析发展趋势、行业需要以及获取 ERASMUS+团队已应用的最佳教育实践,为白俄罗斯和乌克兰的合作伙伴大学创建聚焦行业的 CPS 跨领域研究计划。

1.3　致　谢

本书得到了赛博物理系统 COST 行动计划 IC1404 MPM4CPS(支持赛博物理系统的多范式建模)的支持,COST 得到欧盟框架计划地平线 2020(EU Framework Programme Horizon 2020)的支持。

INESC-ID 的作者通过 FCT 科学技术基金会,根据合同 UID/CEC/50021/2019 获得国家基金的支持。此外,NOVA 的作者们还得到了 NOVA LINCS 研究实验室 (参考 UID/CEC/04516/2019)和葡萄牙-德国双边项目"社会赛博物理系统"论文集 441.00 DAAD 的支持。

巴黎电信的作者们得到美国陆军研究、开发和工程司令部(RDECOM)的部分支持。

最后,我们还要感谢这些章节的所有作者和贡献者。

第一部分
本体框架

第 2 章 赛博物理系统
多范式建模的本体基础

Dominique Blouin[a], Rima Al-Ali[b], Mauro Iacono[c],
Bedir Tekinerdogan[d], Holger Giese[e]

a 法国巴黎,巴黎高等电信学院、巴黎理工学院
b 捷克共和国布拉格,查理大学
c 意大利卡塞塔,坎帕尼亚大学
d 荷兰瓦格宁根,瓦格宁根大学与研究中心
e 德国波茨坦城,哈索-普拉特纳研究所

2.1 概 述

赛博物理系统(CPS)领域源于自然而然的技术演进,其中涉及控制系统、现代网络持续增强的可靠性和不断提高的速度以及支持复杂协作、监督和复杂体控制的可能性,还有可能通过软件带来分布的和交互的系统。CPS 结合在单个系统中基于计算机(赛博)的一个部件,具有离散的时间行为以及在非交互时与物理世界隔离的特征,由软件和算法描述所主导;具有物理部件,其中物理部件运行在实际、连续时间和具体的三维空间中,并未与外界隔离,由运动学、动力学以及所有非预期的自然现象的影响所主导。

两个组件之间的互补性可通过反应式的背景环境管理以及合理的作动器驱动,从而支持物理组件的迅速反应,在物理组件合适的感知条件下:假定具有适当的设计技术可将其作为一个整体进行思考和开发,赛博组件就能为系统提供前所未有的智能,并有超出以往任何传统的可能性。

开发合适的设计技术极具挑战性。组件的多样性、规范的多样性以及需求的关键性,赛博和物理组件背后时间结构的异构性,以及整个系统及其组件不同方面和规范之间的相互依赖性,将带来设计过程的复杂性,但只有当组件或子系统的设计选择中,概念化方法能够涵盖系统各个部分的每个具体方面,同时面对修改能够保持内部的一致性时,这个过程才是可管理的。事实上,由于 CPS 中存在不同的范式,因此必须采用合适的设计技术来认知所涉及的范式,并实际利用它们来应对每个组件不同的特质,方法是在组件层级和每个抽象层级上,使设计过程包含最自然合理的建模范

式,从而可以观察整个系统,用以解决一般问题的特定方面。

　　正是基于此前提,在本书中我们将介绍广泛合作研究工作的部分成果,这些研究中提出把多范式建模(MPM)作为一种关键方法,为 CPS 设计流程提供坚实的理论基础。MPM 支持在协作方式中使用不同的建模范式、模型转换技术以及组合建模方法,从设计周期的规范阶段到验证阶段来塑造目标系统,支持利用不同的建模技术和建模方法,适用于包含所有设计需求的模型来改进设计,包括满足非功能规范,例如正确性和性能,以及从设计和开发流程的早期阶段开始对其进行评估。MPM 方法是利用不同的工具、不同的框架以及不同的数学或形式化基础;因此,要定义适用于 CPS 的方法,就需要仔细探究建模技术和工具的现状,从而理解它们是如何构造的、它们服务的目的是什么、它们将要实现什么目标以及它们如何让人们实现这些目标,并通过定义这些方法来描述模型、结果、句法等方面以及评估或生成或转换过程的语义集成的公共框架。这种探索将带来针对 MPM、CPS 以及 MPM4CPS 领域基于本体的描述,从而将 MPM 概念映射到 CPS 领域,并理解应如何塑造 MPM 方法来更好地满足 CPS 设计流程的需要。

　　为说明并澄清那些指导研究工作的方法和实际的方向,本章介绍为本体的定义所选择的建模方法。读者还将看到关于本体框架的总体架构的介绍,其分为 4 个本体,包含共享本体,用以捕获其他本体所需的但又不属于其领域的概念。介绍共享本体是因为它支持其他各章节中的其他本体。然后,简要介绍我们开始探索该领域时的参考示例,让读者理解我们对该领域的愿景,并由我们的探索路径来引导读者。

　　接下来的章节我们将详细介绍 CPS 本体,给出我们的设计目标的精确含义,即我们的 MPM 本体,展示我们的分析结果,并为读者提供当代最佳建模文化的全面知识,以及二者之间的集成——这将是我们工作的最终成果。

　　这些成果背后是由赛博物理系统 COST 行动计划 IC1404 的"支持赛博物理系统的多范式建模"(MPM4CPS)的合作所促成的,包括 4 年多以来来自 32 个国家的研究人员、机构和企业的共同合作。

2.2　本体开发方法

　　本节将介绍我们开发本体框架所使用的方法,它需要我们分析 CPS 领域、MPM 领域以及联合应用它们通过 MPM 开发 CPS 的 MPM4CPS 集成领域,本体开发方法的工作流如图 2.1 所示。

　　在支持我们开展领域分析流程的探索性建模(译者注:探索性建模是一种使用计算实验来分析复杂和不确定系统的研究方法论(Bankes,1993),可以理解为对给定先验知识或其他感兴趣的模型集合进行搜索或采样。这个系统对应的集合规模可能很大或无限大,其核心挑战是设计搜索或采样的策略,从而支持基于有限数量的计

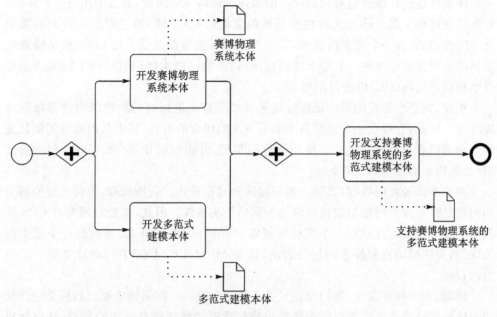

图 2.1　本体开发方法

算实验的有效结论或可信理解)模式下,开发这些本体。因此,在下一节中,我们将简要介绍这一建模模式;随后,我们再介绍领域分析流程;最后,我们将介绍用于捕获领域知识的两种具体的建模形式化方法和建模工具。

2.2.1　建模模式

根据参考文献[1],建模可以分为探索性模式和构造性模式,每种模式遵循不同的思想流派,有不同的目标,为了实现目标,将采用不同的特性。表 2.1 列出了这些特性。

表 2.1　建模学派(改编自参考文献[1])

特　性	解释性	构造性
目的	理解性的	构建性的
功能	描述性的	规定性的
世界观	开放的世界	闭合的世界
成长	自下而上(实例优先)	自上而下(类型优先)
分类	结构的	标称的
层级	二层的	多层的
模型	如使用 OWL	如使用 UML
逻辑	描述逻辑(简称 DL)	一阶逻辑

探索性建模旨在通过对领域问题的描述来理解领域问题,通常采用分类的形式。它往往使用自下而上的方法并根据领域的实例结构(特性)对它们进行研究和类型化。因此,它假设一个开放的世界,其中并非所有类型都是预先已知的,而是随着新实例的分类而被发现的。它通常使用建模语言,如网络本体语言(OWL)[1]来指定分类学和描述逻辑(DL)以进行推理。

相反,构造性建模的目的是通过规定领域所有元素标称的类型来构建领域的解决方案。因此,它假设一个遵循自上而下方法的闭合的世界,其中我们通过实例化关系来理解所有类型的实例。它使用标称的类型,并由建模语言(如 UML)和一阶逻辑(通过约束语言 OCL)来支持。

鉴于本体开发的目标,实际上需要这两种建模模式。众所周知,正确理解要解决的问题是针对这个问题制定良好解决方案的先决条件。因此,需要对现有的 CPS 及其使用模型开发的方式有一个完整的理解,以便为 CPS 的开发,发展出一个适当的关联/组合建模语言和技术的解决方案,这是 MPM4CPS COST 行动计划第一工作组的目标。

然而,在本体开发中,我们现在只关心第一阶段——探索性建模。目标是使开发的本体框架分类在之后可以作为使用构造性建模的模型管理框架的基础,从而针对CPS 的开发恰当地关联、组合那些建模语言和相关技术。因此,本书关于MPM4CPS 基础的第一部分致力于介绍所开发的 MPM4CPS 本体,而之后的构造性建模步骤留给未来的工作。

2.2.2　领域分析流程

为定义 MPM4CPS 本体,我们受到参考文献[2]～[4]的启发,遵循领域分析流程。该流程包括识别、捕获和组织有关问题领域的知识,使其可用于开发该领域的新系统,如使用构造性建模。图 2.2 所示为典型领域分析流程的活动图。该流程的主要活动包括领域范围界定和领域建模。

领域范围界定的目的是确定感兴趣领域的范围以及利益相关方及其目标。一个领域的建模通常需要大量的工作,因此,鉴于已确定的利益相关方的需求,将该领域的范围限定在所需的范围内十分重要。

领域建模是构建领域模型的活动。该领域定义为一个知识领域,其特征是该领域的专业人员可理解的一组概念和术语。因此,构建领域模型包括识别领域相关概念以及领域界定中确定的领域范围之间的关系。通常,领域模型是通过分析领域概念的公共性和可变性来确定的。然后,可以使用专门的形式来指定领域模型,例如本体语言、面向对象语言、代数规范、规则和概念模型。

领域建模的一种流行方法是使用特征建模语言捕获领域模型。其中,特征是与

---

[1]　https://www.w3.org/OWL/。

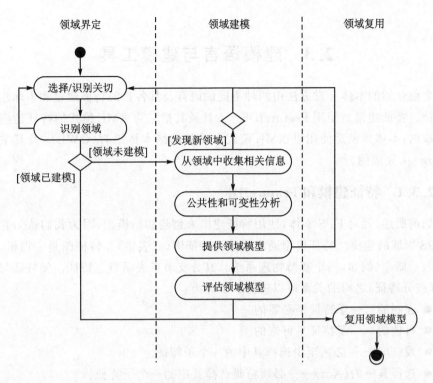

领域界定　　　　　领域建模　　　　　领域复用

图 2.2　领域分析方法的公共结构(根据参考文献[3])

某些利益相关方相关的特性,用于区分对象的公共特征和特定特征。然后,特征模型定义对象要素及其依赖性。特征建模被广泛用于对特定产品或产品系列的公共性和可变性进行建模。

　　除了特征建模外,支持领域分析的另一种技术包括本体建模。普遍接受的本体定义是"概念化的显性规范"[5]。本体使用某种描述语言表示概念的语义及其关系。它可用于自动推理领域模型/分类,以查明推理分类中给定一组个体的潜在不一致性。从这个角度来看,特征建模也是一种概念描述技术,但它聚焦于对领域的公共性和可变性方面的建模。因此,可将其视为本体的视图[4],但不具有推理能力。

　　在此工作中,使用特征建模和本体建模。如第 3 章所述,特征建模最初用于捕获 CPS 领域知识,因为它更适合系统/产品的建模。然而,为了从更强的本体分析能力中受益,框架的所有领域最终都被表示为一组良好集成的本体。为了实现这种集成,开发项目中使用的语言和工具,支持特征模型与本体模型之间的模型转换,自动地将 CPS 特征模型转换为本体模型。这种转换以及特征建模和本体建模语言、工具的选择将在下一节中进行详细介绍。

2.3　建模语言与建模工具

之前介绍的本体开发方法由两种不同的语言及其各自的特征建模和本体建模工具支持。特征建模是使用 FeatureIDE[①] 工具及其指定为 XML 模式的特征建模语言所完成的;本体建模是使用以 XML 模式表示的网络本体语言(OWL)[②]及其主流工具 Protégé 完成的。[③]

2.3.1　特征建模和 FeatureIDE

如前所述,针对 CPS 本体,使用特征建模来创建初始模型,因为我们认为它更适合 CPS 领域的建模。特征模型通常表示为特征图(或表格)。特征图是一棵树,其根节点表示概念(例如,一个赛博物理系统),其分支节点表示概念特征。父特征与其子特征(或分特征)之间的关系可以进行如下分类:

- 强制的——子特征是必需的。
- 可选的——子特征是可选的。
- 或(Or)——必须至少选择其中的一个子特征。
- 选择其一的(Xor)——必须精确选择其中的一个子特征。

我们根据这些分类来指定特征集合,以描述产品配置和产品线。此外,我们可以定义约束,从而进一步限定定义系统构型配置特征的可选性。最常见的特征约束包括:

- A 需要 B——在产品中选择 A,意味着也选择了 B。
- A 排除 B——A 和 B 不能是同一产品的一部分。

FeatureIDE 工具用于捕获特征模型。它于 2005 年开始开发,是特征建模最成熟的工具之一。它是开源的,并集成到 Eclipse 平台中。自 2014 年以来,除了免费版本外,还提供了一个商业支持的版本,包括用于特征建模的基本功能,如特征模型编辑器、特征约束编辑器以及特征模型构型配置编辑器。我们必须为每一个已建模的 CPS 提供一个特征构型配置模型,而在这个特征模型构型配置中,特征模型的特征是能够被选择的。该工具能够执行一些分析,从而确定配置是否符合其特征模型。

2.3.2　网络本体语言(OWL)和 Protégé

万维网联盟将 OWL 标准化,斯坦福大学开发的 Protégé 是实现 OWL 的主要工

---

① http://www.featureide.com/。
② https://www.w3.org/OWL/。
③ https://protege.stanford.edu/。

具之一。由于其成熟度和推理能力,我们将选择 Web 本体语言和 Protégé 实现语言和工具的统一,从而捕获框架整个的本体集。Protégé 已用于复杂的领域建模,如生物物种分类,大约 20 年了。此外,有几个当前的 Web 本体语言能够用于此工作,例如用于单位建模的 SysML QUDV(数量、单位、尺寸和值)①和 QUDT2(数量、单位、尺寸和类型版本 2),或 MAMO(数学建模本体),它们可以从 Aber Web 本体语言②或 Protégé Ontology Library③等存储库中随时获得。

OWL 的语义主要是基于集合论。④ 与许多元建模语言(如 UML 类图)类似,OWL 允许对类、数据类型和特性进行规范。类指定一组个体,而数据类型指定一组基本数据,如数字和字符串。然而,Web 本体语言比 UML 更具表现力。例如,根据集合论,我们可以声明类且彼此不相交。此外,类可以通过其扩展(外延)或内包(内涵)来定义。类的定义通过集合扩展来表示一组个体,或者换句话说,通过对集合中个体的穷尽枚举来表示。类也可以通过传统的并集、交集以及补集操作符定义为其他类的组合。最后,类也可以表示为特性限定,它由一个匿名类组成,该类表示满足给定限定的所有个体的集合。这种限定通常会限定个体特征的值。

特性是个体之间的二元关系。特性具有一个值域,用以限定其源个体类以及设置目标个体类的范围。同样,OWL 特性比 UML 特性更具表现力,因为它们可以具有众多的特性,例如功能性、传递性、对称性、非对称性和自反性。与类一样,OWL 特性可以是另一个特性的子特性。从形式上讲,这意味着如果特性 2 是特性 1 的子特性,那么特性 2 所匹配的个体集或实例集(特性的扩展)应该是特性 1 扩展的子集。

所有这些概念都有助于丰富 OWL 的语义,为了从本体个体检查不一致性或推断得出逻辑结果及自动分类,支持对本体的推理。为此,可以在 Protégé 中集成几个插件,以便实现在 OWL 本体上的推理。

类似地,我们还提供了几个插件,用于以不同类型图表、矩阵形式等可视化本体。对于此工作,我们主要使用了 OntoGraf 插件。⑤ 在 OntoGraf 符号中,类用矩形表示,左侧有一个黄色的实心圆圈(见图 2.4);子类关系用实线箭头表示。如图 4.13 所示,个体用矩形表示,矩形左侧有一个填充的紫色菱形。个体与类的关系用实线箭头表示。

如图 2.4 所示,在 OWL 中,所有类都是 Protégé 中默认提供的通用顶层 Thing 类的子类(子集)。此外,通常的做法是将研究中表示特定领域概念(Domain-Concept,在此简称 DC)类与其他实用功能类分开,这些实用功能类可能被领域使用而不是被领域概念使用。因此,如图 2.4 所示,在 Thing 类之下,所提供的 Domain-

① http://www.omgwiki.org/OMGSysML/doku.php? id=sysml-qudv:qudv_owl。
② http://aber-owl.net/。
③ https://protegewiki.stanford.edu/wiki/Protege_Ontology_Library#OWL_ontologies。
④ https://www.w3.org/TR/owl-ref/。
⑤ https://protegewiki.stanford.edu/wiki/OntoGraf。

Concept 类用以对这些不同类型的元素进行划分。这个顶层领域概念类进一步细分为本体的不同子领域,如 ParadigmDC、ProcessDC 等。①

2.3.3　特征建模与 OWL 的集成

为了将所有本体集成到一个公共技术框架中,FeatureIDE 的 CPS 模型转换为 OWL 模型。这种集成是必需的,这样在开发流程的不同阶段涉及的视角可以用 OWL 表示,其中视角将所使用的形式化方法和工具与建模系统各部分关联。此外,这种集成的另一个优势是得益于 OWL 工具更强的分析能力。

我们将 FeatureIDE 和 OWL 模型存为 XML 文件,它们的 XSD(XML 模式定义)随时可用。为了使用模型转换工具,将 FeatureIDE 模型转换为 OWL 模型,FeatureIDE 和 OWL 的 XSD 首先被转换为大多数模型转换工具可操作的 Ecore 元模型。由于 Ecore XSD 程序的导入,这几乎是完全自动实现的;我们只需对生成的 Ecore 类进行少量修改,就可以为 FeatureIDE 和 OWL 提供正确的元模型。我们将这样的 Ecore 模型自动序列化为 XML 文件,FeatureIDE 和 Protégé 工具也可以读取它。

当我们将特征模型映射到 OWL 模型时,可参照参考文献[6]的工作,这一转换的详细规范可以在 MPM4CPS COST 行动项目计划交付的成果 D1.2 中找到[7]。

2.4　本体架构

我们在此介绍本体框架的总体架构,作为理解 CPS4MPM 的基础。在开发此框架时,我们遵循本体建模的若干最佳实践。② 这些实践中的主要 3 个工作与范围界定、重用以及模块化相关。

如前所述,针对一个领域开发一个本体,需要花费大量精力来理解这个领域。因此,根据探索性建模活动的目标,准确界定领域的范围是至关重要的。此外,减少建模工作的另一种方法是尽可能多地重用所研究领域现有的本体。最后,为了确保开发的本体可以轻松地被重用,开发模块化的本体是至关重要的。

这些最佳实践的应用带来框架本体的架构,如图 2.3 所示。在该图中,本体被描述为实心圆角矩形,标记的箭头表示它们之间的不同关系。③ 我们的框架分为三层,最左边的层包括 OWL 类和对象特性(译者注:对象特性是指名称和值之间的简单关联。所有特性都有一个名称,值是与该特性连接的属性之一,该特性也定义访问属性的权限;特性由(名称:值)对来表示),用于捕获 CPS、MPM 以及 MPM4CPS 领

---

① 这些子领域,属于共享本体,将在 2.5 节详细介绍。
② https://www.mkbergman.com/911/a-reference-guide-to-ontology-best-practices/。
③ Protégé OWL 文件可在参考文献[8]中获得。

域,并由其他两个层的个体进行实例化。导入(Import)箭头表示源本体使用目标本体中包含的一些元素。此外,我们发现需要一些不属于 CPS、MPM 以及 MPM4CPS 领域的类。因此,我们开发第四个本体,即共享本体,以捕获这些概念。该本体可用于任何的 CPS 本体、MPM 本体或 MPM4CPS 本体。此外,CPS 本体可以重用其他现有的本体,如 SysML QUDV(数量、单位、尺寸和值)[1]本体,该本体已由 Protégé 建模,因此随时可用。单位系统实际上是 CPS 物理部分的一个重要方面,我们可以从该领域的现有建模工作中受益。

图 2.3 中间层的库提供上述类的个体,例如形式化方法目录、建模语言以及 CPS 建模的工具,它实例化 MPM4CPS 本体及其导入的本体。该目录本体是在 MPM4CPS COST 行动计划中开发的,用于自动生成关于在赛博物理系统开发中使用当前形式化方法最新技术报告的主要部分[9]。通过这种方式,只需最小的协调工作,类和实例就可以保持一致。此外,我们可以提供实例化 QUDV 本体的 SI 单位系统,从而支持 MPM4CPS 建模。

在图 2.3 中最右边的层即第三层中,描述运用 MPM 的 CPS 以及 CPS 开发环境的示例。按照我们自下而上的探索性建模模式,这些 CPS 开发环境的建模用于完善和确认 MPM4CPS 分类。我们将在有关 MPM4CPS 基础的第一部分的后续章节中详细介绍这些示例,并说明这一本体。如图 2.3 所示,这些示例实例化 MPM4CPS 本体及其导入的本体,还使用上述目录中列出的一些语言和工具。

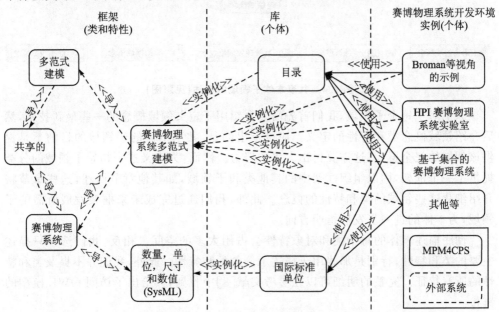

图 2.3　多范式建模支持的赛博物理系统(MPM4CPS)本体框架结构的概述

---

① http://www.omgwiki.org/OMGSysML/doku.php? id=sysml-qudv:qudv_owl。

2.5　共享本体

我们在此更加详尽地介绍已经提及的共享本体,以便可以从介绍 CPS 本体、MPM 本体以及 MPM4CPS 本体的其他章节得到参考。本体的目的是定义不属于 CPS 领域或 MPM 领域但其中任何一个领域又都需要的概念。在将这些概念置于这个共享本体中时,它们就可以被所有其他本体所使用。此外,共享本体在于定义通用概念,为整个框架的本体集合提供一个框架,可以对其进行细化,从而捕获到 CPS、MPM 以及 MPM4CPS 等更加具体的领域概念。

图 2.4 表明共享本体类的概述,我们在 2.3.2 小节中将这一共享本体显示为 OntoGraf 插件图。在本体的基础上,提供一组领域概念类(名称以 DC/领域概念后缀结尾),用于将类组织到语言、工作流、项目管理、架构以及范例的子领域中。默认情况下,我们注意到这些领域并不是彼此不相交的,因此它们的类可以通过子类化相应领域的概念类而任意地隶属于多个子领域。

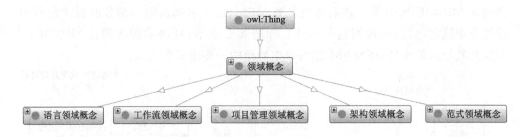

图 2.4　共享本体子领域的概述(见彩图)

以下对于每个子领域,我们首先简要介绍用于定义领域概念的一些最新技术,然后介绍领域概念类和特性的定义。应该指出的是,共享本体的子领域的目的不是提供该领域的完全覆盖,这需要付出太多的努力。然而,为定义这个初始子领域的分类提供了一个框架,用以组织框架中的其他类和子领域,如其他章节所述,这些章节将介绍细化这些领域的类和特性的概念。此外,我们通过完成未来框架发展所需的子领域,为本体的进一步发展指明方向。

彻底描述本体的每个类和对象特性会占用太多的空间。相反,我们选择只描述主要的类和特性,特别是那些用于描述示例的类和特性。此外,我们并不提及类和特性的所有特征。完整的明细可以在参考文献[8]中找到,其给出了访问 OWL 模型的链接。

2.5.1　语言领域概念(LinguisticDC)

建立语言子领域(见图 2.5)的目的是定义与语言相关的概念,这些概念可以针对更具体的领域进行细化。特别是，我们想把人类所说的自然语言与人工语言（如那些由机器处理的语言）区分开来，使这些自然语言可以成为 CPS 的一部分。我们主要遵循维基百科中对这些一般概念的定义。

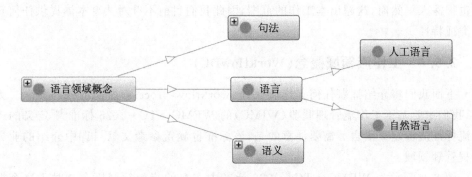

图 2.5　语言领域概念的子领域概述

2.5.1.1　语　言

根据维基百科的说法，语言是"一种结构化的交流系统"。因为我们想区分人类使用的语言和机器或计算机使用的语言，所以这个语言类被细分为自然语言（NaturalLanguage）类和人工语言（ArtificialLanguage）类，自然语言是人类说的语言，如英语和法语；而人工语言是机器（计算机）可以处理的语言，是自然语言的简化。

2.5.1.2　句　法

根据维基百科的说法，句法"是一套规则、原则以及流程，它们支配着给定语言中句子的结构"。作为一种交流系统，每种语言（自然语言或人工语言）必须至少有一种句法来表达该语言中的句子，以便与其他实体进行交流。在此使用 hasSyntax（具有句法）对象特性在我们的本体中捕获，其领域和范围（范围，译者注：也称知识范围）分别对应语言和句法。在下文中，我们将省略对象特性领域和范围的规范，比如像在 hasSyntax 对象特性的案例中已显而易见。

2.5.1.3　语　义

根据维基百科，语义是对语言、编程语言以及形式逻辑等意义的研究。它关注单词、短语、记号和符号之间的关系，以及它们实际所代表的意义。在这个本体中，我们将语义定义为一种语言句子的意义。正如我们将在 MPM 本体中看到的那样，有几种方法可以通过为语言的句子指定语义来表达语言的意义。在第 4 章中，我们将重点讨论 MPM 本体中建模语言的特殊情况。

每种语言（自然语言或人工语言）都应该有一定的含义，目的是使语言可用。这是在具有 hasSemantics（具有语义）对象特性的本体中捕获的，其领域和范围分别是语言和语义。对于人工语言，我们认为语言的意义是唯一的，从而避免自然语言的歧义。因此，我们将 hasUniqueSemantics（具有唯一语义）对象特性定义为 hasSemantics 特性的子特性,并将其领域细化为 ArtificialLanguage 类。我们进一步将此特性声明为函数的,以指示人工语言语义的唯一性。

在这个子领域中可以增加更多与语言学相关的概念。语言学领域非常广泛,研究也很深入。然而,这超出本工作的范围,因此我们目前不针对共享本体提供任何其他类或特性。

2.5.2 工作流领域概念(WorkflowDC)

下面我们将介绍捕获任何工作流流程(workflow process)所需的核心概念。为此,我们主要基于工作流管理联盟(WfMC)的 WFMC - TC - 1025 标准[10]定义的工作流标准流程定义语言。需要注意的是,该标准也涵盖参考文献[11]中介绍的业务流程管理领域。

图 2.6 所示为 WFMC - TC - 1025 标准中主要的流程领域概念。对于这个框架,我们只聚焦于涵盖第 5 章中定义的更具体的基于模型的开发流程所需的概念。在下文中,我们将概述标准中重用/改编以及对本工作有用的概念,而不给出本体那一部分所有的细节。关于本体的完整描述,请读者参见参考文献[8]。

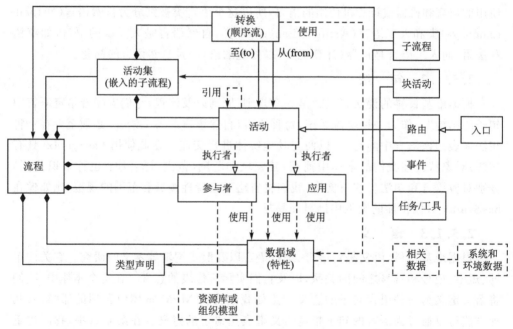

图 2.6 工作流概念(根据 WFMC - TC - 1025 标准[10])

1. 流　程

我们将 Process(流程)OWL 类(见图 2.7)定义为一个实体,它提供应用于流程中其他实体的背景环境信息。此类信息可以与管理相关,例如创建日期和创建者,也可以与流程执行相关,例如启动参数、执行优先级、时间限定以及需要通知的人员。

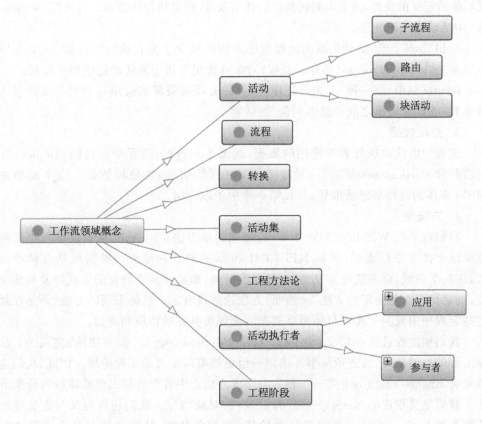

图 2.7　工作流领域概念(WorkflowDC)的子领域概述

2. 活　动

我们将 Activity(活动) OWL 类定义为"在流程中的一个有逻辑的、自包含的工作单元"。此类工作将由 ActivityPerformer(活动执行者)资源执行,我们将其定义为项目管理子域中项目资源类的子类。我们将 ActivityPerformer 类进一步细分为 Participant(参与者)类,定义为"可以作为流程定义中各种活动的执行者的资源描述",将 Application(应用)类定义为"可以调用的 IT 应用或接口的服务描述,支持或完全自动化与每个活动相关的处理"。我们通过定义具有相关类的领域和范围的 hasActivityPerformer(具有活动执行者)对象特性,将 Activity 类与 Activity-Performer 类相关联。

我们将 Activity(活动)类分为不同类型的活动。Block(块)活动由 ActivitySet(活动集)表示的嵌入子流程组成。定义 hasActivitySet(具有活动集)对象特性,以将块链接到其 ActivitySet。ActivitySet 包含一组通过 hasSetActivities(具有集活动)和 hasTransitions(具有转换)对象特性声明的其他活动和 Transition(转换)元素。

转换(Transition)通过"从(from)"和"至(to)"将活动与另一个活动关联,如果满足转换所定义的条件,或者未对转换设置任何条件,则要执行该活动。这决定 Activity-Set 中活动的执行顺序。

SubFlow(子流)活动是指向流程包中声明的独立子流程执行的链接(图 2.6 中未显示)。hasSubProcess(具有子流程)对象特性用于将子流活动链接到其流程。

Route(路由)是一种"不执行处理(因没有关联的资源或应用),而只是支持进入转换和/或离开转换之间的路由判定"的活动。

3. 处理数据

流程中由活动执行者所使用的数据,如图 2.6 所示,流程中定义的 Application (应用)和 Participant(参与者)通过 DataField(数据域)类使用数据。这个类将由 MPM 本体的建模概念所取代,并在第 5 章中予以介绍。

4. 方法论

我们将扩展 WFMC - TC - 1025 标准而提供方法论的概念,从而能够在更高抽象层级上描述工程流程,例如 HPI CPSLab 示例的工程流程。根据维基百科的说法,在科学领域,将方法论定义为"一般研究策略,概括所从事研究的方式以及其他事项,确定研究中所使用的方法"。然而,方法论并没有定义具体采用的方法,而是在规定特定程序中或为了实现目标而要遵循的流程所具有的特质和类型。

我们稍加改进这一定义,将 EngineeringMethodology(工程方法论)定义为:从事工程的一般策略,概述所从事并确定一组由该策略定义的工程阶段。因此,我们这样定义 EngineeringStage 类——表示为实现方法论中各个阶段工作流流程的分类方法。我们定义相应的 hasStages(具有阶段)的对象特性。我们还将定义与方法论阶段相关的 hasNextStage(具有下一个阶段)的对象特性,从而必须对各个阶段进行排序。

方法论是通过定义支持方法论每个阶段活动的总体工作流流程来实现的。因此,我们将对象特性定义为 isImplementingMethodology(实现方法论),以将流程与其实现的方法相关联。另外一个是 isImplementingStage(实现阶段),我们将其定义为活动与其实现阶段的关联。

2.5.3　项目管理领域概念(ProjectManagementDC)

项目管理子领域的目的是定义与项目管理相关的概念,这些概念在系统整个生命周期中都是紧密相关的。这个领域知识非常丰富,而且共享本体并不是为了完全覆盖它,而是提供高层项目管理概念,如利益相关方和组织、项目阶段以及支持阶段的流程,可供其他子领域使用。我们还发现,在项目管理子领域中定义这些概念为捕获它们提供了充分的背景环境,因为 CPS 开发总是在项目框架中开展的。

共享本体的项目管理概念主要来自 ISO 21500 标准[12]。在此,我们主要聚焦于与利益相关方及其组织、项目、项目阶段以及资源相关的概念。这允许人们为诸如工具和开发流程等概念提供背景环境,这些概念是项目执行阶段的资源,并且将由第 5 章的 MPM4CPS 本体所使用。

2.5.3.1　利益相关方和项目组织

在此,我们主要聚焦利益相关方的概念,而不考虑他们必然属于哪个组织。根据 ISO 21500 标准[12],我们将利益相关方 OWL 类(见图 2.8)定义为"与项目任一方面有利益关系的,或可能影响的、受影响的,或认为自己受影响的人、团体或组织"。

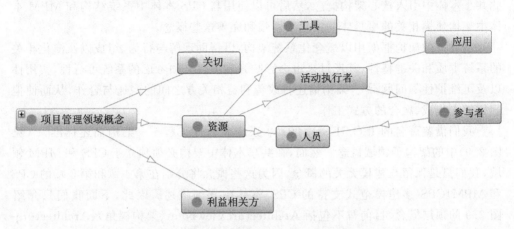

图 2.8　项目管理领域概念的子领域概述

我们还将利益相关方关注的概念作为 Concern(关切)类,将其定义为在项目或项目中开发的系统中存在的任何感兴趣的主题。我们还提供 hasConcern(具有关切)对象特性来关联这两个概念。

2.5.3.2　资　源

资源是项目管理中一个重要的概念,因为它是实施项目所必需的。它们通常会对项目产生限制,而我们必须考虑这些限制,例如其可用性和成本。

遵循 ISO 21500 标准,我们定义 Resource(资源)OWL 类,将其定义为项目所使用的制品。资源可以是人力、设施、设备、材料、基础设施以及工具。对于共享本体,我们对人力资源和工具类资源特别感兴趣。因此,我们将 Human(人力)和 Tool(工具)资源定义为 Resource 类的子类。此外,我们希望这些资源可以在项目流程中使用,这些流程可以用工作流子领域类定义,例如开发流程。此子领域提供 Participant(参与者)和 Application(应用)活动执行者的概念。因此,我们分别生成 Participant 和 Application 类的 Human 和 Tool 资源子类。在 MPM 本体中,工具资源将特别指定为建模工具。

2.5.3.3　项目和项目阶段

通常,项目包括启动、规划、执行以及监控各个阶段。每个阶段都使用若干流程予以执行。在这个框架中,我们主要聚焦于系统开发的执行阶段。为了理解系统是如何开发的,我们使用 2.5.2 小节中介绍的工作流子领域概念来指定项目阶段的流程。

2.5.4　架构领域概念（ArchitectureDC）

架构子领域的目的是提供 CPS 领域和 MPM 领域所需的架构相关概念。如 3.4 节所述，架构是真实系统的结构特性（因此也是 CPS 的结构特性）。此外，MPM 也将采用架构概念，因为它涉及架构视图、架构模型、架构描述语言等概念。因此，我们在此共享本体中引入核心架构概念，然后可以使用与 CPS 本体中系统结构和 MPM 本体中架构建模相关的更具体的概念来增强和完善这些概念。

已开发的架构框架用以概念化系统架构，以帮助理解与行为、组成以及演化相关的系统本质和关键特性，其反过来也会影响开发项目必须考虑的系统可行性、实用性以及可维护性等问题[13]。架构描述将改善利益相关方之间的沟通与合作，从而使他们能够以集成、融合的方式工作。

我们借鉴著名的 ISO/IEEE 42010：系统和软件工程——架构描述标准[14]（见图 2.9）中的架构子领域概念。然而，在共享本体中架构必须独立于 CPS 和 MPM 领域，我们只是保留与建模无关的概念，因为这些概念将分别在第 4 章和第 5 章的 CPS 和 MPM4CPS（多建模范式支持的 CPS）本体中详细描述。因此，下面我们只介绍图 2.9 的顶层概念，目前暂不包括 ArchitectureViewpoint（架构视角）、Architecture-View（架构视图）、ModelKind（模型类型）及 ArchitectureModel（架构模型）的概念。此外，我们注意到一些概念，如图 2.9 中的利益相关方及其关切，已在 2.5.3 小节的项目管理的更大范围中引入，同时我们也将描述引出利益相关方及其关切的流程。因此，我们在架构子领域中重用这些概念。

根据维基百科，我们首先将 System（系统）类（见图 2.10）定义为一组相互交互或关联的实体，它们构成一个统一的整体。根据 ISO/IEEE 42010，我们将 Architecture（架构）类定义为用以展示系统基本或基础的特性。这一定义足以广泛，涵盖架构术语的各种用途，例如理解和控制所研究系统中在其环境中对效用、成本、时间以及风险具有贡献的元素。我们定义 hasArchitecture（具有架构）对象特性，从而将系统与其架构关联。

然后，我们将介绍 ArchitectureDescription（架构描述）类作为一个实体，该实体表示所研究系统的一个架构。这些类与 hasIdentifiedSystem（具有所识别系统）和 hasExpressedArchitecture（具有所表达系统）对象特性以及相应的领域和范围类相关。架构描述还将通过 hasIdentifiedStakeholder（具有所表达利益相关方）和 has-IderifiedConcern（具有所识别关切）对象特性识别利益相关方及其关切。对于这些特性的范围，我们将重用项目管理子领域的利益相关方和关切类。

在共享本体的这个子领域中将不包括其他的类。如前所述，与模型相关的类以及通信类将在 MPM 本体和 MPM4CPS 本体中引入，如果工作需要，架构的基本原理将源于需求子领域。

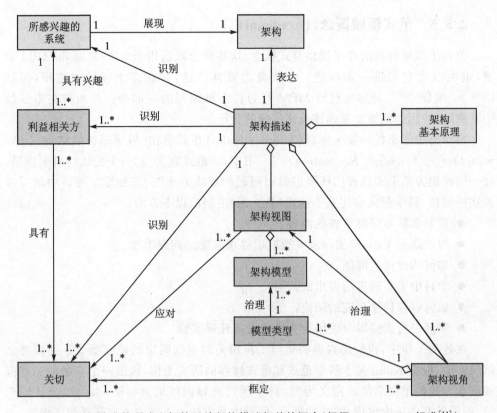

图 2.9　与给定的所感兴趣的系统架构描述相关的概念(根据 IEEE 42010 标准[14])

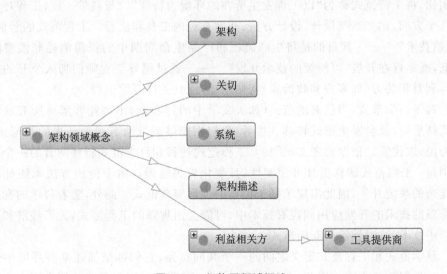

图 2.10　架构子领域概述

2.5.5　范式领域概念(ParadigmDC)

范式子领域的目的在于提供范式概念,这些概念既适用于 CPS 领域和 MPM 领域,也可以由它们进一步改进。范式概念极其广泛,并在多个领域中使用,包括 CPS[15]、编程[16,17],显然也包括 MPM 作为首字母缩写的一部分。正如将在第 5 章中看到的,使用这些概念来描述范式建模的特征。

科学历史学家托马斯·库恩(Thomas Kuhn)在其著作《科学革命的结构》(*The Structure of Scientific Revolution*)[18]一书中,将范式定义为"一个公认的科学成果,在一段时期为某个实践者团体提供模型问题和解决方案"。正如维基百科中进一步表述的那样,科学范式描述基于范式(备选的)主题的以下方面:

● 需要观察和仔细审查的内容;

● 与主题相关的,应被问及并探究以寻求答案的问题类型;

● 如何构建这些问题;

● 学科中主要理论所做出的预测;

● 如何解释科学探究的结论;

● 如何进行实验以及使用什么样的设备开展实验。

在这项工作中,我们感兴趣的是与工程相关的更加限定的范式概念。在参考文献[19]中,根据 Kuhn 关于科学范式和范式转移的研究工作,提出一个有趣的工程范式概念。我们把科学范式定义为"以科学运行的知识环境为特征,由一组公认的理论、假设以及方法论组成,在这些理论、假设以及方法论下完成正在开展的工作"。与此相比,将工程范式称为"以工程发生所在的环境为特征"。与科学一样,工程环境包括几个方面,例如系统设计、设计方法、开发系统的工具和流程。工程范式的示例,如"清洁技术"[20]——其目的是将生产流程和产品生命周期中的资源消耗和浪费降至最低,或是旨在开展"可持续的技术开发"[20]——通过倡导工程师们加入公开的辩论并与利益相关方(如客户和政治家)密切互动,使其关注开发流程。

对于科学范式,当已有的范式(如天文学中的地心论)不再能够解释所有观测或实验结果时,就会发生范式转移。然后,我们用能够解释所有观测结果的新范式(如日心说)取代它。根据参考文献[19],工程范式转移和科学范式转移两者的一个主要区别是:工程范式转移更具可预测性,且变化更为缓慢。由于传统方法无法处理日益复杂的系统开发,因此出现了基于模型的工程等新范式。此外,随着科学的发展以及将新的技术的开发应用到现有技术中,可能会出现新的工程范式,为了经济和高效地应用技术,这时就需要新的范式。

科学范式和工程范式定义之间的一个共同点是,它们都是描述某些环境中包含的某一类制品的方法。因此,在这个共享本体中,我们将工程范式的概念建立在参考文献[19]的定义之上。此外,最近发表了一些关于建模范式[21,22]概念的工作,如图 2.11 所示。从图中可以看到,我们给出的类用于表示范例,作为描述某些制品特征的方法,在这种情况下,这些制品特定于建模和开发流程(表示为工作流)。因此,它们的定义与工程范式的定义兼容,工程范式实际上是通过描述其形式化的特征,针对工程使用的模型开展工程范式的专业化(译者注:specialisation,专业化,特指一个团体、组织内达成的协议,为使其成功执行,其中每个成员有责任承担最适合的某一特定活动)。

因此,对于这样的共享本体的工程范式的定义,我们可以构建图 2.11 中与范例特征相关的通用概念。其他建模特定概念将在第 5 章中介绍,并以共享本体的工程范例概念为基础。

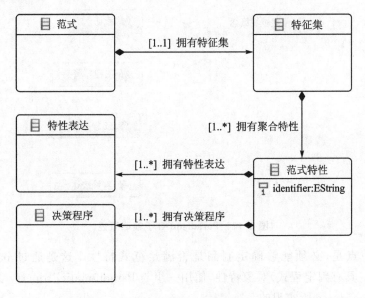

图 2.11　建模范例的概念(根据参考文献[22])

因此,我们首先在共享本体中定义 EngineeringEnvironment(工程环境)(见图 2.12)和 EngineeringArtifact(工程制品)的 OWL 类。我们对工程制品给出一个广义的定义,即用于工程系统的任何制品。工程环境和工程制品类通过 hasArtifacts(具有制品)对象特性关联。应该注意的是,工程环境及其制品独立于任何范式而存在,范式是工程环境的特定视图。

然后,我们定义 EngineeringParadigm(工程范式)(见图 2.11 中的范式(Paradigms))类以及对象特性 isBasedonParadigms(是基于范式的),用于将工程环境与其所基于的工程范式关联。我们用 hasCharacteristics(具有特征)对象特性定义特征类(见图 2.11 中的特征集(CharacteriaticSet)),以关联这两个类。

范式特征由 ParadigmaticProperty(范式特征)类定义,并使用 hasProperties(具有特性)对象特性与范式特征关联。范式特性表示为一组通过 hasExpressions(具有表达式)对象特性与范式特性关联的 PropertyExpression(特性表达式)。最后

27

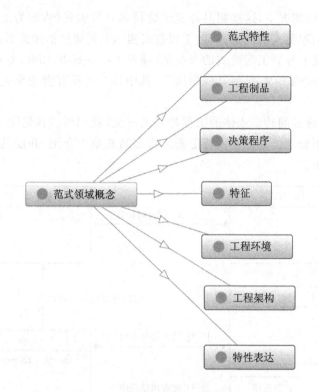

图 2.12　ParadigmDC 子领域概述

很重要的一点是,必须能够确定制品是否满足范式特性。这是通过 hasDecision-Procedures(具有判定程式)对象特性,使用一组与 ParadigmaticProperty 关联的 has-DecisionProcedures 所实现的。

现在完成了对共享本体的范例子领域的描述,第 5 章将介绍表示建模范例的其他概念。

2.6　示例介绍

如 2.2 节所述,本书前 4 章中介绍的本体,将由探索性建模模式开发,在此对当前 CPS 及其建模环境开展研究,从而推导出图 2.3 中的本体。在该工作中,使用两个主要的 CPS 及其建模环境示例:布拉格查理大学开发的基于集成 CPS 的开发环境和波茨坦大学哈索-普拉特纳研究所(HPI)[1]开发的 CPSLab[2]。下面将介绍这两

---

[1]　http://www.hpi.de。

[2]　http://www.cpslab.de。

个示例,用于阐明第 3～5 章中与图 2.3 相关的本体。

2.6.1　基于合集的赛博物理系统

我们在此介绍基于合集(Ensemble-Based)的 CPS (EBCPS)的开发环境,涉及图 2.3 中的本体。我们首先概述 EBCPS 的特点及其在不同领域的适用性;然后,提供一个 CPS 案例研究,该案例研究由自动车辆组成,阐述 EBCPS 的特征,接着描述开发流程中使用的模型、语言以及工具;最后,将更加详细地讨论本体视角。

2.6.1.1　概　述

EBCPS 是由分布式组件组成的自适应 CPS 的开发环境,这些组件在特定环境下以协作为目的形成合集(Ensembles)。组件包含计算部分和与物理部分的交互,而合集则代表组件之间的通信,并在系统中引入动力学。这些系统是通用的,在不同的领域有不同的应用,如交通和运输、机器人和云等。

我们使用 DEECo 计算模型[23](即新兴组件的可信赖合集)来表示建模 EBCPS 的主要概念。DEECo 是对 ASCENS 项目中引入的服务组件合集语言(SCEL)(见图 2.13)的实现。[①] DEECo 概念提出,组件应该具有知识(K)和流程(P),而合集具备成员条件并在组件之间交换知识。然而,合集通过其接口识别群组中的组件(即角色——作为 K 一部分的属性),如果成员条件评估为真,则执行知识的交换。组件属性之上的成员条件为系统提供了背景环境意识(译者注:context-awareness 即背景环境意识,是指系统或系统组件在任何给定的时间中收集那些所在环境的信息并相应地做出行为调整的能力)和动力学(译者注:dynamism 即动力学,所有的物质或运动的现象都解释为力的表现的理论)。

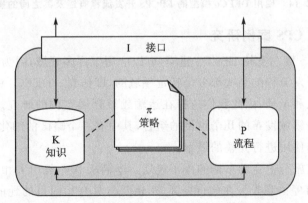

图 2.13　服务组件(根据参考文献[24])

---

① ASCENS project:http://www.ascens-ist.eu/。

关于开发流程,我们介绍在布拉格查理大学的分布式与可信赖系统系[①]所开发的流程和工具链(见图 2.14)。该流程从收集需求和构建 IRM –(SA)(Invariant Refinement Method – Self-Adaptation,不变量细化方法–自适应)模型开始。然后,我们将其转换为 Java 代码以实现组件和合集。在设计阶段,开发人员可以单独使用 jDEECo 插件在合集定义语言(EDL)文件中将合集设计为分层结构。接着,它可以将 DSL 转换为相应的 Java 代码。在代码中,还可以通过在流程层级使用一组提供的 Java 注释来支持自适应,其中注释可以表示目标,即 IRM –(SA)或一个或多个模式。此外,还可以使用相应的插件,通过 jDEECo 在代码层级建立与仿真器的集成。代码开发完成后,可以启动设计模型,生成的运行时(runtime)模型执行组件流程并形成合集。自适应和仿真在运行时阶段,并在 DEECo 运行时模型中得以运行。

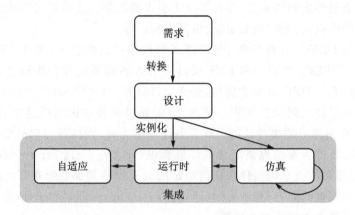

图 2.14　使用 DEECo 模型的 EBCPS 开发流程概述及其之间的操作

2.6.1.2　CPS 案例研究

使用 DEECo 概念支持 EBCPS 建模,可以应用于许多领域,因为 DEECo 不针对特定领域。而开发流程的某些部分是特定领域的,即仿真。DEECo 中使用的仿真工具可用于机器人和车辆,因此我们选择在运输领域开展案例的研究。这个应用案例是我们针对运输领域发布的几个示例的组合,其中有一个略微的细化,是为了对开发流程和工具链的使用进行完整的展示。

该案例研究旅行中自动车辆的停车规划。车辆从 A 市经由 B 市行驶到 C 市,驾驶员计划在 B 市停留观光。在旅行期间,车辆要与具有相同目的地的公路货车车队会合。

加入公路货车车队可以节省燃油并优化公路交通。要加入其中,车辆必须与公路货车车队的领导进行沟通,以便加入请求得到允许(见图 2.15)。在行驶过程中,

---

①　D3S:http://d3s.mff.cuni.cz/。

车辆必须探测与前方车辆的距离,保持安全距离。因此,车辆除了使用 Wi-Fi 通信外,还使用摄像头、激光雷达以及雷达传感器进行距离探测[25]。

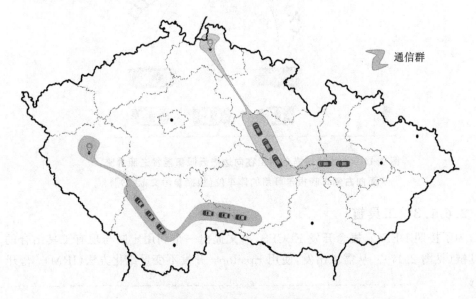

通信群

图 2.15　通信群组的示意图——每个都与一个具有相同
目的地的实例关联(根据参考文献[26])

当车辆将要到达 B 市时,根据驾驶员的需要,可以选择两种方式在城市内泊车。司机可能会选择城市中某个单独的站点,或者选择几个相邻的站点。在此情况下,可以在离站点最近的可用停车场预留车位[27]。如果驾驶员选择分散在城市中的不同停车场,则需要多个停车位。但是,如果驾驶员对此类分散的停车场没有严格的时间规划,则车辆将会决定与周围区域的附近车辆进行通信,并在现场找到可用的停车位,而不是在停车场中预留的车位。

在停车场预留车位的情况下,我们应考虑停车场的可用性和停车场之间的服务平衡性[28],确保车辆能源和城市交通流量得以最优化。在现场找停车位的情况下,车辆需要与周围的其他车辆进行通信,从而了解哪些辆车即将准备驶离,或在附近探测到可用的停车位[29](见图 2.16)。车辆可以使用其摄像头探测可用的停车位。这种方法最大限度地减少了寻找停车位所耗费的时间,并在流程中节省了能源。然而,我们需要限定通信的边界[30]和最优化组件知识的传播流程,这样做是通过对所形成的组件合集施加边界条件[31]来完成的。

正如我们所看到的,有许多与自动驾驶车辆相关的场景,它们需要我们考虑许多问题,例如自适应问题(例如参考文献[32])和通信问题。

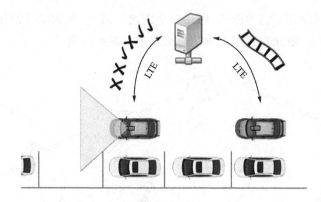

图 2.16 左侧的扫描车辆正在向边缘云服务器发送照片流，
从而向右侧车辆报告可用的停车位(根据参考文献[29])

2.6.1.3 工具链

为了按照 DEECo 概念开发 EBCPS，本文提出一个利用定制与现有工具结合的工具链(见图 2.17)。从需求出发，使用 Epsilon① 开发不变量细化方法(IRM)[33]，开

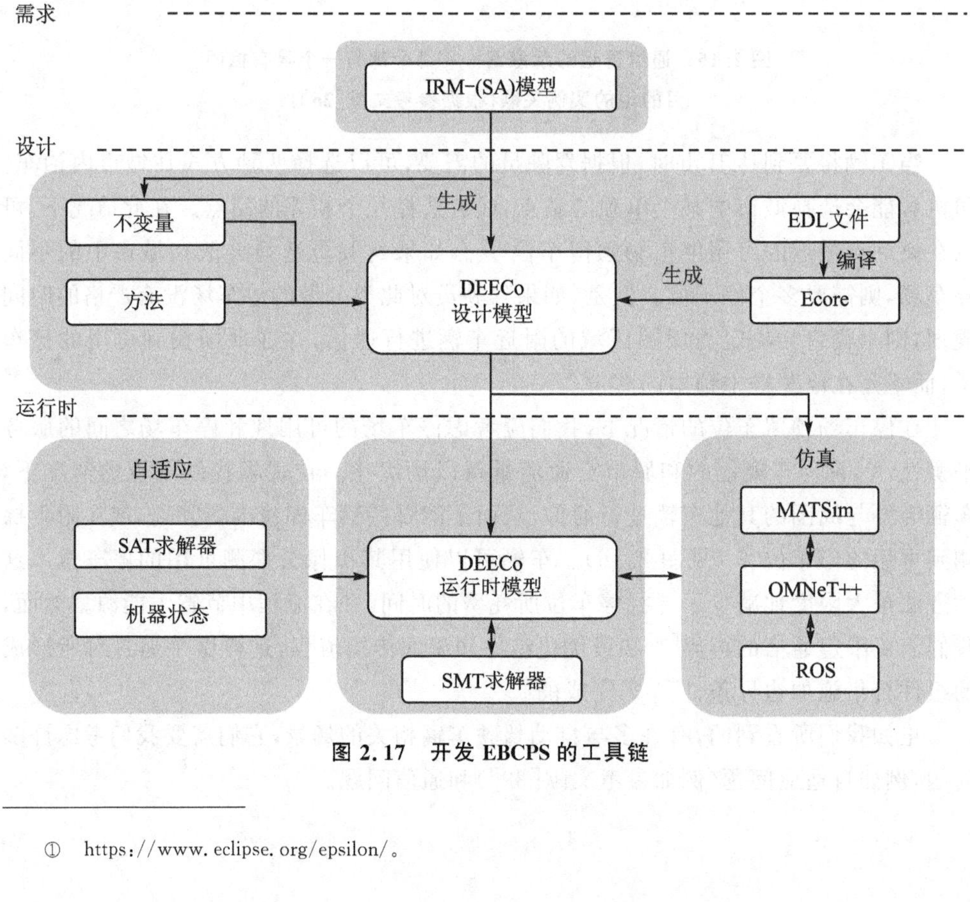

需求

IRM-(SA)模型

设计

不变量

方法

生成

DEECo
设计模型

生成

EDL文件

编译

Ecore

运行时

自适应

SAT求解器

机器状态

DEECo
运行时模型

SMT求解器

仿真

MATSim

OMNeT++

ROS

图 2.17 开发 EBCPS 的工具链

---

① https://www.eclipse.org/epsilon/。

发人员可以将系统中的不变量和假设表示为一个树状关系。不变量细化方法树以合集中的组件流程和知识交换为终点。在设计阶段,通过分别使用开发的运行时环境[23,34]jDEECo[①]、cDEECo[②] 或 TCOOF[③],遵循 DEECo 的概念,能够在 Java(见图 2.18)、C++以及 Scala 中完成系统的实现。大多数扩展和与其他工具的集成都是利用 jDEECo 完成的。作为所提供扩展的示例,自适应插件是 jDEECo 运行时的扩展,在此组件模式及其转换表示为状态机。关于集成,jDEECo 运行时集成了许多仿真工具,包括:用于仿真车辆的 MATSim[35]、用于仿真机器人的 ROS[36] 以及用于仿真网络延迟的 OMNeT++。

```
@Component
public class Vehicle extends VehicleRole {
    ...
    @Process
    @PeriodicScheduling(period = 2000)
    public static void selectParkingProcess(...) {
        ...
    }
    ...
}


@Ensemble
@PeriodicScheduling(period = 2000)
public class CapacityExchangeEnsemble {

    @Membership
    public static boolean membership(...) {
        ...
        return false;
    }

    @KnowledgeExchange
    public static void map( ... ) {
        ...
    }
}
```

图 2.18　jDEECo 代码片段(根据参考文献[35])

2.6.2　HPI 赛博物理系统实验室

在本小节中,我们根据图 2.3 所示本体所涉及的不同方面来介绍 HPI CPSLab。我们首先对实验室进行概述,包括实验室的一个案例研究、实验室的开发流程;接下来介绍支持的工具链以及所使用的模型和建模语言。这些方面的细节将在相应的

---

① https://github.com/d3scomp/JDEECo。
② https://github.com/d3scomp/CDEECo。
③ https://github.com/d3scomp/tcoef。

第3～5章予以介绍。

2.6.2.1　概　述

HPI CPSLab 采用汽车领域发布的现有行业领先的开发方法[37]（见图 2.19），该方法已适用于机器人领域[38]。它基于 MDE，利用架构组件分解支持软实时行为和硬实时行为的结合，其中包括建模、仿真、验证/测试等不同阶段的开发活动，如原型开发和预生产。

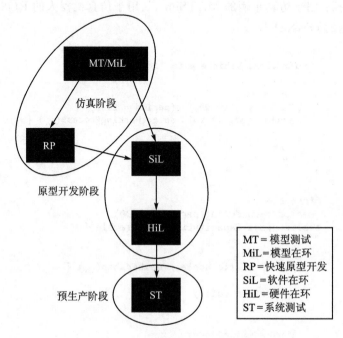

图 2.19　HPI CPSLab 开发方法概述

2.6.2.2　CPS 案例研究

将 HPI CPSLab 正在开展的主要 CPS 案例的研究应用于开发 CPS 本体。它包括一个可变的生产设置，其中机器人的责任是按照工厂自动化的建议，将冰球运送到不同的位置（见图 2.20）。冰球代表真实生产系统的货物。机器人的常规行为可分为三种操作模式：地面移动、运输冰球以及电池充电。机器人必须满足严格的行为约束，如避免电池完全放电，并以较低的优先级确保按要求运输冰球。机器人还必须达到性能目标，例如最小化能耗和最大化吞吐量。这些需要通过在运输冰球的同时，通过缩短到达目的地的路线来达成。机器人还必须在几毫秒内对障碍物做出反应来实时避开障碍物。

图 2.21 所示为 CPS 的整个机器人生产。它由 4 个不同的房间组成。在第一个房间里，我们将冰球打包并放在 A_P 区，等待运输。然后，机器人 R_P 将冰球运送到第二个房间，将其放在分拣区 A_S 内。根据当前交付状态，机器人 R_S 选择两个带式输

图 2.20　HPI CPSLab 照片

送机其中的一个将冰球运送给客户或库存交付区域（A_{CD}、A_{SD}）。在第三步中，机器人 R_{St} 将冰球转移到储藏室 S_t 中的库位。每个门都可以自动地打开或关闭来改变场景。机器人可以在两个充电点之一为电池充电。每个机器人都是自主的，因此，运输、分拣及储存任务彼此独立。

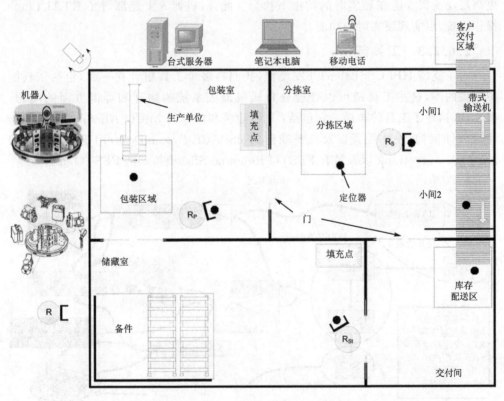

图 2.21　采用评价场景的结构概述

　　生产系统中使用了 3 个 Robotino 机器人（见图 2.22），它们配备了多个传感器，例如激光扫描仪、红外（IR）距离传感器、类似 GPS 的室内导航系统以及不同的执行器,例如伺服电机、全方位驱动和抓取器。

图 2.22　使用的机器人照片

虽然基本功能(如避开障碍物)必须以硬实时的方式实现,但现有模型库用于实现更高层的功能,如路径规划或通过评估测量距离值来创建地图,由于缺乏模型库,更高层功能很少能在硬实时的约束下执行。此外,机器人上还部署了 RTAI Linux 操作系统,以实现硬实时的功能。

2.6.2.3　工具链

为了支持 HPI CPSLab 的开发流程,我们将多个工具组合在一起,包括工具链中相关的库,这些工具链可以处理分布式机器人系统的物理和赛博方面的问题。图 2.23 描述了工具的布局。它包括:用于建模和仿真的 MATLAB/Simulink;用于建模软件架构、硬件配置以及任务映射的 dSPACE SystemDesk;用于代码生成的 dSPACE TargetLink 以及带有 FESTO Robotino SIM 模拟器的 FESTO 机器人库。

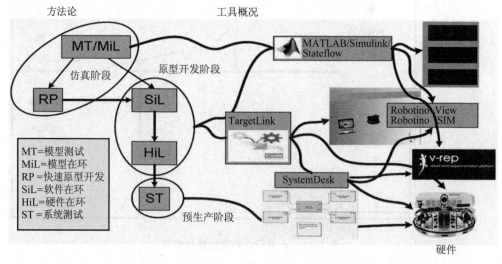

图 2.23　工具概述及其与开发方法论的关系[38]

2.7 总 结

本章我们介绍了开发支持赛博物理系统的多范式建模的本体基础的动机和背景,这是本书第一部分所涉及的主题。我们首先介绍了按照探索性建模模式开发本体的方法;然后,我们介绍了用于支持这种建模模式的 OWL 和特征建模语言,包括一些本体开发的最佳实践,如模块化和重用。这些实践引出之后对框架总体架构的介绍。

其中,包括定义共享本体,以捕获不特定属于 CPS 和 MPM 领域但这些领域又需要的概念,或可用于构建更加具体的 CPS 与 MPM 的概念。我们介绍了与工作流流程、项目管理、架构描述以及工程范例相关的概念。每个概念都建立在当前最先进的研究工作之上,如标准等。然而,我们只定义了这项工作当前需要的概念,而完成这些共享本体子领域将是我们后续的工作。

最后,我们介绍了基于合集的赛博物理系统和 HPI CPSLab 开发环境及其案例研究,在接下来的章节中我们将进一步阐明本体。

参考文献

[1] Thomas Kühne, Unifying explanatory and constructive modeling: towards removing the gulf between ontologies and conceptual models, in: Proceedings of the ACM/IEEE 19th International Conference on Model Driven Engineering Languages and Systems, MODELS '16, Association for Computing Machinery, New York, NY, USA, 2016, pp. 95-102.

[2] K. Kang, S. Cohen, J. Hess, W. Nowak, A. Spencer Peterson, Feature-oriented domain analysis (FODA) feasibility study, Technical Report CMU/SEI-90-TR-21, Software Engineering Institute, 1990.

[3] B. Tekinerdogan, K. Öztürk, Feature-Driven Design of SaaS Architectures, Springer London, London, 2013, pp. 189-212.

[4] K. Czarnecki, Chang Hwan, P. Kim, K. T. Kalleberg, Feature models are views on ontologies, in: 10th International Software Product Line Conference (SPLC'06), 2006, pp. 41-51.

[5] Thomas R. Gruber, Toward principles for the design of ontologies used for knowledge sharing?, International Journal of Human-Computer Studies 43 (5) (1995) 907-928.

[6] Hai H. Wang, Yuan Fang Li, Jing Sun, Hongyu Zhang, Jeff Pan, Verifying feature models using OWL, in: Software Engineering and the Semantic Web, Journal of Web Semantics 5 (2) (2007) 117-129.

[7] Rima Al-Ali, Moussa Amrani, Soumyadip Bandyopadhyay, Ankica Barisic, Fernando Barros,

Dominique Blouin, Ferhat Erata, Holger Giese, Mauro Iacono, Stefan Klikovits, Eva Navarro, Patrizio Pelliccione, Kuldar Taveter, Bedir Tekinerdogan, Ken Vanherpen, COST IC1404 WG1 Deliverable WG1.2: Framework to Relate / Combine Modeling Languages and Techniques, Technical Report, 2020.

[8] Multi-paradigm modeling for cyber-physical systems website, http://mpm4cps.eu/, 2020.

[9] Stefan Klikovits, Rima Al-Ali, Moussa Amrani, Ankica Barisic, Fernando Barros, Dominique Blouin, Etienne Borde, Didier Buchs, Holger Giese, Miguel Goulao, Mauro Iacono, Florin Leon, Eva Navarro, Patrizio Pelliccione, Ken Vanherpen, COST IC1404 WG1 Deliverable WG1.1: State-of-the-art on Current Formalisms used in Cyber-Physical Systems Development, Technical Report, 2020.

[10] WFMC-TC-1025 Workflow Management Coalition Workflow Standard, Process Definition Interface-XML Process Definition Language, 2005.

[11] Mathias Weske, Business Process Management: Concepts, Languages, Architectures, third edition, Springer-Verlag, Berlin, Heidelberg, 2019.

[12] ISO 21500:2012: Guidance on Project Management, 2012.

[13] H. G. Gurbuz, B. Tekinerdogan, Analyzing systems engineering concerns in architecture frameworks-a survey study, in: 2018 IEEE International Systems Engineering Symposium (ISSE), 2018, pp. 1-8.

[14] ISO/IEC/IEEE 42010:2011. Systems and software engineering - architecture description, the latest edition of the original IEEE std 1471: 2000, recommended practice for architectural description of software-intensive systems, 2011.

[15] Cees Lanting, Antonio Lionetto, Smart systems and cyber physical systems paradigms in an IoT and Industrie/y4.0 context, 2015, p. S5002.

[16] Brent Hailpern, Guest editor's introduction multiparadigm languages and environments, IEEE Software 3 (01) (jan 1986) 6-9.

[17] Pamela Zave, A compositional approach to multiparadigm programming, IEEE Software 6 (05) (sep 1989) 15-18.

[18] Thomas Kuhn, The Structure of Scientific Revolutions, Chicago Press, 2012.

[19] Erik W. Aslaksen, The engineering paradigm, International Journal of Engineering Studies 5 (02) (2013).

[20] Johannes Halbe, Jan Adamowski, Claudia Pahl-Wostl, The role of paradigms in engineering practice and education for sustainable development, Journal of Cleaner Production 106 (2015) 272-282, Bridges for a more sustainable future: Joining Environmental Management for Sustainable Universities (EMSU) and the European Roundtable for Sustainable Consumption and Production (ERSCP) conferences.

[21] M. Amrani, D. Blouin, R. Heinrich, A. Rensink, H. Vangheluwe, A. Wortmann, Towards a formal specification of multi-paradigm modelling, in: 2019 ACM/IEEE 22nd International Conference on Model Driven Engineering Languages and Systems Companion (MODELS-C), 2019, pp. 419-424.

[22] M. Amrani,D. Blouin,R. Heinrich,A. Rensink,H. Vangheluwe,A. Wortmann,Multi-paradigm modeling for cyber-physical systems: a descriptive framework,International Journal on Software and Systems Modeling (SoSyM),in press.

[23] Rima Al Ali,Tomas Bures,Ilias Gerostathopoulos,Petr Hnetynka,Jaroslav Keznikl,Michal Kit,Frantisek Plasil,DEECo: an ecosystem for cyber-physical systems,in: Companion Proceedings of the 36th International Conference on Software Engineering,ICSE Companion 2014,ACM,New York,NY,USA,2014,pp. 610-611.

[24] Rocco De Nicola,Michele Loreti,Rosario Pugliese,Francesco Tiezzi,A formal approach to autonomic systems programming: the SCEL language,ACM Transactions on Autonomous and Adaptive Systems 9 (2) (2014) 7.

[25] Rima Al-Ali,Uncertainty-Aware Self-Adaptive Component Design in Cyber-Physical System,Technical Report D3S-TR-2019-02,Department of Distributed and Dependable Systems,Charles University,2019.

[26] M. Kit,F. Plasil,V. Matena,T. Bures,O. Kovac,Employing domain knowledge for optimizing component communication,in: 2015 18th International ACM SIGSOFT Symposium on Component-Based Software Engineering (CBSE),May 2015,pp. 59-64.

[27] Nicklas Hoch,Henry-Paul Bensler,Dhaminda Abeywickrama,Tomáš Bureš,Ugo Montanari,The E-mobility Case Study,Springer International Publishing,Cham,2015,pp. 513-533.

[28] Filip Krijt,Zbynek Jiracek,Tomas Bures,Petr Hnetynka,Frantisek Plasil,Automated dynamic formation of component ensembles - taking advantage of component cooperation locality,in: Proceedings of the 5th International Conference on Model-Driven Engineering and Software Development - vol. 1: MODELSWARD,INSTICC,SciTePress,2017,pp. 561-568.

[29] Tomas Bures,Vladimir Matena,Raffaela Mirandola,Lorenzo Pagliari,Catia Trubiani,Performance modelling of smart cyber-physical systems,in: Companion of the 2018 ACM/SPEC International Conference on Performance Engineering,ICPE '18,ACM,New York,NY,USA,2018,pp. 37-40.

[30] Tomas Bures,Ilias Gerostathopoulos,Petr Hnetynka,Jaroslav Keznikl,Michal Kit,Frantisek Plasil,Gossiping Components for Cyber-Physical Systems,Springer International Publishing,Cham,2014,pp. 250-266.

[31] F. Krijt,Z. Jiracek,T. Bures,P. Hnetynka,I. Gerostathopoulos,Intelligent ensembles - a declarative group description language and java framework,in: 2017 IEEE/ACM 12th International Symposium on Software Engineering for Adaptive and Self-Managing Systems (SEAMS),May 2017,pp. 116-122.

[32] Rima Al Ali,Tomas Bures,Ilias Gerostathopoulos,Jaroslav Keznikl,Frantisek Plasil,Architecture adaptation based on belief inaccuracy estimation,in: 2014 IEEE/IFIP Conference on Software Architecture (WICSA),2014,pp. 87-90.

[33] Jaroslav Keznikl,Tomas Bures,Frantisek Plasil,Ilias Gerostathopoulos,Petr Hnetynka,Nicklas Hoch,Design of ensemble-based component systems by invariant refinement,in: Proceedings of the 16th International ACM Sigsoft Symposium on Component-based Software Engineering,

CBSE '13,ACM,New York,NY,USA,2013,pp. 91-100.

[34] Tomas Bures,Ilias Gerostathopoulos,Petr Hnetynka,Jaroslav Keznikl,Michal Kit,Frantisek Plasil,DEECo：an ensemble-based component system,in：Proceedings of the 16th International ACM Sigsoft Symposium on Component-based Software Engineering,CBSE '13,ACM,New York,NY,USA,2013,pp. 81-90.

[35] Michal Kit,Ilias Gerostathopoulos,Tomas Bures,Petr Hnetynka,Frantisek Plasil,An architecture framework for experimentations with self-adaptive cyber-physical systems,in：Proceedings of the 10th International Symposium on Software Engineering for Adaptive and Self-Managing Systems,SEAMS '15,IEEE Press,Piscataway,NJ,USA,2015,pp. 93-96.

[36] Vladimir Matena,Tomas Bures,Ilias Gerostathopoulos,Petr Hnetynka,Model problem and testbed for experiments with adaptation in smart cyber-physical systems,in：Proceedings of the 11th International Symposium on Software Engineering for Adaptive and Self-Managing Systems,SEAMS '16,ACM,New York,NY,USA,2016,pp. 82-88.

[37] Bart Broekman,Edwin Notenboom,Testing Embedded Software,Addison Wesley,2003.

[38] Sebastian Wätzoldt,Stefan Neumann,Falk Benke,Holger Giese,Integrated software development for embedded robotic systems,in：Itsuki Noda,Noriaki Ando,Davide Brugali,James Kuffner（Eds.）,Proceedings of the 3rd International Conference on Simulation,Modeling,and Programming for Autonomous Robots（SIMPAR）,in：Lecture Notes in Computer Science,vol. 7628,Springer,Berlin,Heidelberg,October 2012,pp. 335-348.

第3章 基于特征的
赛博物理系统本体

Bedir Tekinerdogan[a], Rakshit Mittal[b], Rima Al-Ali[c],

Mauro Iacono[d], Eva Navarro-López[e], Soumyadip Bandyopadhyay[b],

Ken Vanherpen[f], Ankica Barišić[g], Kuldar Taveter[h]

a 荷兰瓦格宁根,瓦格宁根大学与研究中心

b 印度果阿帮桑科莱,博拉理工学院

c 捷克共和国布拉格,查理大学

d 意大利卡塞塔,坎帕尼亚大学

e 英国伍尔弗,汉普顿大学

f 比利时安特卫普,安特卫普大学和弗兰德斯制造研究院

g 葡萄牙里斯本,NOVA LINCS 研究中心

h 爱沙尼亚,塔尔图大学

3.1 概 述

　　赛博物理系统(CPS)是将网络计算和物理过程紧密集成的系统,由此形成相互通信的更大网络,并依赖作动器和传感器来监视和控制复杂的物理过程,并在物理世界和赛博世界之间创建复杂的反馈回路。CPS 为各行各业带来了影响经济和社会等方面的创新,创造了全新的市场和增长平台。CPS 在各个领域的应用日益广泛,包括医疗健康、交通运输、精准农业、能源保护、环境控制、航空电子、关键基础设施控制(发电厂、核电站、水资源以及通信系统)、高置信医疗设备和系统、交通控制和安全、先进汽车系统、过程控制、分布式机器人(远程现场呈现、远程医疗)、智能制造以及智慧城市工程。任何一个应用领域所产生的积极的经济影响都将是无比巨大的。

　　从技术上来看,CPS 系统本质上是异构的,通常包括机械、液压、材料、电气、电子以及计算组件。CPS 的工程流程需运用不同的学科,由此产生一系列的模型,我们将使用相应的不同建模形式化方法来表达这些模型。一个重要的认识是,需要这

些不同的模型相互一致地交织在一起并形成系统的完整表示,并且支持性能分析、详尽的仿真和验证、硬件在环的仿真以及确定系统、原型和实现中最佳总体参数等其他与整体相关的方面。

CPS 系统需要一个新的框架来表示模型之间的各种连接,并且进而支持对其的推理。单一的形式化无法胜任系统所有方面的建模;CPS 系统建模本质上是多范式的,这就需要一种跨学科的方法,能够连接来自不同世界的抽象和模型。从物理学科来看,CPS 系统本质上是异构的,其中通常包括机械、液压、材料、电气、电子等。这些领域都有与其对应的工程学科,它们使用本学科领域的模型和抽象,能够最好地获取物理过程的动态特性,例如微分方程式和随机过程。从计算上来看,CPS 系统充分利用计算机科学和软件工程中半个世纪以来依赖的传统知识,从根本上解决如何将获取的数据转化为有用的数据,抽象出真实世界中所发生的核心物理特征,特别是在物理过程中随时间的变化。

正如十年前所认识到的那样,关键的挑战在于提供数学和技术的基础,将上述不同工程领域描述的自然现象动力学的物理抽象与那些仅仅聚焦于数据转换的模型进行联合。这就有必要充分地捕获和连接复杂的、现实的赛博物理系统的两方面,使得我们能够协同地开展推理和探索系统的设计,将职责分配到软件元素和物理元素,并在它们之间开展分析的权衡。

本章旨在为 CPS 提供一个本体,从而支持 CPS 的多范式建模。为此,我们将重点使用元建模和领域分析。元建模活动的成果将是产生包含所有相关概念及其关系的一个元模型。在领域分析流程中,我们将采用特征模型来表示 CPS 领域的两种特性:公共性和可变性。

本节之后的部分将按照下面的方式组织:3.2 节,介绍所提出本体的总体方法;3.3 节,介绍 CPS 的元模型和特征图——作为领域分析流程的成果;3.4 节,描述基于特征模型和元模型的 CPS 架构;最后,在 3.6 节给出本章的结论。

3.2　赛博物理系统的元模型

在领域分析流程中,我们已提出一组 CPS 的概念,如图 3.1 所示的 CPS 元模型中所表示的那样[1,2]。元模型是特征图的一个补充模型,用于表明概念之间的关系。此外,特征图强调 CPS 特征的公共性和可变性。

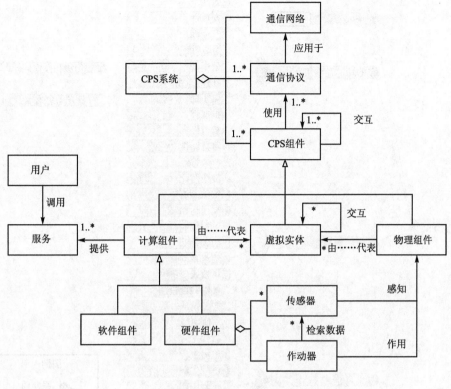

图 3.1　CPS 元模型

3.3　赛博物理系统的特征模型

为了定义 CPS 本体,我们使用特征建模来开展领域分析流程的工作。在接下来的小节中,我们首先描述 CPS 的元模型,然后再给出 CPS 的特征图。

3.3.1　顶层特征图

图 3.2 所示为 CPS 的顶层特征图,包括 5 个强制的根特征:构成元素、非功能性需求、应用领域、学科以及架构。其中的数字表示根特征对应的子特征的数量。在以下的小节中,我们将详细描述各个根特征。

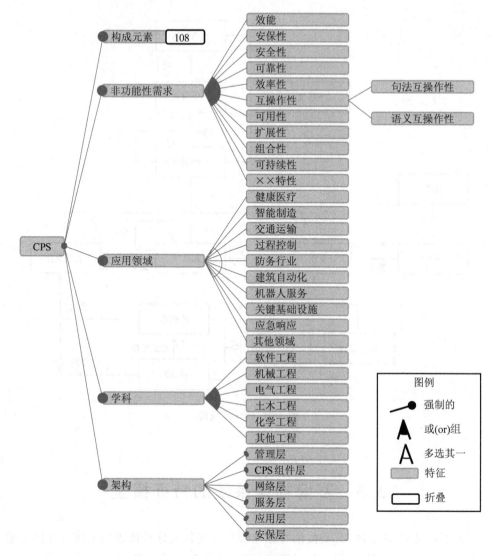

图 3.2　CPS 顶层特征图

3.3.2　CPS 的构成元素

CPS 的构成元素特征图如图 3.3 所示。基于特征图,CPS 具有赛博元素、物理元素、控制元素以及网络元素的强制的构成元素。此外,人员元素作为可选的替代元素。下面,我们将描述各个元素的特征。

1. 赛博元素

赛博元素是指任何人员、生物、社会系统与任何人工设备之间的通信和控制,其必须具有反馈回路的系统。

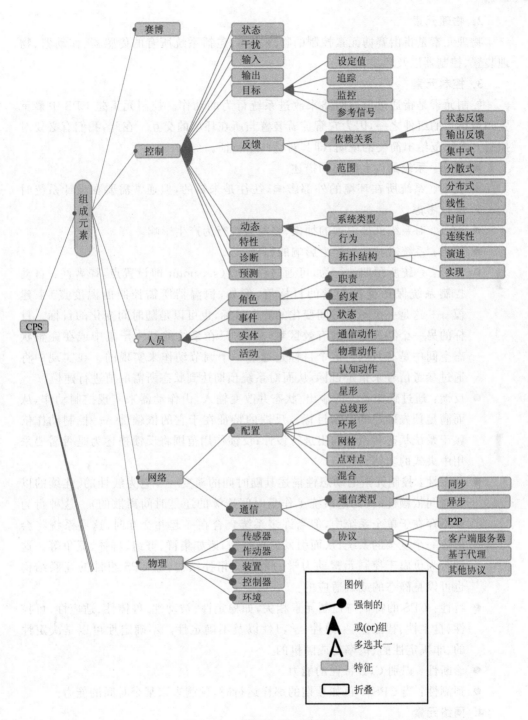

图 3.3　CPS 的构成元素特征图

2. 物理元素

物理元素是指由赛博元素控制的物理实体,包括系统所有的传感器、作动器、物理装置、控制器以及环境。

3. 控制元素

控制元素是指通过反馈回路来改进系统行为的动作。控制元素是 CPS 中最重要和最精巧的组件之一,因为它管控着装置与所在环境的交互。在此,我们有必要对控制元素规范给出简要的说明,即其对应的子特征。

- 状态:系统的内在配置和描述。
- 扰动:系统所在环境的外部影响,往往是未知的,但通常需要在设计系统时予以考虑。
- 输入:对系统外部因素的抽象,将对系统行为产生影响。
- 输出:系统对其环境产生影响的抽象。
- 目标:系统所预期的行为,可通过设置点(set-point 即设置点,译者注:自动控制系统保持受控变量的目标值,例如,恒温器所需控制的温度点)来建模——这是一个不随时间变化的静态目标,也可以是随时间变化的目标。目标的另一个特征是它的有效区域——它只在系统的某一子集中或在完整状态空间中是有效的。这个目标是通过一个调节动作来实现的。在实现中将通过参考信号来指定目标,从而对系统预期达到状态所需的值进行建模。
- 反馈:通过感知系统的输出/状态并改变输入,由作动器来实现控制动作,从而满足预先确定的控制目标。反馈的特征在于它的依赖性——控制动作依赖于系统状态和系统输出进行设计;反馈作用范围将反馈描述为是否需要采用中央式的实体。
- 动态性:控制元素的动态性描述其随时间的演变——它为线性的、连续的以及时间依赖性的(无论系统工作是时间连续的还是时间离散的)。这种行为并不存在于单个系统中,但当许多系统集合在一起并交互时,这些系统将会形成一个复杂的系统,从而引发涌现行为,诸如集群、群组、群体、竞争等。这种行为也属于控制元素动力学的范畴。拓扑结构,即 CPS 组件的互联结构也可以是静态的或自适应的。
- 特性:CPS 的特征与控制元素相关,如稳定性、被动性、鲁棒性、适应性、可控性、自主性、智能性、一致性、学习性以及不确定性。不确定性可以是决定性的、非决定性的、概率的或随机的。
- 诊断性:识别 CPS 特性的能力。
- 预测性:当 CPS 不再如预期的那样运行时,预测未来某个时间的能力。

4. 网络元素

网络元素是指以某种物理或抽象方式连接(如链接)的一组元素(如节点)。网络可以采用不同的配置形式,如星形、总线、环形、网格、点对点以及混合等。此外,一个网络可以使用不同的通信机制,包括通信类型(同步的或异步的)和通信协议(P2P、客户机-服务器、代理等)。

5. 人员元素

人员元素是指 CPS 中的人员,在 CPS 中承担特定的角色。每个角色都代表一定的能力或职位,承担该角色的人员需要为达成 CPS 设定的特定行为目标做出贡献。每个角色都是根据与其相关的职责和约束来定义的,而这些职责和约束需要为 CPS 设定的行为目标的达成做贡献。职责是角色的组件,它决定了承担该角色的人员为了达成 CPS 行为目标所必须做出的工作;约束是承担该角色的人员在履行其职责时必须考虑的条件。

CPS 中的人员,通过承担特定动作来履行角色所赋予的职责。动作是一个实体,其目标是改变 CPS 或环境的状态。动作分为物理动作、通信动作以及认知动作。

- 物理动作是一种改变 CPS 或环境的物理元素状态的动作。
- 通信动作是一种通过 CPS 的通信网络传递信息的动作。
- 认知动作是一种改变 CPS 持有的数据状态的动作。

人员的动作通过作动器来实施,可以感知由 CPS 或环境创建的事件。事件是一种与事情发生前后状态相关的实体,人员通过传感器感知事件,事件的状态是 CPS 实体和环境群体性的状态,实体是任何可感知或可想象的事物。

3.3.3　非功能性需求

赛博物理系统彻底改变了我们与物理世界的交互方式。当然,这场革命也不是凭空而来的。因为即使是传统的嵌入式系统,也需要比通用计算更高的标准,如果我们真的想要完全地信任新一代物理感知的工程系统,我们就需要特别关注它们的需求。因此,我们应该阐明一些公共的 CPS 系统层级需求的定义。在图 3.2 所示的 CPS 顶层特征图中,非功能需求的分支包括所有识别到的 CPS 相关的非功能性需求。

精确性:是指系统的测量/观察结果与实际/计算结果的接近程度。具有高精确性的系统应尽可能收敛于实际的结果。高精度性更适合于 CPS 的应用,因为即使很小的非精确性也可能带来系统的故障。例如,基于运动的目标跟踪系统,在传感器状况条件不完善的情况下,依据错误的目标位置估计,可能会造成不能及时地采取控制动作,由此导致系统的故障。

适应性:是指为回应环境中的不同状况,系统通过调整其配置而改变状态得以生存的能力。具有高适应性的系统应能迅速适应不断变化的需要/状况。适应性是下一代航空运输系统(如 NextGen)的关键特征之一。NextGen 的能力通过其计算机化的航空运输网络来提高空域运行性能,使飞行器能够及时适应不断变化的运行环境,如天气条件、飞行器航线以及其他相关的利用卫星的飞行轨迹模式、空中交通拥堵以及有关的安全问题。

可用性：是指系统即使在出故障时也能随时提供使用的特性。具有高可用性的系统应该将故障部分从系统中隔离出来，并可在没有这部分的情况下继续运行。恶意赛博攻击（例如拒绝服务攻击）严重妨碍了系统服务的可用性。例如，在赛博物理医疗系统中，必要的医疗数据及时解读动作有助于挽救患者的生命。恶意攻击或系统/组件故障，可能导致所提供的数据服务不再可用，从而危及患者的生命。

组合性：是指一个系统内需要组合若干组件的特性及其相互关系。具有高组合性的系统应该允许反复地再组合系统的组件，从而满足特定的系统需求。组合性应该在不同的层级上予以审视，如：设备的组合性、代码的组合性、服务的组合性、系统的组合性。当然，系统的组合性更具挑战性，因此需要定义良好的、遵循自下而上组合特性的组合方法论。此外，必须可以相应地组合需求和评估。未来，最重要的可能是在最终产生的系统运行不降级的情况下，以某种可预测的置信度将新的系统逐步增加到体系之中（例如 CPS）。

组成性：是指通过审视系统的每个部分来很好地完全理解该系统的特性。具有高组成性的系统应该从其组成部分/组件的派生行为中提供整体的深刻洞察。在 CPS 设计中实现高组成性是非常具有挑战性的，特别是由于组成物理的子系统的混沌行为（译者注：混沌行为是指一个系统的行为，其最终状态极其敏感地依赖于系统的精确初始状态，以至于该行为实际上是不可预测的，即使在数学意义上是严格确定的）。高组成性的 CPS 的设计，需要对所有组成的赛博和物理子系统/组件的行为进行强有力的推理，并设计用于从单个赛博组件和物理组件组装成为 CPS 的赛博物理方法论，同时需要精确的特性分类、正式的测度以及支持评估的标准测试台架以及整个系统及其组成部分的定义良好的数学模型。

保密性：是指只允许授权方访问系统内产生的敏感信息的特性。具有高机密性的系统应采用最安全的方法，防止未经授权的访问、泄露或篡改。在大多数 CPS 应用中，一个重要的问题是保证数据机密性得到满足。例如，在应急管理传感器网络中，针对传输数据机密性的攻击，可能会降低应急管理系统的有效性。通过受攻击的传感器节点传输的数据的保密性可能会被破坏，这将导致网络中的数据流被定向到受攻击的传感器上、关键数据被窃听，或者在网络中生成虚假身份的节点。此外，虚假/恶意数据也可以通过这些虚假节点注入到网络中。因此，需要在合理的程度上保持数据传递的保密性。

可依赖性：是指系统在运行过程中执行所需的功能而其性能和输出没有出现显著降级的特性。可依赖性反映了对于整个系统的信任程度。具有高可依赖性的系统应该在没有干扰的情况下正常运行，按照规定提供请求的服务，并且在运行期间不会出现故障。可依赖性和可信任性这两个词汇经常可互换地使用。在系统实际运行之前，保证可依赖性是一项非常艰巨的任务。例如，与传感器读数和即时作动有关的时间的不确定性，可能会降低可依赖性并带来意想不到的后果。系统的赛博组件和物理组件在本质上是相互依赖的，在系统运行过程中，这些底层组件可能会动态地相互连接,这也反过来使得可依赖性分析变得异常困难。在设计阶段,应该引入一种通用语言来表达跨组成系统/底层组件可依赖性的相关信息。

效率性:是指系统交付指定功能所需的资源(如能量、成本、时间等)的数量。具有高效率性的系统应该在最适合数量的系统资源下正常运行。在 CPS 应用中,效率性对于能源管理尤为重要。例如,智能建筑可检测到无人居住并关闭 HVAC(采暖、通风及空调)机组以达到节源目的。此外,它们还可以根据入住的预测技术提供自动预加热或预制冷的服务。

异构性:是指一个系统中包含一组不同类型的交互和互联的组件,并构成一个复杂的整体。由于组成的物理动力学、计算元素、控制逻辑和不同通信技术的部署,CPS 本质上是异构的,因此其势必是所有类型系统组件的异构组合。例如,包含异构的计算和通信能力,未来的医疗设备很可能采用即插即用的方式,在日益复杂的开放系统中互联,这使得异构控制网络和互联的闭环控制设备变得至关重要。这类设备的配置根据特定患者的医疗考虑可能是高度动态的。在科学和新兴技术的支持下,未来的医疗系统有望提供情境感知组件的自治、协作协调、实时保障以及远超今天系统的更强大的、更复杂的、异构的个性化配置。

完整性:是指系统保护自身或其中的信息免受未经授权的操作或修改,以保持信息正确性的特性。具有高完整性的系统应该提供深度授权和一致性检查机制。高完整性是 CPS 的重要特性之一。其需要在多个场合提供完整性检查机制,如网络数据包的数据完整性、从环境噪声中分辨恶意行为、识别虚假数据的注入和已经受损的传感器/作动器组件等,从而更有把握地开发 CPS。我们应充分理解物理和网络流程的特性,从而用于定义所需的完整性保证。

互操作性:是指系统/组件一同工作、交换并使用这些信息提供指定服务的能力[3]。具有高互操作性的系统应该提供或接受在系统组件之间的有效通信和互操作的服务。无人驾驶飞行器(UAV)执行远距战场作战,并具有更加互联和潜在的军兵种联合作战的系统,因此要求它们彼此之间以及与作战中的众多地面运载器之间进行无缝通信。缺乏互操作性标准往往会降低复杂和关键任务的效力。同样,根据不断变化的需要,应该为智能电网中使用的设备、系统和流程,开发和测试动态标准,在现实运行条件下针对特定智能电网,考虑确保和认定将要部署的设备、系统和流程的互操作性。

可维护性:是指在发生故障时系统得以修复的特性。具有高可维护性的系统应该以一种简单、快速的方式,以最少的支持资源消耗而修复,并且在维护过程中不再引起额外的故障。随着 CPS 基础设施中系统组件(如传感器、作动器、赛博组件和物理组件)之间的紧密交互,可以提供自主预测/纠正诊断的机制,通过这些机制对基础设施进行持续的监控和测试。来自监控和测试设施的结果有助于发现哪些单元需要修理。有些组件可能是重复故障的根源,可以重新设计或丢弃,使用品质更好的组件进行替换。

可预测性：是指预测系统状态/行为/功能的程度，即可以是定性的、也可以是定量的。具有高可预见性的系统应该在很大程度上确保系统的行为/功能的特定结果，在运行的每一刻都能满足所有的系统需求。在赛博物理医疗系统（CPMS）中，智能医疗设备与复杂的控制技术一起，应该能够很好地适应患者的情况，预测患者的运动，并根据周围环境的背景感知改变他们的特征。许多医疗设备能够执行实时的操作，满足不同的时间约束，并对时间不确定性（如延迟、时基抖动等）表现出不同的敏感性。然而，并非所有的 CPMS 组件都是时间可预测的，因此，除了新的编程和联网抽象概念之外，还应该开发新的资源分配和调度策略，以确保端到端时间约束的可预测性。

可重构性：是指系统在出现故障或根据内部或外部请求而改变其配置的特性。具有高可重构性的系统应该是可自配置的，这意味着能够动态地调整自身配置，并在更细粒度下协调其组件的运行。CPS 可以看作是一种自主、可重构的工程化的系统。在一些 CPS 应用场景中，远程监测和控制机制可能是必要的，如国际边界监控、野火应急管理、天然气管道监测等。运行需求（例如：安保威胁层级更新、定期代码更新、高效能源管理等）可能会在这种场景下发生变化，这需要对正在部署的传感器/作动器节点或整个网络进行彻底的重新配置，从而提供尽可能最好的服务和资源的利用。

可靠性：是指系统为实现其功能所能提供的正确性的程度。系统能力的认证在于如何保证其正确地做事，这也意味着其并不能正确地做到。因此，一个具有高可靠性的系统是在确保它能够做正确的事情。鉴于期望 CPS 将在开放、演进和不确定的环境中可靠地运行，CPS 基础设施的知识、属性（如时序）或过程结果的不确定性有必要在 CPS 设计阶段量化，不确定性分析将有效地产生有关 CPS 可靠性特征的表述。此外，物理组件和赛博组件的准确性、设计/控制流中的潜在错误、以试错方式进行的跨域网络连接都会限制 CPS 的可靠性。

强韧性：是指系统在遭遇任何内部或外部困难（如突发故障、组件功能故障、工作负荷增加等）而不超过其承受极限的情况下，能够坚持持续运行并提供可接受质量服务的能力。具有高强韧性的系统应该具有可自愈功能，包括针对故障的早期检测和快速恢复的机制，以持续满足服务的要求。高强韧性在提供关键使命服务时发挥作用，如运载器 CPS 的自动制动控制、自动医用呼吸机的空气和氧气流量控制等。至关重要的 CPS 应用经常需要在系统的任何层级（如硬件、软件、网络连接或底层基础设施）出现中断的情况下持续运行。因此，设计高强韧性的 CPS 需要全面了解潜在的故障和中断、相关应用的强韧性的特性以及由于运行环境的动态性变化的特质而带来的系统的演进发展。

鲁棒性：是指系统保持其稳定配置并抵抗任何故障的能力。具有高鲁棒性的系统应该在出现任何故障的情况下都能够继续运行，并阻止这些故障妨碍或停止系统的运行，而不会对其原始配置产生根本改变。除故障之外，可能由传感器噪声、作动器误差、通信信道缺陷、潜在的硬件错误或软件程序错误引起的干扰，将会使 CPS 的整体鲁棒性降级。由于缺乏对集成系统动态性的建模（例如 CPS 运行的实际环境条件），在运行时可能无法避免演变的运行环境或不可预见的事件等其他不可忽略的因素，因此需要鲁棒性的 CPS 设计。

安全性：是指系统在运行过程中不会对系统内部和外部造成任何伤害、危险或风险的特性。具有高安全性的系统应该在很大程度上遵守通用和特定应用的安全规定，并部署安全保证机制，以防出现一些错误。例如，在智能制造（SM）的目标中，支持可持续生产的定点时间跟踪技术（pointing-time tracking，译者注：在军事或商业活动中随着越来越多的传感器等各种载荷的应用，定点时间跟踪技术按照时序控制各类载荷的探测视线）以及整个车间的实时过程管理有助于提高安全性。通过在整个制造企业使用嵌入式控制系统和数据收集框架（包括传感器）的自动化过程控制，来高度优化制造车间的安全性。智能网络传感器可以检测操作故障/异常，并帮助防止由于这些故障/异常导致的灾难性事件。

可伸缩性：是指系统即使在其规模发生变化/工作负载增加的情况下仍能保持良好运行的能力，并且可充分利用这种优势。系统吞吐量的增加应该与系统资源的增加成正比。具有高可扩展性的系统应该能够提供分散和聚集机制来平衡工作负载，并提供有效的通信协议来提升性能。根据其规模，CPS 可能包括成千上万的嵌入式计算机、传感器和作动器，它们必须有效地协同工作。可部署具有可编程的互联网络的可扩展的嵌入式多核架构，以满足 CPS 中不断增长的计算需要。进而，需要高性能和高可扩展的基础设施来支持 CPS 的实体动态地加入和离开现有的网络。当在这些实体之间频繁地进行数据分发传播时，动态软件的更新（即在运行时更改计算机程序）可以帮助动态地更新 CPS 应用程序，并且更有效地利用 CPS 资源。

安保性：是指系统控制资源访问以及保护敏感信息免于未经授权泄露的特性。具有高安保性的系统应该提供一些访问保护机制，防止未经授权的信息被修改和未经授权的资源被截获，并且必须在很大程度上避免敏感信息的泄露。由于 CPS 具有的可伸缩性、复杂性和动态特性，在物理和赛博两方面都易于遭受失效和攻击。恶意攻击（如窃听、中间人攻击（MITM，译者注：攻击者通过窃听或伪装成合法参与者来拦截现有会话或数据传输）、拒绝服务、注入虚假传感器测量值或作动器请求等）的目标主要是赛博基础设施（如数据管理层、通信基础设施和决策机制）或物理组件，其目的在于干扰正在运行的系统或窃取敏感信息。使用大型的网络（如 Internet）、采用不安全的通信协议、使用大量遗留系统或快速采用商用货架产品（COTS）是使 CPS 易于遭受信息安保威胁的其他因素。

可持续性：意味着系统具有在违背系统需求的情况下持续存在以及更新系统资源并有效利用它们的能力。具有高可持续性的系统是一个长期存在的系统，在不断演进的环境中具有自愈和动态调整的能力。从能源行业的角度来看，能源可持续发展是能源供应和管理策略的重要组成环节。例如，智能电网通过融合物理环境中提取的绿色能源,从客户或服务提供方的角度促进能源分配、管理和定制化。然而,间歇性能源供应和未知/不明确的负荷特征妨碍着智能电网的长期运行。为了保持可持续性,智能电网需要在不确定性下开展规划和运行,如使用实时性能测量数据、能源利用的动态优化技术、计算单元的环境感知循环,以及设计独立的能源分配设施(如自主微电网)等。

3.3.4 应用领域

在图 3.2 所示的 CPS 顶层特征图中,应用领域(Application Domain)分支表明了 CPS 的重要应用领域。CPS 可应用于各种应用领域,包括健康、智能制造、交通、过程控制、防务、楼宇自动化、机器人服务、关键基础设施以及紧急响应等。原则上,顶层特征图是开放的。任何与赛博部件集成和由赛博部件控制的物理系统都可认为是 CPS。

3.3.5 学　科

在图 3.2 所示的 CPS 顶层特征图中,学科(Discipline)分支表明了 CPS 的重要学科。本质上,CPS 需要一个整体的系统工程方法。系统工程是一种跨学科的方法,它聚焦于在复杂系统生命周期中如何设计、集成和管理复杂系统。因此,CPS 与多个学科存在着内在联系,包括软件工程、机械工程、电气工程、土木工程以及化学工程等。

3.4　CPS 的架构

CPS 的架构表示由赛博物理组件组成的系统总体层级结构。当前针对 CPS 的架构设计方法似乎主要是特定领域的,还没有达成一致的标准参考架构。在这方面,CPS 本体开发也有助于参考架构的设计。

CPS 参考架构定义特定应用领域的 CPS 架构的一般结构,为功能性、可依赖性以及其他质量特性奠定基础。架构是用于实现系统功能性和特性的组织,以实现区划、验证和管理。图 3.4 所示为受物联网堆栈思想启发的 CPS 架构的分层视图,由此将 CPS 布局在共享相同关切的内聚的模块连续层级之中。位于中央的 4 层包括 CPS 组件层、网络层、服务层和应用层。CPS 组件层包括用于 CPS 组件进行感知和作动的能力;网络层提供网络连接功能和传输功能,支持组件之间的协调;服务层包括用于通用支持服务的功能,如数据处理或数据存储以及可能应用到一定程度的智能特定应用的特定支持能力;应用层编排服务来提供系统涌现性。另外,还有两个主要的跨层级的关切:第一,安保层捕获安保性的功能;第二,管理层支持设备管理、流量和拥塞管理等。

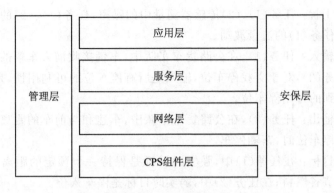

图 3.4　CPS 架构

3.5　示　例

为了验证本章所提出的赛博物理系统概念模型的应用,我们将介绍第 2 章案例中相关的 CPS 特征模型(参见 3.3 节)的配置,即基于合集的赛博物理系统(参见 2.6.1 小节)和 HPI 赛博物理系统实验室自主机器人案例研究(参见 2.6.2 小节)。配置作为特征模型的一个特殊实例,它描述特定产品或系统中存在或不存在的特性。本质上,特征模型用于描述系统族中每个成员特征中需要维护的互依赖性和约束,而配置描述的特性在特定成员中显示。下面将给出特征列表、配置中包含的或排除的以及与案例系统相关的特征描述。

3.5.1　基于合集的赛博物理系统

为了验证第 2 章所述案例中所有相关的部分,我们将车辆加入公路货车车队列为任务(1),将车辆寻找停车位列为任务(2)。

● ✔构成元素:(必填)构成系统的元素。

• ✔赛博:(必填)基于 DEECo(新兴组件的可信赖合集)概念的系统模型。

• ✔控制:(必填)任务(1)、(2)中的车辆配有 PID 控制器,根据驾驶员的偏好或各种车辆模式下的确定值,保持所需的速度和距离,包括任务(2)中驶向目的地。

– ✔状态:我们根据运行模式来确定状态。任务(1)中,公路货车车队中的车辆将为"协作自适应巡航控制(CACC)"或"自适应巡航控制(ACC)"的状态;任务(2)中,城市中的车辆停车状态为"等待""搜索停车位""预留停车位""取消预留停车位""停车位已预留""现场搜索停车位""现场查找停车位""停车中""已停车""驶离停车位"。任务(2)中,停车场的每个停车位都有以下的状态:"可用""已预留""已取消""已满"。

53

- ✔ 干扰：任务(1)、(2)传感器测量中的噪声,任务(1)、(2)的通信问题,以及任务(1)的流量波动。

- ✔ 输入：任务(1),在公路货车车队中,车辆接收前方车辆的速度和位置;任务(2),对于寻找停车位,输入是所有停车位的可利用性,是其他车辆检测到的可用停车位。

- ✔ 输出：任务(2),在公路货车车队中,车速和与前车的距离保持不变;到达停车位时,车辆停车。

- ✔ 目标：在任务(1)中,强实时目标是保持一个预定的距离,弱实时目标是节省燃料;在任务(2)中,弱实时目标是停车入位。

  - ✔ 设定点：在任务(1)中为期望的速度以及与前方车辆之间期望的距离;在任务(2)中为车辆最终目的地和其间的停车站点。

  - ✔ 跟踪：车辆检查驾驶员的输入,以获得任务(1)所需的速度和任务(1)、(2)所需的站点,或任务(1)公路货车车队中车辆的最新速度和保持的距离。在任务(2)中,车辆从其他车辆或停车场接收有关可用停车位的信息。当车辆不在公路货车车队中时,任务(1)中车辆跟踪的有效区域(ValidityRegion)是本地的;当车辆在公路货车车队中时,跟踪的有效区域是分散的。此外,在任务(2)中车辆以分散的方式跟踪可用的停车位,停车场中跟踪的有效区域以分散的方式运行。

  - ✔ 调节：在任务(1)、(2)中,车辆之间彼此相互通信,维持公路货车在车队中或在现场寻找可用的停车位。在任务(2)中,车辆与停车场通信以预留停车位。

  - ✔ 参考信号：在任务(1)、(2)中,车辆将 GPS 信号用作自动定位的参考信号;在任务(2)中为计算到站点以及停车场的距离。

- ✔ 反馈：在任务(1)中,自动驾驶汽车存在两种反馈回路:第一个是控制回路的一部分,用于调节车辆的速度以及车辆之间的安全距离,我们使用 MAPE - K 模型表示该回路[4];第二个反馈回路用于学习车辆行为以及传感器的可靠性,以便更好地执行自适应。

  - ✔ 依赖性：在任务(1)中,系统的第一个反馈是由车辆的加速计来测量加速度(即装置(Plant)的输出),将其反馈到 PID 控制器;第二个反馈是研究车辆行为和传感器的可靠性,以决定适应更适合当前情况的模式(例如,在 Wi - Fi 通信不可靠的情况下从"协作自适应巡航控制(CACC)"转到"自适应巡航控制(ACC)")。

  - ✔ 范围：在任务(1)中,对于车辆,控制信号的范围是本地的。

- ✔ 动态性：基于背景环境的合集,即车辆可以组成动态群组,在任务(1)中保持公路货车车队中的距离或在任务(2)中检测可用的停车位,以及在任务(2)中车辆与停车场车位组成动态群组以交换有关停车位的信息。

- ✔ 系统类型：(线性)在任务(1)中车辆运动是非线性的。(时间)系统是离散的,与任务(1)车辆中的控制回路和任务(1)、(2)其他车辆或任务(2)停车场的通信是离散的。(连续性)车辆的运动在现实中是连续的,然而在仿真中它是离散的。
  - 行为：(均衡)每辆车都存在多种分布均衡。这是 CPS 处于发展初期的行为。
  - 拓扑：(演化)在任务(1)、(2)中,组件之间的连接随时间是动态的(即通过合集),它(实现)支持在连接上添加约束,从而为系统提供背景环境的感知。
- ✔ 特性：自主性、适应性、学习性和不确定性。(不确定性)在示例中,我们考虑测量中的白噪声和网络延迟(即随机分布和指数分布)。
- ✗ 诊断：无自动诊断。
- ✔ 预测：用于系统的适应决策的预报。例如,在学习车辆行为后,在任务(1)中的车辆决定将模式更改为 ACC,因为 Wi-Fi 通信不可靠。

- ✔ 人员：驾驶员确定车辆中要执行的下一个任务。
  - ✔ 角色：在任务(1)中,司机决定加入或离开公路货车车队；在任务(2)中,决定行程的最终目的地和中途停留的站点。
  - ✔ 事件：在任务(1)中,检测公路货车车队；在任务(2)中,确定要到访的位置。
  - 实体：驾驶员。
  - ✔ 动作：驾驶员可以在任务(1)中请求加入或离开公路货车车队,或在任务(2)中请求寻找停车位。
- ✔ 网络：(必填)通信为点对点通信(即基于无线自组织网络 MANET 的无线通信和基于 IP 通信)。
  - ✔ 配置：(必填)对等通信的通信。
  - ✔ 通信：(必填)受协议和约束管控的通信。
    - ✔ 命令类型：(必填)异步通信,因为通信是隐式的,组件传播其知识,并不需要等待应答。然而,我们假设案例中的所有组件都使用共享的时钟。
    - ✔ 协议：(必填)在任务(2)中通过以太网 NIC 上的 UDP 进行侦听；在任务(1)、(2)中通过无线 NIC 进行广播。
- ✔ 物理：(必填)车辆的物理元素,即停车场车位。
  - ✔ 传感器：(必填)在任务(1)中,当车辆在路上时,使用的传感器有：Wi-Fi 天线、GPS 天线、摄像头、雷达、激光雷达、超声波和加速器。在任务(2)中,当车辆正在寻找停车场时,车辆上的摄像头,以及在停车场检测到可用的停车位时安装的摄像头或传感器。

- ✔ 作动器：(必填)是指车辆中任务(1)中的油门和制动踏板(即车辆发动机)。尽管书中未涉及自动停车功能,而需要强调的是任务(2),转向机构作为车辆的作动器。
    - ✔ 装置：(必填)任务(1)车辆运动方程(我们可通过仿真)。
    - ✔ 控制器：(必填)任务(1)PID 控制器。
    - ✔ 环境：(必填)任务(2)城市,任务(1)、(2)道路。
- ● ✔ 非功能需求：安全性、效率性、适应性。
- ● ✔ 应用领域：交通领域。
- ● ✔ 学科：与车辆相关的学科是软件工程和机械工程。

3.5.2　HPI 赛博物理系统实验室

- ● ✔ 构成元素：(必填)构成系统的元素。
- ● ✔ 赛博：(必填)RTAI Linux 操作系统中系统赛博元素。
- ● ✔ 控制：(必填)机器人有一个控制系统,根据不同的反馈输入调节物理元素。
    - ✔ 状态：根据机器人当前的位置和方向,以及它正在执行的任务(四处移动、运输圆盘或为电池充电)来定义其状态。
    - ✔ 干扰：执行任务时遇到障碍,或接收到新任务时干扰机器人的当前状态(如电池电量降至指定水平以下)。
    - ✔ 输入：将要执行的任务。
    - ✔ 输出：已执行任务(圆盘移动)。
    - ✔ 目标：弱实时目标是圆盘的移动,确保电池不会耗尽电量。强实时目标是避开障碍。
        - ✔ 设定点：机器人要达到的坐标。
        - ✔ 跟踪：机器人检查可能已由管理员更新的新任务或坐标。机器人跟踪的有效区域是本地的。它只跟踪与自己相关的指令。
        - ✔ 调节：以协调的方式激活作动器以达到目标。
        - ✘ 参考信号：没有参考信号,因为机器人不知道圆盘是否如所预计的运动,即是否成功。
    - ✔ 反馈：控制系统有各种反馈。
        - ✔ 依赖性：状态反馈即描述机器人状态的反馈,例如坐标和方向、电池电量和输出反馈,即描述机器人输出,如执行器增量编码器的反馈,提供作动器执行运动的信息。
        - ✔ 范围：所有反馈信号的范围集中到控制单元。
    - ✔ 动力学：系统如何随时间变化。
        - ✔ 系统类型：(线性)控制系统使用非线性的信号处理方程。(时间)

系统是离散的,因为它根据时钟指令执行。(连续性)控制系统是多模态的连续,但机器人的各种动态系统(例如,全轮驱动、抓取器、传感器等)之间没有直接交互,这是此类系统的典型特征。

- ✓ 行为:(均衡)在中央控制系统控制下,所有不同的动态部件之间存在一个共同的均衡。机器人系统(均衡行为)是合作的,因为它最终会与环境中可能存在的各种其他机器人和实体合作。
- ✓ 拓扑:(进化)机器人不同组件之间的互联,随着时间保持不变,它们是静态的。(实现)组件之间的连接是物理连接。
- ✓ 特性:稳定性、耗散性(电池中的能量随时间消耗)、鲁棒性(目标检测和路径规划)、可控性、可观察性、强韧性、自主性、一致性。
- ✗ 诊断:机器人控制系统中没有自动诊断功能。
- ✓ 预测:存在预测。这就是为什么室内采用类似 GPS 的结构,使机器人能够根据目标正确执行功能。
- ✓ 人员:操作员定义机器人的任务。
  - ✓ 角色:管理员具有责任,为一同工作的机器人提供坐标。管理员通过特定的约束来执行操作,如可达性、正确性和句法。
  - ✓ 事件:决定机器人拾取和丢弃圆盘的坐标。
  - ✓ 实体:管理员。
  - ✓ 动作:管理员执行通信动作,他/她通过通信网络与机器人通信所需的坐标。
- ✓ 网络:(必填)系统中用于不同组件彼此通信的网络。
  - ✓ 配置:(必填)机器人网络具有星形拓扑结构,所有组件都与中央处理单元连接。
  - ✓ 通信:(必填)受协议和约束管控通信。
    - ✓ 命令类型:(必填)通信是同步的,因为传感器、执行器和处理单元共享相同的时钟。
    - ✓ 协议:(必填)网络中具有一些其他协议——半双工协议,用于与各种红外距离传感器和激光扫描仪交互,而全双工协议用于与管理员和不同的作动器交互。
- ✓ 物理:(必填)机器人的物理元素。
  - ✓ 传感器:(必填)向控制器提供反馈的各种传感器,如红外距离传感器、激光扫描仪、执行器驱动单元的增量编码器、包含室内 GPS 导航系统的传感器、与管理员通信的通信天线等。
  - ✓ 作动器:(必填)伺服电机、全方位驱动系统、抓取器等。

- ✔ 装置：(必填)。
- ✔ 控制器：(必填)。
- ✔ 环境：(必填)机器人操作的 HPI CPSLab 环境。
- ✔ 非功能性需求：性能、安保性、安全性、可靠性、效率性、可扩展性、组合性、可用性、可持续性以及其他。
- ✔ 应用领域：机器人的应用领域可以大致归为用于服务的机器人，即服务机器人。
- ✔ 学科：与机器人相关的学科有：软件工程、机械工程、电气工程。

3.6 总 结

在本章中，我们提供了一个基于特征的赛博物理系统本体。我们采用特征建模来表示 CPS 的公共特征和可变特征。在对 CPS 进行全面的领域分析之后，开发 CPS 特征模型。每个特征分支和子特征分支都需要得到仔细检查和描述。生成的特征模型表明用于开发 CPS 的配置空间。我们使用两个不同的 CPS 案例研究，并说明如何推导具体的 CPS 配置。这两个案例研究的应用都是在特征模型设计之后，但是我们能够对案例研究的所有特征进行建模，并且不需要调整 CPS 特征图。这对于验证特征图的外部有效性很重要。在我们未来的工作中，我们还将 CPS 应用于其他案例研究中。

特征模型对研究人员和实践人员均颇具价值。研究人员可以识别当前 CPS 的特征，目的在于识别新的特征以丰富 CPS 领域知识。因此，特征模型可以作为一种手段，为 CPS 的进一步研究奠定基础。实践人员能够通过使用特征模型来理解和分析现有的系统和/或新开发的 CPS，从而从 CPS 中受益。基于严格的领域分析推导得到 CPS 特征图，此外，还通过基于合集的赛博物理系统以及 HPI 赛博物理系统实验室自主机器人案例研究等实例进行验证。因此，我们能够预测特征图是较为稳定的。然而，在新开发的情景之下，特征图利用其具有的适应性和扩展性来描述新的特征。

参考文献

[1] B. Tekinerdogan, Ö. Köksal, Pattern based integration of internet of things systems, in: Lecture Notes in Computer Science (including subseries Lecture Notes in Artificial Intelligence and Lecture Notes in Bioinformatics), vol. 10972, Springer Verlag, 2018, pp. 19-33.

［2］ G. Giray，B. Tekinerdogan，E. Tüzün，IoT System Development Methods，CRC Press/Taylor
& Francis，2018，pp. 141-159.

［3］ F. van den Berg，V. Garousi，B. Tekinerdogan，B. R. Haverkort，Designing cyber-physical
systems with aDSL：a domain-specific language and tool support，in：13th System of Systems
Engineering Conference，SoSE 2018，Institute of Electrical and Electronics Engineers Inc.，
2018，pp. 225-232.

［4］ D. Sinreich，An architectural blueprint for autonomic computing，2006.

第4章 支持多范式建模的本体

Holger Giese[a], Dominique Blouin[b], Rima Al-Ali[c], Hana Mkaouar[b],
Soumyadip Bandyopadhyay[d], Mauro Iacono[e], Moussa Amrani[f],
Stefan Klikovits[g], Ferhat Erata[h]

a 德国波茨坦城,哈索-普拉特纳研究所

b 法国巴黎,巴黎高等电信学院、巴黎理工学院

c 捷克共和国布拉格,查理大学

d 印度果阿帮桑科莱,博拉理工学院

e 意大利卡塞塔,坎帕尼亚大学

f 比利时那慕尔,那慕尔大学

g 瑞士卡鲁格,日内瓦大学

h 美国康涅狄格州纽黑文,耶鲁大学

4.1 概 述

为了全面地介绍建模语言、建模方法、模型组合、模型构建、模型操作、模型执行以及模型管理等,在建模语言最先进的广泛研究成果之上,我们开发了一个基于本体的描述。在作者和COST行动计划1404 MPM4CPS(支持赛博物理系统的多范式建模)的参与者经验基础上,我们努力使其尽可能包含那些与参考领域建模方面所使用或适于描述的内容。研究主要是基于之前的多范式建模(MPM)研究工作的成果。之所以做出这样的选择,正是由于多范式方法的综合特质。因此,在单一整体模型中,我们将其设计为支持具有不同形式化特质和表达能力的子模型,并做到系统化和语义化的协调共存。本体在于探究MPM的建模概念、语言以及形式化子领域,包括与形式化方法、形式化语言、形式化语义、建模语言、模型概念、模型关系(如组合、分解、生成)、建模工具、一般句法、特定语言、语义以及建模工具等有关方面。其中涉及的概念包括:基于元建模的组合方法、模型操作、流组合与背景环境组合方法、全局模型管理方法(modelling-in-the-large,即大规模建模,译者注:对于开发人员将建模技术应用于现实问题时,所面临的日益增长的复杂性和组织需求,在这些情况下,一个模型不能描述整个系统,需要使用多种模型来定义多个交互的关切,也需要多种不同的建模语言来描述所开发系统的各个方面和视角。当前研究已表明清晰和合理的

模块化概念至关重要,包含对大型系统复杂性的各种分解方式),其中全局模型管理又包括巨模型(mega-model)、集成语言以及多形式化建模技术。

本章我们将首先介绍最先进的建模原理、概念和工具以及多形式化方法和模型管理方法,由此引出本体的来源。作为 MPM 的推动者,除了本体外,本章的一个重要贡献是我们所提出的模型综合管理的最先进方式,并探讨多种现有的模型管理方法和工具。

之后,我们还将介绍本体的描述及其分析。这一工作得到一些用于 CPS 的 MPM 开发环境案例的支持,由此推导本体并证明领域表示的覆盖面和有用性。最后,本章将给出我们对这一经验的最终考虑的结论。

4.2　最先进的本体

我们所提出的 MPM 本体,旨在使用 OWL 来捕捉与 MPM 有关的形式化概念,其中包括形式化与建模相关的核心概念,以及在使用 MPM 开发当今复杂系统时联合使用的许多形式化方法所涉及的概念,也被称为多形式化建模。与元建模一起,多形式化方法允许对不同领域和不同抽象层级错综复杂知识的表示、分析以及综合[1]。因此,我们必须将多种模型联合起来应用于系统的开发,并必须恰当地管理这些模型,从而确保我们能够把不同的子系统、不同的视图以及不同领域的模型适当地结合,即使这些模型可能位于不同的抽象层级。我们也将此称为全局模型管理(GMM)[2,3],并为此提出了许多的方法。

因此,在有关最先进的本体这一节中,我们将介绍三个方面的相关工作:首先,在 4.2.1 小节介绍目前关于核心建模概念的定义,如模型、元模型以及建模语言的概念;其次,在 4.2.2 小节讨论多形式化建模方法;最后,在 4.2.3 小节详细介绍关于全局模型管理(GMM)的最先进的概念、方法以及工具。这些概念共同构成 4.3 节中提出的本体的基础。

4.2.1　核心建模概念

我们所提出的 MPM 本体,建立在建模核心概念的定义之上,如模型、元模型、形式化方法、语言、句法以及语义。幸运的是,我们可以以早期的研究工作为基础来定义这些概念,如参考文献[4]和[5]。在参考文献[5]中,已提出了由 MPM 团体认同的核心建模概念的定义。图 4.1 所示为以集合的形式表明这些概念,在图中,内部的椭圆形表示全部模型整体集合中的某些子集,并标记为"图形(graph)",因任何模型总能将其表示为图形。椭圆形内的点表示模型(图形),线表示由子集所表示的不同类型模型之间的关系。因此,这些子集及其关系表征了抽象句法、具体句法、元模型以及语义领域的核心概念。

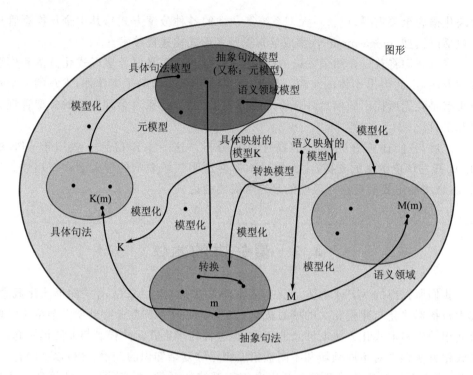

图 4.1   以集合形式表示建模的概念(根据参考文献[5])

这些定义的优点在于,它们得到了 MPM 团体的认同,因此这是我们开发 MPM 本体的完美基础,其优势是使用 OWL 代替自然语言,通过形式化方法表示这些概念。此外,图 4.1 中的这些概念以子集形式表示,直接适合于基于集合论的 OWL 语义。

另一项与核心建模概念定义以及其他重要的 MPM 概念密切相关的研究,由 Broman 等[6]开展,表征了 CPS 开发背景环境的视角、形式化方法、语言以及工具的概念。作者提出了一个框架,包括捕捉利益相关方对系统的兴趣和关注的视角,利益相关方在设计 CPS 时为应对这些关切而选择的特定的语言和工具,以及作为语义纽带将视角链接到特定语言和工具的抽象的数学形式化方法。该框架本身就是 ISO/IEEE 标准 42010[7]针对 CPS 开发领域的一个适应性的调整。

关于核心建模概念,与参考文献[5]相比,作者提出了一个略有差异的形式化的概念及其与语言的关系,如图 4.2 所示。在参考文献[5]中,将形式化定义为具有语义领域的语言和赋予语言模型意义的语义映射功能,而 Broman 等将其定义为"由抽象句法和形式化语义组成的数学对象"。在他们看来,语言是形式化的具体实现,实现的语义与形式化相比,可能会稍有偏差。此外,一种语言往往实现了多种形式化方法。正如我们将在 5.3 节和 5.4 节的例子中看到的,这个定义很符合现实。

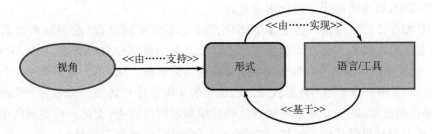

图 4.2 视角、形式化方法、语言、工具之间的关系(根据参考文献[6])

4.2.2 多形式化建模方法

多形式化、多分辨率、多尺度的建模(Multi-formalism,Multi-resolution,Multi-scale Modelling,简称 M4)环境可提供[8]一种重要且可管理的资源,从而满足建模者应对复杂系统的建模及仿真需要,复杂性源于组件和关系的异构性、多尺度、多交互的需求。除了面向性能(或验证)的问题,多形式化也可以用于处理面向软件架构的问题,例如,通过集成 UML 而作为形式化方法之一,来帮助提高开发大型复杂软件系统的生命周期能力[9]。总的来说,文献提出了特别专用的转换方法,提供了一个实用的框架用于计算机自动或辅助软件的生成,以支持从形式化或半形式化规范再到代码的各个步骤。而本小节的其余部分,将重点聚焦于面向性能的方法。

在多形式化建模中,许多形式化方法可在一个模型中同时使用,这可能利用、也可能不能利用建模方法中的组合性,因为不同形式化元素可能在一个模型中共存,模型可能由使用不同(单一和特殊)形式化方式编写的子模型组合而成,或者不同形式化方法可能通过模型转换或生成的方式,应用于模型处理的不同步骤中。关于这些主题的一般介绍可在参考文献[10]中找到。

元建模既是面向性能的方法[11,12],又是面向软件基于转换工具的重要资源。因此,基于元建模的多形式化方法可认为是一个特殊的类别。另一类特殊的方法是处理混合系统的方法——它们支持连续和离散特质的多形式化方法,因此能够以更好的方式对自然系统进行建模[13]。这些方法应能联合地、连贯地描述和解决与同一复杂系统有关的类似微分方程的描述和基于状态空间的描述。虽然,这个问题在 20 世纪 70 年代和 80 年代一直很流行,但目前从赛博物理系统的角度来看,又有了新的兴趣;感兴趣的读者可以在参考文献[14]~[16]中找到具体的一般的多形式化方法,这些方法也提供了对之前一些经典文献的概述。

关于面向性能评估的多形式化方法,文献中也已提出了许多不同的原始和结构化的方法(参考文献[17]中给出一份概述)。而对于混合系统,这些方法已在不同的工具中得以实现,而工具具有不同的背景,如 SHARPE、SMART、DEDS、AToM3、Möbius、OsMoSys、SIMTHESys。这些工具在评估模型时采用的求解策略也有所不同,设计目的也有所不同,例如,有些工具设计为可扩展的,有些用于新的形式化方法变体的实验,而有些则用于优化求解过程。

SHARPE[18]支持由一些给定的不同形式化子模型的组合,由不同求解器来求解,但基于马尔科夫方法。该组合包括子模型之间的概率分布的交换。SMART[19-21]支持通过复杂的离散状态系统仿真或估算的规范和求解。DEDS[22]提供了一个公共的抽象标识,其中将对采用不同形式化方法编写的子模型进行转换。Möbius[23-26]通过状态和事件的叠加,在一个非常明确表达的建模和求解过程中,支持一些不同的形式化方法(可由用户提供代码来扩展)和可选的求解器(可由建模者选择)。

其他方法也以不同的方式来开展元建模。AToM3[27,28]利用元建模来实现模型转换,由其求解器来解算模型。OsMoSys[29-33]和 SIMTHESys[34-37]利用元建模,通过寻找不同的用户定义的形式化之上的公共元形式化,应用元素和形式化层级的继承,使不同的形式化方法之间进行交互,并实现不同的组合机制。OsMoSys 实现了子模型之间参数交换的临时算符,并通过编排和适配器来集成外部的求解器,而SIMTHESys 支持用户定义的形式化的实验,并将不同形式化之间的交互嵌入到形式化元素之中,通过弧线叠加(arcs superposition)实现多形式化,依据所涉及的形式化方法的特质,支持多个适用的求解器的自动合成(不要求最优化)。对每个形式化方法元素的句法和语义都有明确的规范,在规范中允许高度灵活地自定义的、用户定义的形式化方法。关于更多的细节,读者可以参考文献[10],其提供了关于多形式化特征和实现、求解过程、目的、组合以及转换机制更加详细的分析。

大多数方法都是以状态空间分析技术为支撑的。基于分析和基于仿真的方法都将用于分析,最终用特殊的解决方案来应对状态空间爆炸问题,如折叠、分解、产品形式解决方案。最常见的方法是通过(如 Möbius 或参考文献[38])或不通过(如SMART 或一些 SIMTHESys 求解器)简单转换、更复杂的转换的中间步骤达到一个特定的中间表示、通过使用部分的状态空间探索模块化(如 OsMoSys 或一些SIMTHESys 求解器[39])、通过转换(如 AToM,或参考文献[40]),直接生成整个状态空间。值得注意的是,我们利用平均场分析(Mean Field Analysis,译者注:通常用于具有大量交互的复杂系统的分析,将影响每个单独实体的大量效应由根据总体施加的大量个体效应的平均值所替代)的方法来对待超大的空间状态(例如参考文献[41]或[42])。

文献提供了有关多形式化建模的大量应用:在此给出一些重要的案例。在参考文献[43]中研究赛博漏洞攻击对信息共享及任务同步的影响;在参考文献[44]和[45]中研究面向服务架构的性能评估;在参考文献[46]中使用混合方法研究心血管系统及其调节方法;在参考文献[47]中研究电力系统的依赖性;在参考文献[48]中研究高速列车的 ERMTS/ETCS 欧洲标准;在参考文献[49]中研究安全攻击;在参考文献[50]中研究异常感知系统;在参考文献[51]中研究软件复兴技术的效果;在参考文献[52]中研究 NoSQL 系统。我们将多形式化作为一种实现技术来应用,从而提供更高层级的工具或形式化:在参考文献[53]中提出了一种灵活的、优化的可修复的故障树(Repairable Fault Tree)建模和解决方案的方法;在参考文献[54]中给出了一个面向性能的模型来检查所给的实例;在参考文献[55]中开发了一个用于检测模型之间高层语义关系中非一致性的分析框架。

4.2.3 模型管理方法

如前所述,当今的复杂系统,特别是在 CPS 的开发活动中包含多个领域和团队,每个团队都会使用一套专门的建模语言,因而需要适当的集成和管理。使用单一的"建模"语言来涵盖所有的领域,无疑将会带来巨大的、单一的语言,从而导致效率低下,不能方便地定制开发环境以及开发团队所需的工具,并增加 CPS 开发的难度。GMM(全局建模管理)方法倡导结合可重用的模块化建模语言,而不是大型的单一语言。它们支持使用适当的抽象和模块化来集成模型以及建模语言,同时也可协调所有在模型上的操作并将指定模型操作/转换的活动。为了应对大型模型,这些模型操作的执行必须是可扩展的。这就要求是增量的,即仅重新执行那些受模型变化影响的操作,避免重新计算整个模型的工作,就像增量代码编译器那样。

全局模型管理(GMM)也被称为大范围建模(modelling-in-the-large),它包括在宏观实体(模型和元模型)之间建立全局关系,例如,从其他模型生成一个模型的操作,同时忽略这些实体的内部细节[2]。引入巨建模(megamodelling)[3,56],目的是描述这些宏观实体及其关系。目前,仅有一些初步的方法为勾勒出问题的片段提供了临时的解决方案,因此,需要对基本需求有一个深入的理解,包括应对这个问题的新基础,正如由 MPM4CPS 第一工作组(WG1)所提议的。特别是,目前的方法最多只能针对单一方面提供一些模块化和/或增量化,如建模语言或模型操作。然而,到目前为止,还没有提供解决复杂建模全景整体的模块化和增量性的支持,而这正是实践中大规模问题所要求的。

下面我们将介绍应对 GMM 特征的现有解决方案,如图 4.3 所示。4.2.3.1 小

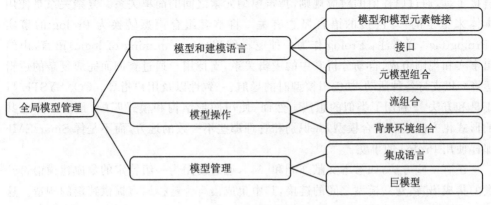

图 4.3　全局建模管理的特征

节介绍由链接、模型接口及元模型组合来解决模型和建模语言的构建及执行的解决方案;4.2.3.2 小节描述根据流(如转换链)和背景环境(如转换规则)组合的方法,解决模型操作/转换的组合和执行的解决方案;4.2.3.3 小节介绍使用集成语言和巨模型的模型管理解决方案。

4.2.3.1　模型和建模语言的构建

下面我们将通过三种主要方式来讨论模型和建模语言的构建(construction):① 模型元素和模型的链接(link);② 模型接口;③ 元模型的组合(composition)。

1. 模型元素和模型的链接

许多方法依赖于模型和/或模型元素之间的可追溯性的链接来捕获巨建模的关系/操作。我们在此采用"软件可追溯性卓越中心(Center of Excellence for Software Traceability,CoEST)"[57]给出的定义:追溯链接是"在一对制品之间的特定关联,一个对应的是源制品,另一个对应的是目标制品"。CoEST 将这些链接特定分为两个维度:一是垂直追溯链接,连接"不同抽象层级的制品,以适应全生命周期或端到端的可追溯性,如从需求到代码";二是水平追溯链接,连接"同一抽象层级的制品,如:(i)由 Mary 创建的所有需求之间的追溯;(ii)关注于系统性能需求之间的追溯;(iii)在不同时间段的特定的需求版本之间的追溯"。

我们已经提出了太多的利用追溯链接进行模型集成(参考文献[58]~[65])的方法。Atlas Model Weaving(Atlas 模型编织,AMW)语言[58]提供了最早的方法之一,用于捕获模型和模型元素之间的层级化的追溯性链接。其目的是为了支持诸如链接模型元素之间的自动导航的活动。在此方法中,我们提出一个一般核心可追溯性语言,并选择性地进行扩展,从而提供针对链接模型的元模型的特殊语义。同样,Epsilon 框架[59]提供了一个名为 ModeLink 的工具,用以建立模型间的对应关系。MegaL Explorer[60]支持使用预定义的关系类型,将异构的软件开发制品关联,而链接的元素不一定是模型或模型元素。SmarfEMF[61]是另一个基于 Ecore 元模型注释的模型链接工具,通过属性值的对应规则,指定模型元素之间的简单关系。复杂关系是使用本体来指定的,与链接的语言概念有关。将整套组合模型转换为 Prolog 的事实(Prolog fact,译者注:Prolog 作为一种逻辑编程(programming of logic)语言,由给出事实和规则组成,自动分析其中的逻辑关系,支持用户通过查询而完成复杂的逻辑运算),以支持各种活动,如编辑模型时的导航、一致性以及用户指导。CONSYSTENT 工具和方法[62]利用了类似的想法。然而,使用图形结构和模式匹配,是以一个公共的形式化方法表示组合模型,并识别和管理那些不一致的地方,而不是像 SmartEMF 那样使用 Prolog 的事实。

还有一些方法,如参考文献[63]和[64],通过使用为一组特定的集成建模语言开发的集成语言,建立模型之间的链接,其中集成语言为链接语言提供特定的构造。这也是 AMW 核心语言扩展的模型编织语言(model weaving languages)的案例。然而,AMW 的优势在于使用一种核心通用语言来捕捉所链接的领域。链接和集成模型的其他方法是 Triple Graph Grammars（三图形语法，TGG），如模型转换引擎（MoTE）工具[65]，它同样需要某种集成语言（对应的元模型）的规范，规定具体的集成语言。而这种方法的一个重要优点是，它自动建立和管理可追溯性链接，并以可扩展的方式维护链接模型的一致性（模型同步）。最后，在参考文献[66-68]中，提出了一种以可扩展的方式自动建立和维护模型之间可追溯性链接的方法。虽然该方法侧重于可追溯性管理而不是模型集成，但与集成语言相比，它依赖于在模型层面（而不是在元模型/语言层面）定义的链接类型，从而避免了每次必须集成新语言而更新集成语言的情况。

通过对这些方法的比较表明，除了参考文献[66]~[68]提出的方法外，所有的方法都存在依赖于集成语言集的问题，因此需要更好地支持模块化。此外，仅有参考文献[65]~[68]可以支持可追溯性链接的自动化的管理。

2. 接　口

除了链接之外，在一些更复杂的方法（如参考文献[69-71]）中引入了模型接口的概念，用于指定模型如何被链接。参考文献[69]提出分析约束优化语言（Analysis Constraints Optimisation Language，ACOL），该语言设计为以可插拔的方式嵌入到架构描述语言（Architecture Description Language，ADL）之中。分析约束优化语言中包括特定的接口概念，以便约束条件可以引用这些接口，并关联到 ADL 将要表达的模型元素。

SmartEMF[70,72]提出了一个更一般的模型接口的概念，以追溯模型和元模型之间的依赖性，并提供自动化的兼容性检查。组合 EMF 模型（Composite EMF Model）[71,73]引入了导出（export）和导入（import）接口，以规范一个主模型（主体，body）的哪些模型元素应该对外暴露给其他模型（即公共 API 的部分），而主体模型的哪些元素又需要从外部导出接口获得内容。

MontiCore[74,75]也使用它自己的模型接口的概念，以便组合独立语言的语法和相应的模型。此外，该方法利用特征建模来捕获建模语言的可变性和公共性（variability and commonality），从而更好地重用语言组件[76]。最后，组合的代码生成器提供组合的语言语义。

然而，这些方法大多只是初步的，需要进一步地丰富完善，从而涵盖更多的模型集成用例，如指定所需链接的模型元素的修改策略，确保模型能够保持一致性。

3. 元模型的组合

一些方法（例如，参考文献[77]~[81]）考虑了使用元模型的构造来表达视图，比如使用其他元模型或语言片段。在参考文献[79]中提出了一种方法，就是人为地扩展元模型，目的是组合独立的模型转换，从而产生扩展的元模型扩展转换。

参考文献[82]中的研究提出元模型进行组合的操作符，并保留特定的特性。在参考文献[83]中提出的语言和工具（Kompren）[77]，通过选择输入的元模型类和特性来指定和生成元模型的切片。从输入元模型中产生一个缩减的元模型，然而，当输入元模型改变时,所产生的元模型必须完全地重新生成。Kompose 方法[78]就是这种情况,与 Kompren 相反,它提议创建复合元模型,从每个组合的元模型中选择一组可见的模型元素,并与之相关。EMF 视图[80,84]提供了一个类似的方法,然而,与 Kompose 和 Kompren 相反,它不需要复制那些元模型元素,Kompren 创建了一个新的元模型。这些虚拟的视图元模型似乎可被工具透明地使用。最后,全局模型管理框架[81](Global Model Management framework,GMM*①)提供了指定和解释可重用的语言子集的方法,由这些子集组合成为约束条件,由此构成子集化的元模型。像 EMF 视图一样,在某种程度上这些缩减元模型可被工具透明地使用。虽然这些方法中的每一种都为模块化建模语言提供了引人关注的支持,但是,除非已被集成在 GMM* 语言中的子集化的元模型,它们都将统一到一个形式化方法中,使用一个显性化的模型接口的概念,并将其集成到 GMM 中。

集成模型的执行涉及对每个组合模型的建构完备性(well-formedness)约束的独立评估,也涉及对组合模型整体的评估。据我们所知,没有任何方法可以解决复合模型的不同语言片段之间的建构完备性状况的递增检查。然而,存在一些关于增量约束评估的方法。在参考文献[85]中,将模型上的变化表达为原子模型操作的序列,从而确定哪些约束受到变化的影响,因此只需要重新评估这些约束。在参考文献[86]和[87]中,还提出了一种基于图形的查询语言(graph-based query language,如 EMF-IncQuery,后来改名为 VQL,并集成到 VIATRA 模型转换工具中),依赖于增量模式的匹配来提高性能。在参考文献[88]中提出了一种约束条件的增量评估方法,基于查询所引用的模型元素的范围并在第一次查询评估中予以确定。将这个范围存储到缓存中,用于确定哪些查询需要根据模型的变化重新评估。在参考文献[89]中,将这种方法扩展到约束模型之外,约束条件本身也可能发生变化的情况。最后,在参考文献[90]中提出了一个增量的 OCL 检查器,其中,一个更简单的 OCL 表达式和简化的背景环境元素集是由 OCL 约束和给定的结构变化事件中计算得到的。针对简化的背景环境,这个更简单的约束评估就足以断定初始约束的有效性,而且所需的计算资源也大为减少。

4.2.3.2 模型操作的构造

MPM 方法必须支持用适当的抽象和模块化来集成模型和建模语言,同时还要协调所有在模型上的操作并将其指定为模型操作活动。这些模型操作的执行必须是可扩展的,能够处理大型的模型。这就要求具有增量性,只是重新执行那些对受模型变化影响的操作,从而避免整个模型的重新计算,就像增量代码编译器那样。

文献中对模型操作的构造提出两种解决方式:① 大多数方法将多个模型操作组合成为模型转换链(称为流组合,flow composition),其中在完整模型的颗粒度上开展每个链式转换操作。为了支持复杂建模语言的可重用性和可扩展性,这些语言

---

① 我们用＊来区分这种现有的语言和工具与通用的全局模型管理(GMM)的缩写。

的定义是由更简单的建模语言组合的,一些方法也考虑将模型转换指定为白盒。
② 组合操作由针对给定背景环境来处理模型元素的显性化的细粒度操作所组成,并可在跨多个模型转换中得以重用(称其为背景环境组合,context composition)。

1. 流组合方法

形式化联合系统工程开发(Formal United System Engineering Development, FUSED)[64]是一种集成语言,用于指定不同语言模型之间的复杂关系。它支持模型转换链,但仅是隐性地支持工具的执行,而不是显性化地表示所涉及的转换和处理的数据。相反,有大量的方法允许显性化规范并构建实现数据流范式的模型转换链。一个流行的方法是 AtlanMod 巨模型管理(AtlanMod Mega-Model Management, AM3)工具[91],使用 Atlas 转换语言(ATL)[92]来指定模型转换。此外,人们还开发了一个类型系统[93],可对模型转换的制品进行类型检查和推理。另一个类似但不太先进的工具是 Epsilon 框架[59],通过 ANT 任务提供模型转换链。Wires[94]和 ATL 流[95]是为 ATL 模型转换编排所提供的图形化的语言工具。AToMPM(用于多范式建模)工具[97]为实现形式化转换图形 + 流程模型(FTG + PM)形式化[96]提供类似的功能。而它的优势在于,除了所涉及的模型转换之外,还可以指定完整的建模过程。为支持开发流程,通过活动图与模型转换规范耦合的自动执行来实现。最后,GMM*[81] 也支持模型转换链,但是通过规范特定元模型的模型间关系,可以将这些模型链接。这种方法的一个优点是,提供模型之间指定关系的自动增量(再)执行,以响应接收到的模型变化的事件。通过将 MoTE[65]增量模型转换工具集成到 GMM* 中,也可以实现转换的增量化执行。

然而,虽然链式模型转换在一定程度上提供了模型转换规范的模块化方法,但除 GMM* 之外,大多数方法对于大型模型都存在可扩展性问题,因为使用的转换工具并不支持增量化执行。此外,生成的模型需要手动修改以增加原始模型语言中无法表达的信息,这种情况下难以由这些方法处理,因为重新生成手动修改的模型会破坏用户的特定信息。这种需求最好由背景环境组合方法来支持。

2. 背景环境组合方法

还有一些方法允许模型操作的背景环境的组合。如上所述,在参考文献[79]中,将独立模型转换组合,而形成相应扩展的元模型的扩展转换。在参考文献[98]中,我们提供 ATL 工具的 EMFTVM 版本,其中可以在运行时组合转换规则来构成完整的模型转换。这允许在不同转换背景下重用所使用的规则。在参考文献[99]中,视图模型是通过模型操作的背景环境的组合(推导规则)来构建的,将这些操作编码为 EMF IncQuery[86]语言的查询注释。自动建立并维护视图与源模型元素之间的可追溯性链接。EMF IncQuery 的使用自然地提供了推导规则的增量执行,使视图模型与来源模型保持同步。一些视图可以从其他视图中推导出来,从而允许流组合变为视图模型的链。这种方法实现了与支持增量的 TGG 相似的结果,尽管具有单向性缺点。同样地,MoTCoF 语言[100]也具有双向性,它允许模型转换流和细粒度的背景环境的组合。然而,与参考文献[79]相比,其优势在于,将模型转换当作黑盒,而不需要根据背景环境调整转换方式。

可以看出,除了 GMM* 语言与 MoTE 的集成提供了增量执行外,大多数方法仅支持模型操作的流类型的模块化,而不是批量执行。这将无法扩展,并且部分模型存在信息重叠的情况下可能会导致信息损失。只有少数方法允许背景环境模块化,这能更好地支持增量化的应用,即仅受影响的操作可在变化后重新应用,以避免重新计算完整转换的投入成本。MoTCoF 就是这种情况,它在理论上允许增量化执行,但仍然缺乏具体的技术解决方案。

4.2.3.3 模型管理方法

对于 GMM 来说,有两个部分可以确定:第一部分是利用模型集成语言,这些语言是为一组特定的集成建模语言和工具定义的,意味着每次使用新的语言或工具时都必须更新集成语言;第二部分试图通过利用巨模型来解决这个问题,提供可配置的模型管理。

1. 模型集成语言

参考文献[101]介绍了一个模型集成问题和基本集成技术的分类,强调分解(decomposition)和扩充(enrichment)的技术。作为开发的两个正交维度,水平维度将系统分解为子系统和域,垂直维度分解为一系列具有增加细节层级的模型。

在通用建模环境(GME)建模工具[102]中使用的 CyPhy[63] 和 FUSED[64,103] 是模型集成语言的典型例子。如上所述,一旦必须使用一套不同的集成语言和工具,这些语言就必须进行调整,因此需要高度熟练的开发人员,所以集成语言并不那么实用。

面向生命周期协同的开放服务(Open Services for Lifecycle Collaboration, OSLC)[104]通过 Web 网络提供工具集成的标准。许多规范可用于变更管理、资源预览、链接数据等,它建立在 W3C 链接数据标准的基础上,旨在提供基于 W3C 资源描述框架(RDF)在 Web 网络上发布结构化数据的最佳实践。RDF 是在 Web 网络进行数据交换的一个模型,其中将数据表示为图形。然而,OSLC 更多的是面向服务(和工具),并且继承了链接数据(linked data)的问题,这是 Web 网络所特有的,因此没有将数据表示性和持久性的问题区分开,与模型驱动工程(MDE)相反,后者使用抽象的句法,独立于数据的存储方式。另一种利用这些标准的方法是参考文献[62]在 CONSYSTENT 工具中实现,用于识别和解决由于信息重叠造成的跨视角的不一致问题。在开发过程中,将所有模型的信息都记录在一个公共的 RDF 图形中。该方法依赖于人员(同时,一种利用贝叶斯信念网的自动方法也在研究中[105])来指定代表跨图形模型的语义等价的链接(semantic connection,语义连接)模式。在 RDF 模型上持续检查基于此类语义连接的不一致模式,用以识别潜在匹配中的不一致性。自动解决不一致性的手段正在开发中,然而,由于需要将所有模型转换为 RDF 图,这种方法也不是增量的,对于大规模的模型而言也是不能扩展的。

2. 巨模型

巨模型的作用是捕捉和管理 MDE(模型驱动的工程)资源,包括建模语言、模型转换、模型对应关系以及建模环境中所使用的工具。如前所述,已存在几种巨模型方法。AM3[91] 是最早的倡议之一,其中巨模型基本上是一个 MDE 资源的注册表。模型转换使用 ATL[92] 指定,模型对应使用 Atlas 模型编织(AMW)语言[58]。同样,FTG+PM[96] 以及 MegaL Explorer[60],允许人们从语言学的角度对软件开发环境中使用的制品及其关系进行建模。所涉及的软件语言、相关技术和技术空间,可通过它们之间的语言关系(如成员、子集、符合性、输入、依赖性和定义)予以捕获,实体之间的操作也可以得以捕获。不需要将制品表示为模型,但是巨模型的每个实体都可以链接到一个可浏览和检查的 Web 网络资源。而该语言似乎主要用于可视化,提供对开发制品的更好理解,但不能通过执行来进行模型管理。

模型管理 INTeractive (Model Management INTeractive,MMINT)[106,107] 是一个用于图形化、交互式模型管理的 Eclipse 工作台。MMINT 提供了一个可定制的环境,在此对于实例层级的模型管理场景,可以图形化地创建巨模型。此外,MMINT 还提供了一个类型级(type level)的巨模型,代表着元模型集合、关系及其之间的转换。

MegaM@Rt2 工具箱[108] 由三个互补的工具集组成,用于系统工程、运行时分析以及模型与可追溯性管理,自 2017 年,在 MegaM@Rt2 项目[109] 的背景下进行开发。MegaM@Rt2 模型和可追溯性管理通过结合元模型和追溯影响推导技术,支持系统设计和执行(运行时)所有层级的可追溯性。该工具箱利用 NeoEMF 进行可扩展的模型处理,利用 EMF 视图进行模型浏览,利用 JTL 开展可追溯性管理。

之前所述的 GMM* 基础设施[81] 包括一个巨建模语言,其灵感来自于参考文献[110]。人们声明元模型以及这些元模型的模型之间的关系。特别是,同步关系可关联两个不同元模型的模型,并利用 MoTE TGG 引擎[65] 来转换或同步这些模型。如前所述,响应模型变化的事件以及所声明的建模语言的子集,可指定并增量化执行模型转换链。利用其他的复杂而丰富的工业语言,如 AADL 和 VHDL,GMM* 在 Kaolin 工具[111] 中进行实验,GMM 面临着现实规范的挑战。

然而,在这些大多数的巨建模方法中,通过元模型以及适当的模块化和增量化模型操作,仅能部分地涵盖所指定的 MDE 资源的核心成分,只有问题的某些局部得到解决。此外,所有这些巨建模语言都是单一的,因此,预定义的巨模型片段不易被组合和重用,从而避免为新项目从头开始重新建立完整的巨模型规范。在参考文献[112,113]中给出了一个巨模型片段重用的尝试。这项工作利用巨模型技术,提出了一个自动化的基础设施,以促进架构师表示资源的定制、组合以及重用,从而满足项目、领域以及组织的具体需要。在这些巨建模方法中,只有 FTG+PM、GMM* 和参考文献[66,67]解决了响应模型变化或来自工具用户界面的建模事件而自动执行巨模型。GMM* 与参考文献[66]和[67]仅通过重新评估检测到的模型变化的相关关系,在一定程度上提供巨模型的增量化执行。

71

4.3　MPM 本体

本节我们将介绍基于上一节 MPM 最先进的 MPM 本体,并通过 4.4 节的 EBCPS 和 HPI CPSLab 开发示例加以说明。本节的目的不是介绍整个本体,而只是阐明案例所需的主要内容。完整的本体规范可从我们的资源库参考文献[114]中找到有关 OWL 形式的本体或者从 MPM4CPS 的 COST 行动计划的交付物参考文献[115]和参考文献[116]找到 OWL 本体所生成的自然语言规范。

与第 2 章的共享本体一样,MPM 本体为与建模相关的概念提供一个子领域,即 ModelingDC,如图 4.4 所示。ModelingDC 子域组织与核心建模、多形式化以及模型管理相关的建模概念,正如本章有关最先进的技术所介绍的那样,扩展了由共享本体以通用方式引入的若干个概念,如语言(Language)子类化建模语言(Modeling-Language)、工具(Tool)子类化建模工具(ModelingTool)。

建模子领域提供与科学建模(scientific modelling)相关的类,维基百科将科学建模定义为"一种科学活动,其目的是通过引用现有的、通常被普遍接受的知识,使世界的某个特定部分或特征变得更易理解、定义、量化、可视化或仿真"。[①] 这个子领域规定了 Model(模型)、ModelRelation(模型关系)、ModelingLanguage(建模语言)、AbstractSyntax(抽象句法)、ConcreteSyntax(具体句法)等核心概念,以及与巨建模相关的核心模型管理概念,如 Megamodel(巨模型)、MegamodelFragment(巨模型片段)和 ModelRelation(模型关系)。

由于这个本体将特别关注建模和模型管理,所以我们决定重新引入最先进的巨模型概念来支持 MPM。巨模型用以应对"大规模建模",也就是说,它处理的是一种特定类型的模型,其元素本身就是模型。因此,这里提出了两种建模尺度,我们可以考虑通常的模型及其模型元素(在此称为微模型,micromodel)以及以微观模型为元素的巨模型。

在当前的研究中,我们已提出了几种巨模型的定义。在该本体中,我们遵循参考文献[110]中的统一的定义,如图 4.5 所示。这个定义的优点是,它将其扩展到捕捉微尺度和巨尺度的建模概念,因此统一两个层级的建模。

下面我们首先定义 OWL 类和对象特性,遵循图 4.5 所示的元模型。然后我们扩展这些概念,先定义微建模尺度的概念,再提供另一个扩展的巨模型尺度。

---

① https://en.wikipedia.org/wiki/Scientific_modelling。

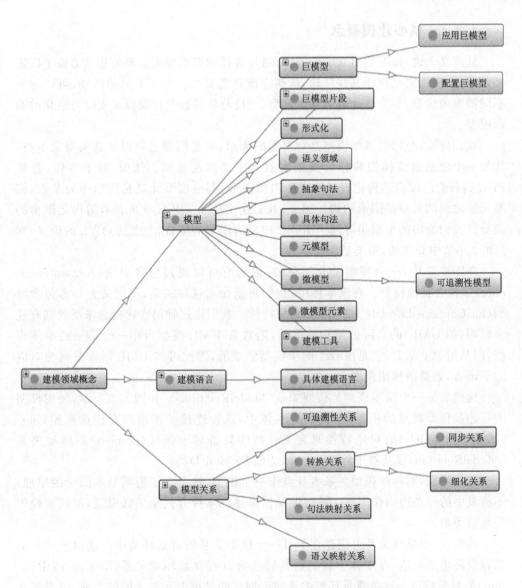

图 4.4　多范式建模 MPM 本体概述（ModelingDC 子领域）

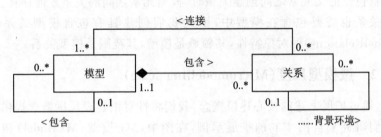

图 4.5　统一的核心模型定义[110]

4.3.1 核心建模概念

从广义上讲,模型是对现实的抽象,通过选择和识别现实世界的相关方面予以定义,而对于利用模型执行某些活动,这些方面是需要的。对于不同的活动,可以定义不同类型的模型,如支持理解的概念模型、支持分析的数学模型以及支持可视化的图形模型。

我们应该注意到,虽然模型是对现实的表示,但是模型也可以是真实对象本身,比如一个微型建筑模型将作为规划中的真实建筑的蓝图。然而,对于本体,参照图 4.1,我们应仅将结构化表示的模型当作图形,其中模型元素是图形中的节点,模型元素之间的关系是图形的边。因此,我们定义一个 OWL 类来表示结构化图形的模型。我们给出的模型类等同于图 4.1 中所有图形的集合,考虑到 OWL 的语义,如2.3.2 小节中介绍的,将类定义为集合。

在图 4.5 中,一个模型是分层化的,因为它可以通过包含引用(contain reference)来包含其他模型。在该本体中,我们将重命名这种关系,而定义为具有包含模型(hasContainedModels)的 OWL 对象特性。我们用这种层次化概念来反映现有复合模型(如 UML)的实际的结构。虽然,通常将 UML 模型当作一个单一的单体模型,但从概念上来看,它是由若干的子模型组成的,因此可将 UML 语言分离为对应的子语言,如类图和用例图。

建模的另一个基本概念是模型关系(ModelRelation)。如图 4.5 所示,使用模型关系连接任意数量的模型,在我们的本体中,这种连接关系由具有连接模型(hasConnectedModels)的对象特性来定义。特性具备对于领域(domian)的模型关系(ModelRelation)以及对于范围(range)的模型(Model)类。

应该注意,不再将模型关系本身当作一个模型,这是为了遵循基本图论的原理,不将其中的一条边当作图形。模型关系仅描述以某种方式来关联模型,而这依赖于关系的类型。

此外,一个模型关系可能存在于另一个模型关系的背景环境中。这由图 4.5 中的背景环境所表达,在本体中我们将其转换为具有背景环境关系(hasContextRelation)的对象特性。这种背景环境关系的示例可能是模型元素之间的关系,仅当首次在它们各自包含的父元素之间创建关系时,模型元素之间的关系才能存在。

模型关系也需要包含在模型中,因此我们创建具有包含模型关系(hasContainedModelRelations)的对象特性,其领域是模型,其范围是模型关系。

4.3.2 微模型尺度(Micromodelling scale)

现在,通过扩展上述的核心建模概念,我们将针对微建模尺度概念提供类和对象特性。我们研究来自图 4.6 的扩展示例,在图中,M1 模型(M1Model)和 M2 模型(M2Model)对应于 OMG 建模金字塔的建模层级,定义具有模型及其元模型之间的符合性关系的元模型。图 4.6 中的其他类,将在巨建模尺度部分予以介绍。

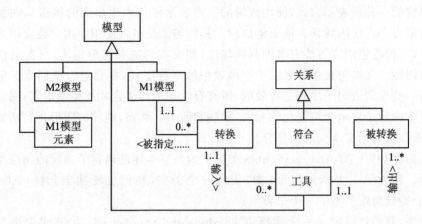

图 4.6　统一建模元模型的示例扩展[110]

我们首先将微模型(MicroModel)定义为一个实例图形,用以表示 OMG 建模金字塔中 M1 层级的模型。微模型(MicroModel)类是核心模型(Model)类的子类。

我们还定义一个微模型元素(MicroModelElement)(对应于图 4.6 中的 M1 模型元素(M1ModelElement))来表示微模型(MicroModel)所包含的原子元素,给出核心 Model 类的子类。我们将具有包含模型元素(hasContainedModelElements)的对象特性,定义为具有包含模型(hasContainedModels)对象特性的一个子特性,其领域和范围分别细化为微模型(MicroModel)和微模型元素(MicroModelElement)。

得益于 OWL 的丰富性,我们可以进一步有意地将微模型(MicroModel)类定义为一个约束,也就是说,通过对象特性具有包含模型(hasContainedModels),微模型(MicroModel)仅包含微模型元素(MicroModelElement)类模型的个体。

4.3.3　巨模型尺度(Megamodelling scale)

在巨建模层级,我们定义与巨建模有关的概念,涉及微观尺度模型及其之间关系的表示,其中包括与建模语言相关的概念以及与模型相关的概念,如元模型和语法。它还包括诸如巨模型、巨模型片段分解的巨模型等概念,以及微观尺度模型之间的关系,诸如转换、同步以及可追溯性等。

4.3.3.1　建模语言

根据维基百科的定义,建模语言是"任何可用于在一个结构中表达信息或知识或系统的人工语言,该结构由一套一致性的规则所定义,这些规则用于解释结构中各组件的含义"。我们以参考文献[5]的定义来细化这个定义,指出"语言是一个抽象句法模型的集合"(见图 4.1)。因此,我们首先需要定义抽象句法的概念。

传统上,将建模语言句法分为抽象句法和具体句法。抽象句法是仅捕捉语言本质的句法——语言概念及其之间的关系,独立于用户操作语言模型的符号。抽象句法等同于抽象句法树（Abstract Syntax Tree，AST，译者注：编程语言源代码的抽象语法结构的一种树表示方式，使用该树的节点表示源代码中出现的构造），在编译过程中将编程语言代码转换为抽象语法树。具体句法是语言使用者用以建立语言模型的句法，一种建模语言可能有多种具体句法，如文本句法和图形句法，可提高建模语言的可用性。文本句法包括来源于字母表中的字符序列，并分组为单词或标记。其中只有一些单词或句子序列是有效的，所有有效句子的集合才能构成语言；图形句法将语言中的句子显示为可视化的元素，如块和箭头。然而，纯粹的图形化句法并不常见，通常都会包括文本句法这部分。

我们将 OWL 的 AbstractSyntax 类定义为共享本体的语言子领域的句法类的一个子类。作为图 4.1 所示模型（图）集的一个子集，我们也使抽象句法（AbstractSyntax）类成为模型类的一个子类。

现在，我们可以定义一个建模语言（ModelingLanguage）类，将其作为语言学子领域的语言（Language）类的一个子类。由于建模语言是抽象句法模型的集合，因此它是图 4.1 所示图形集的一个子集，所以我们使建模语言（ModelingLanguage）类成为模型（Model）类的子类。我们创建具有抽象句法（hasAbstractSyntax）的对象特性，作为语言学子领域的具有句法（hasSyntax）的对象特性的子特性，并且我们将其语言领域和句法范围分别细化为建模语言（ModelingLanguage）和抽象句法（AbstractSyntax）类。

同样地，我们将具体句法（ConcreteSyntax）类定义为语言学子领域的句法（Syntax）类的子类。作为图 4.1 所示模型（图形）集的一个子集，我们也将具体句法（ConcreteSyntax）类作为模型（Model）类的子类。此外，由于图 4.1 中抽象句法和具体句法的两个集合是不相交的（抽象句法不能又是具体句法），因此我们也将这两个类设置为不相交的，因为 OWL 允许这样做。

如图 4.1 所示，抽象句法和具体句法通过映射功能建立联系，将具体句法元素与抽象句法表示的元素关联。因此，我们定义句法映射关系（SyntaxMappingRelation）类，作为模型关系（ModelRelation）类的子类，并创建具有映射抽象句法（hasMappedAbstractSyntax）以及具有映射具体句法（hasMappedConcreteSyntax）的对象特性，从而将映射关系与映射的句法关联。这些对象特性具有连接模型（hasConnectedModels）对象特性的子特性，将其领域细化为句法映射关系（SyntaxMappingRelation）类，将它们的范围分别细化为抽象句法（AbstractSyntax）和具体句法（ConcreteSyntax）类。

在参考文献[5]中，将具体语言（concrete language）的概念定义为一种"由抽象句法和具体句法以及映射功能 k 组成"的语言。因此，我们定义一个具体建模语言（ConcreteModelingLanguage）类作为建模语言（ModelingLanguage）类的子类，定义一个名为具有句法映射（hasSyntaxMapping）的对象特性，其领域是具体建模语言（ConcreteModelingLanguage），其范围是句法映射关系（SyntaxMappingRelation），从而将具体语言与其句法映射功能链接。

根据维基百科,将语义领域定义为"共享一组含义的某个特定位置,或持有这组含义的某个语言"。通常,一个语义领域可由另一种建模语言(抽象句法)及其语义组成。语义领域连同语义映射构成了语言的语义,其中语义映射是指从语言模型到语义领域的语言模型。

因此,我们定义一个语义领域(SemanticDomain)类,作为模型(Model)类的一个子类;还定义一个语义映射关系(SemanticMappingRelation)类,作为模型关系(ModelRelation)类的一个子类;并且我们创建具有抽象句法语义(hasAbstract-SyntaxSemantic)和具有语义领域(hasSemanticDomain)的对象特性,从而将映射关系与所映射的抽象句法和语义领域关联。这些对象特性细化具有具体模型(hasConnectedModels)的对象特性,将它们的领域重新细化为语义映射关系(Semantic-MappingRelation)类。它们的范围则分别细化为抽象句法(Abstract-Syntax)和语义领域(SemanticDomain)类。

语义领域与语义映射关系共同构成了语言的语义,我们也称之为转换的语义。因此,我们创建了一个转换语义(TranslationalSemantics)类,作为语言子领域的语义(Semantics)类的一个子类,并提供一个对象特性,将转换语义(Translational-Semantics)类与其语义映射关系(SemanticMappingRelation)关联。

元模型(如图 4.6 中的 M2 模型)是一个类型图形,通过指定语言的抽象句法来指定建模语言的所有有效的模型的集合。一个模型(实例图形)和它的元模型(类型图形)之间必须有一个态射(morphism),才能使该模型成为语言集的成员。元模型的表达性通常并不充分,为进一步约束有效模型的集合,必须使用约束语言(如对象约束语言)来指定额外的约束。

我们将元模型类定义为模型类的子类,将符合性关系(ConformanceRelation)定义为元模型与其符合要求的微模型(MicroModel)之间的模型关系(ModelRelation)的子类。同样,我们将具有符合模型(hasConformedModel)对象特性创建为具有连接模型(hasConnectedModels)对象特性的子属性,其领域和范围分别细化为符合性关系(ConformanceRelation)和微模型(MicroModel)。我们还创建了具有元模型(hasMetamodel)对象特性,作为具有连接模型(hasConnectedModels)对象特性的一个子特性,其领域和范围分别细化为符合性关系(ConformanceRelation)和元模型(Metamodel)。

4.3.3.2 巨模型(Megamodel)

现在,我们为实现 MPM 模型管理的巨建模概念提供类和对象特性。按照参考文献[110],巨模型是"一个包含模型及其之间关系的模型。然而,巨模型与经典的软件模型的一个主要区别在于,巨模型显性地考虑模型而不是模型的元素"。我们针对 MPM 本体选用这一定义,从而涵盖其他几种巨建模的方法。

因此,我们创建一个巨模型(Megamodel)类作为 Model 类的子类。作为一个模型,巨模型可包含模型关系(ModelRelation)来关联微尺度的模型。得益于 OWL 的丰富性,我们可以很容易地将定义的第二部分表达为一个约束条件,即通过其具有包含模型(hasContainedModels)的顶层对象特性来检查巨模型是否包含任何的微模型元素(MicroModelElements)。

此外,我们引入巨模型片段(MegamodelFragment)类作为模型(Model)类的子类,以表示巨模型(Megamodel)的各部分。作为一个模型,就像一个巨模型一样,巨模型片段可以包含模型关系(ModelRelation)来关联微尺度的模型。然而,一个巨模型片段本身不是一个巨模型,就如其名称所表示的那样。该片段不能单独使用,因为它需要来自其他片段的其他元素才可使用。还应该注意的是,巨模型片段只是巨模型元素的一个逻辑组织,它们不包含它们的元素,这些元素将包含在巨模型片段所对应的巨模型中。我们进一步引入具有包含巨模型片段(hasContainedMegamodelFragments)的对象特性,作为具有包含模型(hasContainedModels)对象特性的子特性,该特性的领域和范围分别为巨模型(Megamodel)和巨模型片段(MegamodelFragment)类。

现在,我们介绍更加具体的对捕捉 MPM 开发环境有用的巨模型关系。转换关系是一个可被执行的关系,将源模型转换为目标模型。源模型(source model)可以充当目标模型(target model)的角色(role),反之亦然,这种关系可以是双向的。它可以由转换规范来指定,转换规范以转换语言的模型来表示(见图 4.6)。

因此,我们的本体提供一个转换关系(TransformationRelation)类,作为模型关系(ModelRelation)类的子类,它有一个具有规范(hasSpecification)的对象特性,用来关联转换关系及其规范。该特性的领域和范围分别是转换关系(Transformation-Relation)和微模型(MicroModel)类。此外,我们定义具有输入模型(hasInputModels)和具有输出模型(hasOutputModels)的对象特性,其领域和范围分别是转换关系(TransformationRelation)和建模语言(ModelingLanguage)。

在执行转换之后或者同期,转换的模型通常需要关联,一组可追溯性关系作为转换执行的副产品而被创建。如前所述,这种关系往往仅存在于其他关系的背景环境中。此外,通常将所有这些关系都归于一个可追溯性模型中。这就是基于三重图谱语法(TGG)转换工具的情况,其中将第三种可追溯性模型构建为模型同步的需要。

为在我们的 MPM 本体中对此建模,我们创建一个可追溯性关系(Traceability-Relation)类,作为模型关系(ModelRelation)的子类。我们还创建一个可追溯性模型(TraceabilityModel)类,作为微模型(MicroModel)的一个子类,并将具有包含关系模型关系(hasContainedModelRelations)的对象特性,细化为具有可追溯性关系(has-TraceabilityRelation),其领域和范围分别细化为可追溯性模型(TraceabilityModel)和可追溯性关系(TraceabilityRelation)。

不同类型的转换关系,可在我们的 MPM 本体中建模。同步关系(Synchroniza-tionRelation)是转换关系(TransformationRelation)的一个子类,在保持一致性的变化时,只需要更新部分模型,而不是在执行转换时生成完整的模型。

我们还对其他更加特定的转换关系进行建模,如细化关系,其中目标模型的抽象程度低于源模型的抽象程度。通常将这种关系用于代码生成的步骤中,例如在RAMSES工具中。[①]

4.3.3.3 活动执行者

第 2 章给出的共享本体,将人员(Human)和工具(Tool)类定义为表示可以执行工作流流程活动的资源。这些类也是活动执行者(ActivityPerformer)类的子类。即使在工具或人工执行者中没有显性化地表示,这两种执行者都会利用转换关系来指定其可能的模型操作。因此,我们定义具有转换规范(hasTranformationSpecifica-tions)的对象特性,将活动执行者资源与其执行的转换进行关联(见图 4.6)。

最后,我们对共享本体的项目管理子领域的工具类进行子类化,从而定义建模工具(ModelingTool)的概念。我们还定义了一个建模人员(ModelingHuman)类,作为项目管理子领域的人员(Human)类的子类,从而表示从事建模活动的人员。与图 4.6的工具类一样,这两个类都是模型类的子类。

我们还创建"isToolFor"对象特性,将建模工具与其所使用的建模语言关联,我们可推导这个特性的值,由此作为工具转换关系所连接的语言。

我们还为更加特定的建模相关活动提供 ModelingTool 的其他子类,如 Simula-tionTool、TransformationTool、VisualizationTool 和 ExecutionTool。这些工具的详细定义可以从完整的本体规范[114]中找到。

4.3.3.4 形式化方法

在参考文献[5]中,将形式化方法定义为"一种语言、一个语义领域以及在语言中为模型赋予含义的语义映射功能"。在 Broman 等[6]的框架中,形式化方法是"由抽象句法和形式化语义组成的数学对象",建模语言是"形式化方法的具体实现"。在此,作者进一步指出,语言的语义可能与其所实现的形式化方法的语义略有偏差。此外,通常情况下,一种语言可实现多种形式化方法。例如,AADL 语言[115]基于若干的形式化方法,包括组件分解的实体-关系、模式构造的状态机、行为附件和故障模型附件子语言,以及数据端口概念的数据流。事实上,Broman 等的形式化方法概念与建模范式的概念很接近,我们将在第 5 章进一步详细讨论。

形式化方法、建模语言以及工具之间的关系,如图 4.2 所示。为了在我们的MPM 本体中捕获这些概念,首先定义了一个形式化方法类,使其成为模型类的子类。然后,我们创建被实现(isImplementedBy)的对象特性,分别将形式化方法和建模语言类作为领域和范围。我们还创建了是基于(isBasedOn)的对象特性,分别以建模语言(ModelingLanguage)和形式化方法(Formalism)类作为领域和范围,我们使

---

①   https://mem4csd.telecom-paristech.fr/blog/index.php/ramses/。

这个特性与 OWL 中允许的被实现(isImplementedBy)对象特性相反。

许多形式化方法,如 Petri 网或自动机都具有不同的变体。例如,对于 Petri 网,就有高层 Petri 网、优先级 Petri 网、随机 Petri 网,所有这些都可以通过 PNML(Petri 网标记语言)语言来实现。

因此,我们定义形式化方法(Formalism)类的子类,如 PetriNetBasedFormalism(基于形式化的 Petri 网)、AutomataBasedFormalism(基于形式化的自动机)、Logic-BasedFormalism(基于形式化的逻辑),从而反映这种更加细粒度的形式化方法分类。

4.4　示　例

在本节中,我们使用 4.3 节中介绍的 MPM 本体,捕捉第 2 章中介绍的不同 CPS 开发环境案例的细节,其中包括定义将要采用的建模制品,如模型、建模语言、建模工具、形式化方法以及模型关系。为了验证 MPM 本体,我们针对这两个示例执行开发流程的各个步骤。

4.4.1　基于合集的赛博物理系统

4.4.1.1　概　述

基于合集的赛博物理系统(EBCPS)开发环境,使用一些模型来支持其开发流程每个阶段的各个活动。图 2.14 描述了这一流程,所使用的开发工具是 jDEECo 运行时及其插件。其中,插件包括需求捕捉、合集形成、支持运行时的自适应机制以及与 MATSim 和 ROS 的协同仿真等工具。MATSim 仿真器工具用于车辆运动仿真,而 ROS 则用于机器人仿真。

我们使用 MPM 本体来表示图 4.7 中的 EBCPS 元素,并介绍第 2 章中的 CPS 用例的不同开发阶段所使用的巨模型、模型转换以及工具的概况。

4.4.1.2　形式化方法、建模语言、模型以及工具

下面基于 MPM 本体,我们列出使用 EBCPS 开发 CPS 的形式化方法、建模语言、模型以及工具。

- 语言和模型
  - 建模语言:IRM(- SA)模型、DEECo 设计模型(即合集部分)。
  - Java 代码:DEECo 设计模型、DEECo 运行时模型、自适应模型。
  - MATSim 代码:MATSim 设计模型、MATSim 运行时模型。
  - OMNeT++代码:OMNeT++设计模型、OMNeT++运行时模型。
  - ROS 代码:ROS 设计模型、ROS 运行时模型。

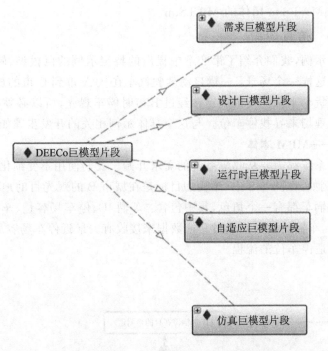

图 4.7 DEECo 巨模型的 OntoGraf 图,作为 MPM 本体类的实例
(译者注: OntoGraf 支持 OWL 本体关系交互式导航的插件)

- 巨模型
  - 巨模型:DEECo 巨模型(DEECo 代表可信赖的新兴组件的合集)。
  - 巨模型片段:需求巨模型片段、设计巨模型片段、运行时巨模型片段、自适应巨模型片段、仿真巨模型片段。
  - 转换的关系:需求捕获操作、需求–设计转换操作、自适应捕获操作、合集捕获操作、仿真捕获操作、实例化设计–转换操作、实例化仿真–转换操作、运行时到自适应集成操作、运行时到车辆仿真集成操作、运行时到机器人仿真集成操作、仿真–模仿真集成操作。
- 建模工具
  - 建模工具:布拉格查理大学 D3S 开发的 IRM–SA(不变细化法–自适应。译者注:不变细化法(Invariant Refinement Method,IRM)是一种面向需求的设计方法,聚焦于分布式协作,依赖于不变的概念而对高层次系统目标和低层级组件,如对软件的功能进行建模)和 EDL(Ensemble Definition Language,合集定义语言),EclipseEpsilon。
  - 运行时工具:布拉格查理大学分布式和可依赖系统系的 jDEECo 及其插件。
  - 仿真工具:来自开源机器人基金会的 ROS,来自 OpenSim 公司的 OMNeT++,

来自 MATSim 团体的 MATSim。

4.4.1.3 仿真阶段

作为一个示例,我们介绍了第 2 章中提出的特定示例的巨模型、转换以及工具。这个示例描述这样一个场景:一辆自动驾驶汽车在从 A 市到 C 市的旅行中,加入了一支公路厢式货车车队。司机决定在经过 B 市时停车观光,所以必须在 B 市通过预订停车场或在现场来寻找停车位。与这个具体示例相关的开发步骤如下:

1. 需求——MPM 本体

开发任何系统都需要从收集系统的需求开始。我们使用不变细化法(IRM)来指定需求[117]。例如,在图 4.8 中,车辆的目标是在城市 B 的观光目的地附近寻找到一个停车场。每辆车都有一个角色,其中包含:车辆 ID、停车场容量、车辆位置等。为了实现该目标,车辆组件必须通过交换数据来接收有关最近停车场容量的信息,并执行一个选择合适停车位的流程。

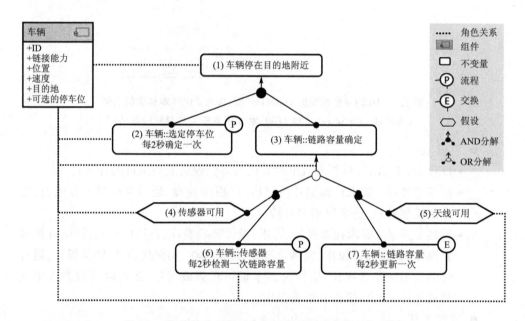

图 4.8 智能停车场景的 IRM 树(根据参考文献[118])

在需求步骤中,本示例中的巨模型片段、模型、转换以及工具是:

巨模型片段的需求巨模型片段

● 巨模型片段:需求巨模型片段。

 • 模型:IRM 模型。

需求巨模型片段的工具/模型转换

● 模型转换:需求捕捉转换——由人员的建模细化需求。

 • 输入模型:无;

- 输出模型：IRM 模型。

2. 设计——MPM 本体

在这个设计步骤中,开发者通过将 IRM 模型转换为 jDEECo 代码[119,120],生成系统组件的基本框架(即带有角色)和合集。开发者必须实现车辆组件和停车场组件的流程(行为),以及合集中成员条件和知识交换(见图 4.9)。

```
@Component
public class Vehicle extends VehicleRole {
    ...
    @Process
    @PeriodicScheduling(period = 2000)
    public static void selectParkingProcess(...) {
        ...
    }
    ...
}


@Ensemble
@PeriodicScheduling(period = 2000)
public class CapacityExchangeEnsemble {

    @Membership
    public static boolean membership(...) {
        ...
        return false;
    }

    @KnowledgeExchange
    public static void map( ... ) {
        ...
    }
}
```

图 4.9　车辆组件以及车辆与停车场之间合集的 jDEECo 代码片段(根据参考文献[118])

在第 2 章介绍的示例中,计划对道路上的车辆运动进行仿真,因此开发者需要使用插件将 MATSim 和 OMNet++与系统组件和合集联系起来。合集的规范支持确定基于流言(gossipping-based,译者注:Gossip 协议指定节点定期随机选择周围节点发送消息,而收到消息的节点也会重复该步骤,类似计算机病毒、疫情等的传播)知识传播的通信边界[121]。

对于更复杂合集的表示,开发者可以使用智能合集(Intelligent Ensemble)框架[122]①,在此,他/她能够通过使用 EDL 来表示具有合集优化的层级化合集。在这个例子中,通过考虑停车场提供服务的平衡,智能合集可用于预留停车位[123]。

当自主车辆在路上行驶时,为了节省燃料,司机决定加入公路厢式货车车队。在

---

① http://d3s. mff. cuni. cz/software/deeco/files/seams-2017. zip or http://dx. doi. org/10. 4230/DARTS. 3. 1. 6。

这种情况下,车辆使用(合作的)自适应巡航控制(C)ACC,管理公路厢式货车车队中车辆之间的安全距离[124]。为了支持 jDEECo 中的自适应,开发者必须增加表示模式和模式之间转换的状态机[125]。在 jDEECo 代码中,将模式表示为一个枚举,并使用注释与组件进程相关联。

设计阶段的巨模型片段、模型、转换以及工具示例如下:

巨模型片段的设计巨模型片段

- 巨模型片段:设计巨模型片段。
  - 模型:DEECo 设计模型、MATSim 设计模型、OMNeT++ 设计模型。

设计巨模型片段的工具/模型转换

- 转换:需求–设计转换操作——在设计时捕获需求细化。
  - 输入模型:IRM 模型;
  - 输出模型:DEECo 设计模型。
- 转换:自适应捕获操作——由人员细化建模需求。
  - 输入模型:无;
  - 输出模型:DEECo 设计模型。
- 转换:合集捕获操作——由人员细化建模需求。
  - 输入型号:无;
  - 输出模型:DEECoDesignModel(即合集部分)。
- 转换:仿真捕获操作——由人员类细化建模需求。
  - 输入模型:无;
  - 输出模型:DEECo 设计模型、MATSim 设计模型、OMNeT++设计模型。

3. 运行时—— MPM 本体

开发者在 jDEECo 运行时框架[119]中创建系统组件和合集并运行它们(见图 4.10)。该框架管理任务的调度和执行,并访问存储组件知识的知识资源库。更具体地说,该

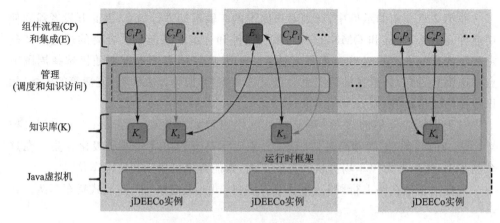

图 4.10　jDEECo 运行时框架架构(根据参考文献[119])

框架对组件中的进程进行调度,形成合集并在组件之间交换知识。组件和合集分布在不同的虚拟机上运行,它们访问分布式知识库来执行流程和交换知识。

当使用智能合集时(见图 4.11),使用 Z3 SMT 求解器评估成员条件。运行中的合集是 DEECo 运行时模型的一部分。

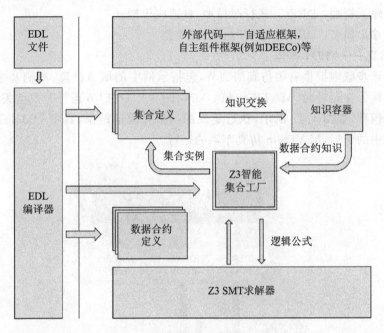

图 4.11　使用 EDL(合集定义语言)支持合集定义的框架高层架构(根据参考文献[123])

运行时步骤中的巨模型片段、模型、操作以及工具的示例如下:

巨模型片段的运行时巨模型片段

● 巨模型片段:运行时巨模型片段。

　• 模型:DEECo 运行时模型、DEECo 运行时自适应模型、DEECo 运行时-MATSim 运行时- OMNeT++运行时模型。

运行时巨模型片段的工具/模型转换

● 转换:实例化设计-转换操作——DEECo 组件和合集的实例化。

　• 输入模型:DEECo 设计模型;

　• 输出模型:DEECo 运行时模型、自适应模型。

4. 自适应——MPM 本体

在设计步骤中,我们支持车辆的自适应性,以便在他/她的旅行中为司机提供帮助。自适应在 jDEECo 代码中使用注释来表示,而守护条件表示为布尔值。在运行时,定期评估守护值,根据评估结果,由组件决定是否应该执行适应性调整。

巨模型片段的自适应巨模型片段

● 巨模型片段:自适应巨模型片段。

● 模型：自适应模型。

自适应阶段的巨模型片段、模型、转换以及工具的示例如下：

自适应巨模型片段的工具/模型转换

● 转换：运行时到自适应的集成操作——运行时模型与自适应模型集成。
  ● 输入模型：DEECo 运行时模型、自适应模型；
  ● 输出模型：DEECo 运行时自适应模型。

5. 仿真——MPM 本体

在设计步骤中提供有关仿真的细节，包括示例中的城市位置、车辆及位置、停车场及可用性。在运行时，MATSim 和 OMNeT++与 DEECo 运行时模型关联。集成包括同步模型，如图 4.12 所示，执行定义的场景并验证结果，其中 OMNeT++能够仿真网络中的延迟，MATSim 仿真车辆的运行。

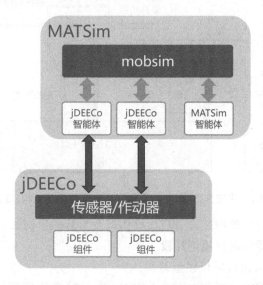

图 4.12 jDEECo 与 MATSim 的集成

仿真步骤中的巨模型片段（MegamodelFragment）、模型、转换以及工具的示例如下：

巨模型片段的仿真巨模型片段

● 巨模型片段：仿真巨模型片段。
  ● 模型：MATSim 运行时模型、OMNeT++运行时模型。

巨模型片段的模型转换工具/仿真

● 转换：实例化仿真-转换操作——仿真模型的实例化。
  ● 输入模型：MATSim 设计模型、OMNeT++设计模型；
  ● 输出模型：MATSim 运行时模型、OMNeT++运行时模型。
● 转换：运行时到车辆仿真集成操作——系统设计验证。

- 输入模型：DEECo 运行时模型、MATSim 运行时模型、OMNet++ 运行时模型；
- 输出模型：DEECo 运行时－ MATSim 运行时－ OMNeT++运行时模型。

4.4.2 HPI 赛博物理系统实验室(CPSLab)

4.4.2.1 概　述

在图 2.23 中描述了工具布局,其目的是为了开发在第 2 章中介绍的 HPI 赛博物理系统实验室(HPI CPSLab)案例的 CPS 生产集合机器人。它包括用于建模和仿真的 MATLAB/Simulink,用于建模软件架构、硬件配置以及任务映射的 dSPACE SystemDesk,用于代码生成的 dSPACE TargetLink 以及具有 FESTO Robotino Sim 仿真器的 FESTO Robotino-Library。

HPI CPSLab 开发方法采用一些巨模型片段,在该方法的每个阶段都使用。图 4.13 描述了各种巨模型片段。

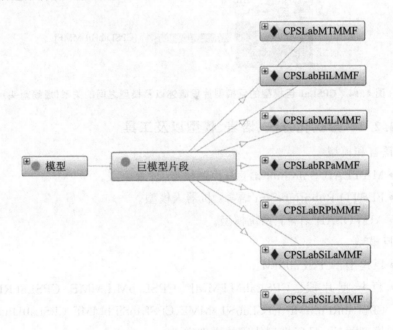

图 4.13　巨模型中所有的巨模型片段

图 4.14 重点描述了模型、工具以及多范式建模的各个阶段及活动的概况,图中显示了开发流程中每个阶段所使用的工具链和语言及其依赖性。

下面我们将简单描述巨模型哪些元素应用 MPM 本体元素,以及巨模型的片段是如何涵盖与开发流程相关的不同场景的。

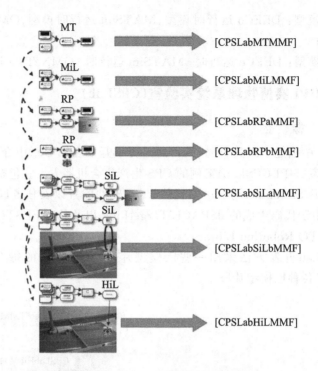

图 4.14　CPSLab 巨模型的巨模型片段概述以及模型之间的关系(虚线箭头)

4.4.2.2　形式化方法、语言、模型以及工具

● 语言和模型

  ● MATLAB/Simulink 语言：控制模型、装置模型。

  ● FESTO Robotino Sim 语言：机器人模型。

  ● AUTOSAR 语言：系统模型。

● 巨模型

  ● 巨模型：CPSLabMM。

  ● 巨 模 型 片 段：CPSLabMTMMF、CPSLabMiLMMF、CPSLabRPaMMF、
    CPSLabRPbMMF、CPSLabSiLaMMF、CPSLabSiLbMMF、CPSLabHiLMMF。

  ● 模型关系：见巨模型片段的详细定义。

● 工具

  ● 仿真模型：MATLAB Stateflow 仿真器。

  ● 转换器：dSPACE TargetLink。

  ● 建模工具：dSPACE SystemDesk。

  ● 仿真工具：FESTO Robotino Sim。

  ● 可视化工具：FESTO Robotino View。

- 执行工具：在台式计算机上执行。
- 执行工具：在 Robotino Robot 上远程执行。
- 执行工具：在 Robotino 机器人上本地执行。

4.4.3 仿真阶段

图 2.19 所示方法论的第一步是仿真阶段,聚焦于模型开发以及用于控制率功能开发。在此阶段,许多由系统的物理和赛博部分带来的细节将被忽略或简化,如带有噪声的真实传感器值、调度的特定效应、通信互动及通信的影响以及时序/内存/计算限制。在仿真阶段,我们有两个开发活动：模型测试(MT)和模型在环(MiL)。我们现在将概述如何使用模型实例和工具应用组成的巨模型片段支持上述的两个活动。

4.4.3.1 模型测试(MT)

图 4.15 所示为模型测试活动。这个活动相当简单,因为其仅使用单一的一个控制算法模型,加上一些测试输入和预期测试结果的辅助模型。

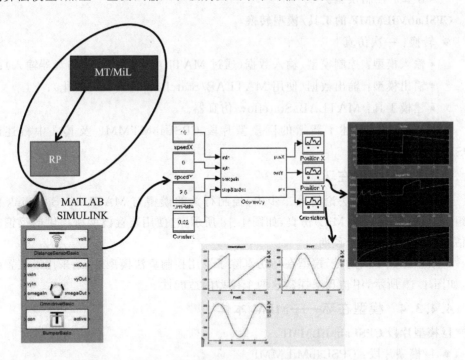

图 4.15 仿真阶段的模型测试的概述[126]

如图 4.16 所示,控制算法的模型由所使用的测试输入来模拟,并将仿真结果与预期结果进行比较。

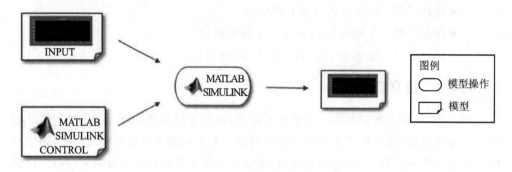

图 4.16　模型测试活动

4.4.3.2　模型测试——MPM 本体

巨模型片段 CPSLabMTMMF

- 巨模型片段：CPSLabMTMMF。
  - 模型：控制模型。

CPSLabMiLMMF 的工具/模型转换

- 转换：一次仿真。
  - 输入模型：控制模型、输入数据（通过 MATLAB/Stateflow 仿真器输入）；
  - 输出模型：输出数据（使用 MATLAB/Stateflow 仿真器可视化）；
  - 建模工具：MATLAB/Stateflow 仿真器。

在图 4.17 中，概述了新增的巨模型片段 CPSLabMTMMF 及其文中概述的 CPSLab 本体的元素。

4.4.3.3　模型在环

在图 2.19 所示方法论的第二步中，控制行为的模型与 MATLAB/Simulink 模型组合，通过模型在环（MiL）仿真，如图 4.18 所示，它使用装置模型所提供的反馈来评估控制行为是否符合预期。

与模型测试不同的是，模型在环仿真除了采用控制算法模型外，还采用了装置模型，如图 4.19 所示，用仿真来探索这两个模型的适配性。

4.4.3.4　模型在环——MPM 本体

巨模型片段 CPSLabMiLMMF

- 巨模型片段：CPSLabMiLMMF。
  - 模型：控制模型、装置模型。

CPSLabMiLMMF 的工具/模型转换

- 转换：模型在环仿真。
  - 输入模型：控制模型、装置模型；
  - 输出模型：输出数据（使用 MATLAB/Stateflow 仿真器可视化）；

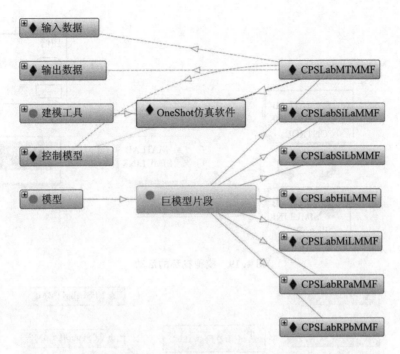

图 4.17 包含模型测试活动的巨模型片段 CPSLabMTMMF 本体部分

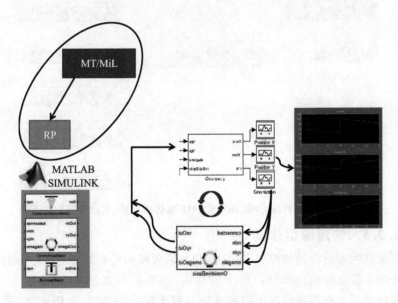

图 4.18 仿真阶段模型在环的仿真活动概述

• 建模工具：MATLAB/Stateflow 仿真器。

图 4.20 所示为增加的巨模型片段 CPSLabMiLMMF 及其用于 CPSLab 本体的元素。

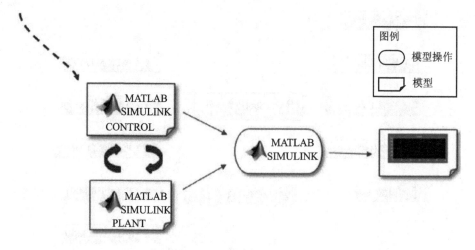

图 4.19　模型在环的活动

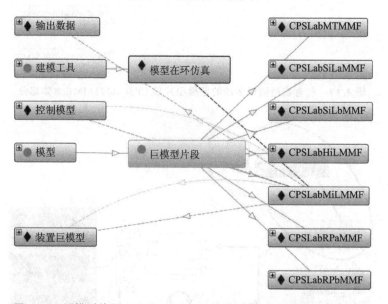

图 4.20　巨模型片段 CPSLabMiLMMF 本体的部分,包括模型在环活动

4.4.3.5　快速原型开发

　　当涉及到物理行为的错综复杂的方面时,装置模型的有效性通常十分有限,作为一个额外的步骤支持快速原型开发(RP)活动,如图 4.21 所示。

　　快速原型开发在两种情况下得到支持。对于第一种情况,如图 4.22 所示,是通过采用复杂的机器人仿真器来完成的。虽然,不一定是机器人那样复杂的模型,将控制算法暴露在物理现实中,但相比较装置模型而言,仿真器已经能够捕捉到更多的细节,同时相对于使用真实机器人,它仍然允许人们能够更加容易地分析行为。

　　对于第二种情况,适用更小的控制行为,控制行为模型与真实机器人连接,如

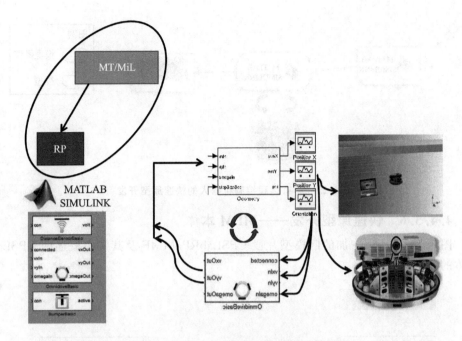

图 4.21　仿真阶段快速原型开发活动的概述

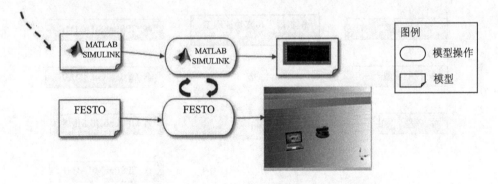

图 4.22　使用具体的机器人仿真器快速开发原型

图 4.23 所示。在这种情况下,将带有噪声的真实传感器值以及环境和平台的时序约束考虑在内。然而,调度的特定效应、通信互动和信息的影响以及内存/计算约束仍未能发现。此外,在这种配置下的分析可能很难,因为在机器人上运行算法比仿真器上运行算法更困难。

对于包括多个机器人在内的大型场景,其与真实的硬件设置连接是不可行的。相反,我们采用一个模型在环(MiL)的仿真,可以探索复杂环境和机器人之间的通信。虽然,这涵盖了通信互动和信息的影响,但其他方面,如带有噪声的真实传感器值、调度和时序/内存/计算限制的具体影响却无法涉及。

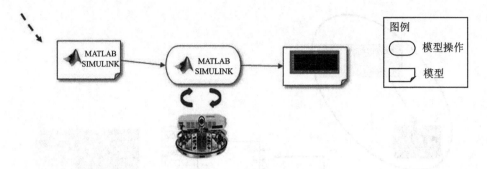

图 4.23 具有远程控制机器人的快速原型开发

4.4.3.6 快速原型开发——MPM 本体

图 4.24 所示为增加的巨模型片段 CPSLabRPaMMF 及其文中概述的 CPSLab 本体的元素。

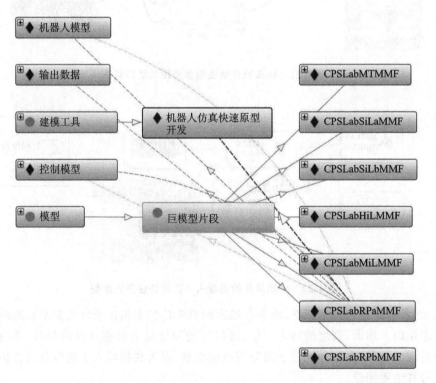

图 4.24 巨模型片段 CPSLabRPaMMF 本体的部分,包括机器人仿真的快速原型开发

巨模型片段 CPSLabRPaMMF

- 巨模型片段:CPSLabRPaMMF。
  - 模型:控制模型,机器人模型。

CPSLabRPaMMF 的工具/模型转换

● 转换：机器人仿真的快速原型开发。
　● 输入模型：控制模型、机器人模型；
　● 输出模型：输出数据（使用 MATLAB/Stateflow 仿真器或者 FESTO Robotino View 的可视化）；
　● 建模工具：MATLAB/Stateflow 仿真器、FESTO Robotino Sim。

巨模型片段 CPSLabRPbMMF

● 巨模型片段：CPSLabRPbMMF。
　● 模型：控制模型。

CPSLabRPbMMF 的工具/模型转换

● 转换：使用机器人执行的快速原型制作。
　● 输入模型：控制模型；
　● 输出模型：输出数据（使用 MATLAB/Stateflow 仿真器的可视化和观察）；
　● 建模工具：MATLAB/Stateflow 仿真器、在 Robotino Robot 上远程执行。

图 4.25 所示为新增的巨模型片段 CPSLabRPbMMF 和文中概述的 CPSLab 本体的元素。

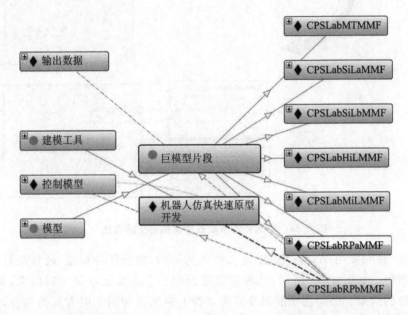

图 4.25　巨模型片段 CPSLabRPbMMF 的本体部分，包含机器人执行的快速原型开发

4.4.3.7　原型开发阶段

得到支持的第二个阶段是原型开发，聚焦于从模型到软件或硬件实现的变化，包含单独的功能以及系统的架构。由于细化的视图，特别是赛博部分的离散化效应，这

在前一阶段所使用的抽象数学模型中并不存在,现在将是可见的。

在这个阶段,我们将忽略更少的细节,逐步简化调度的特定效果、通信互动和消息的影响以及时序/内存/计算限制等。

首先,在这个阶段将进一步细化模型,定义包括单独的功能以及系统架构。如图 4.26 所示,定义组件及其通过端口类型、消息、接口以及数据类型与 AUTOSAR 的通信,并将事先考虑的功能部分映射到它们。在这一步中,我们还必须将功能映射扩展到现有的模型,并在必要时添加自定义的实现文件。

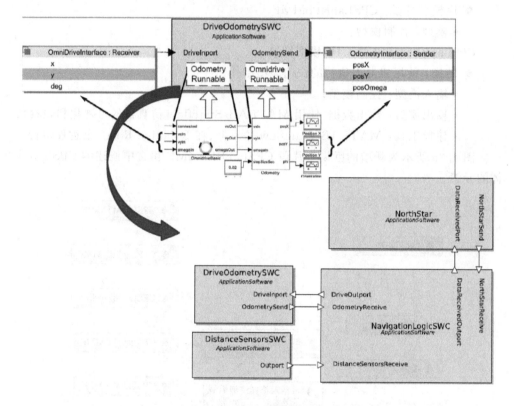

图 4.26 原型开发阶段软件架构定义的概述[127]

其次,我们使用 AUTOSAR 定义整体的架构,包括任务规范、硬件配置以及组件及其通信。如图 4.27 所示,这种细化得到的一个重要元素是实时约束,例如,确保安全性的约束。必须在功能以及架构层级上定义强和弱实时方面的组合,包括对强和弱实时任务的映射以及适当的优先级别。

关于验证,我们在原型开发阶段采用代码生成,并试图在接下来的步骤中逐步增加软件和硬件的细节。

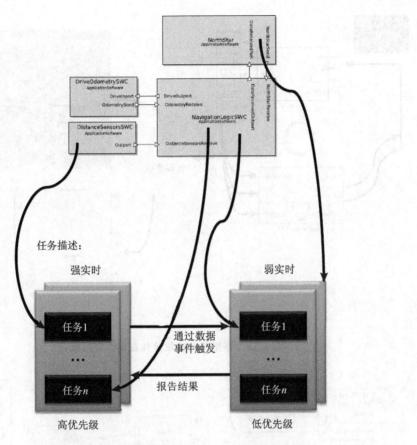

图4.27 原型开发阶段从架构到任务和通信映射的概述

4.4.3.8 软件在环 (SiL)

如图4.28所示,原型开发阶段软件在环(SiL)仿真需要采用代码生成的方式,为功能模型和架构模型推导软件代码。在特定情况下,还需要集成额外手工开发的代码。然后,在机器人及其环境的可用仿真之上执行(execute)和运行(run)代码。

由于此时我们并不总在使用真实的硬件,所以仍然忽略或简化一些元素,如具有噪声的传感器真实的值、环境或平台的时序限制,以及其他仿真器上不能涵盖的。然而,仿真器可涵盖调度的特定效应、通信互动及信息的影响以及环境或平台的时间限制和软件的时序/内存/计算的限制。

SiL实际上将以不同的方式进行,第一个版本形式在台式计算机上执行所生成的软件,其后再在仿真器上运行,如图4.29所示。

第二个版本形式虽然也是在台式计算机上执行所生成的软件,但与第一种相反,它将与机器人相连,如图4.30所示。

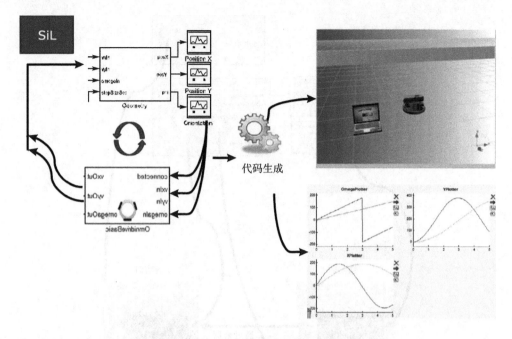

图 4.28　原型开发阶段软件在环仿真的概述

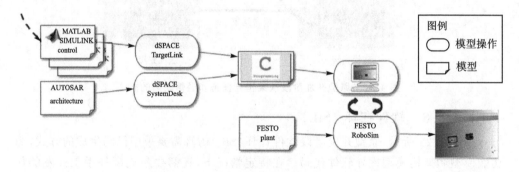

图 4.29　台式计算机和仿真器的软件在环

4.4.3.9　软件在环(SiL)——MPM 本体

巨模型片段 CPSLabSiLaMMF

- 巨模型片段：CPSLabSiLaMMF。
  - 模型：控制模型[*]、系统模型、机器人模型。

CPSLabSiLaMMF 的工具/模型转换

- 转换：函数代码生成[*]。
  - 输入模型：控制模型；
  - 输出模型：控制代码；
  - 建模工具：dSPACE 系统平台。

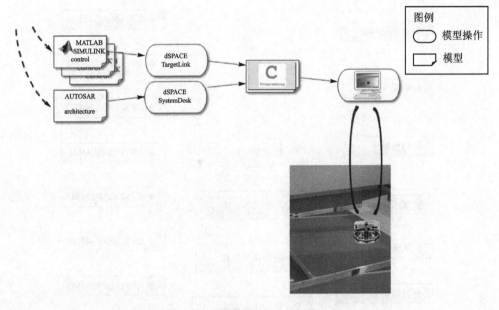

图 4.30　台式计算机和机器人的软件在环

- 转换：系统代码生成。
  - 输入模型：系统模型；
  - 输出模型：系统代码；
  - 建模工具：dSPACE SystemDesk。
- 转换：软件在环仿真。
  - 输入模型：控制代码*、系统代码、机器人模型。
  - 输出模型：输出数据（使用 MATLAB/Stateflow 仿真器或者 FESTO Robotino View 可视化）；
  - 建模工具：在桌面计算机上执行，FESTO Robotino Sim。

增加的巨模型片段 CPSLabSiLaMMF 及其在 CPSLab 本体的元素，如图 4.31 所示。

巨模型片段 CPSLabSiLbMMF

- 巨模型片段：CPSLabSiLbMMF。
  - 模型：控制模型*、系统模型。

CPSLabSiLbMMF 的工具/模型转换

- 转换：函数代码生成*。
  - 输入模型：控制模型；
  - 输出模型：控制代码；
  - 建模工具：dSPACE 目标链接。
- 转换：系统代码生成。

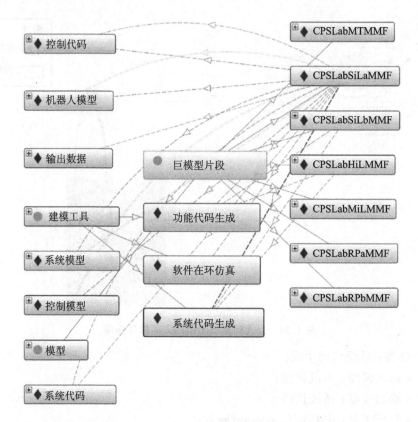

图 4.31 巨模型片段 CPSLabSiLaMMF 的本体部分,包含 SiL 仿真

- 输入模型:系统模型;
- 输出模型:系统代码;
- 建模工具:dSPACE SystemDesk。
- 转换:软件在环执行。
  - 输入模型:控制代码*、系统代码;
  - 输出模型:输出数据(使用 MATLAB/Stateflow 仿真器可视化和观察);
  - 建模工具:在 Robotino Robot 远程执行、在桌面计算机上执行。

图 4.32 以图形方式描述文中概述的 CPSLab 本体的增加巨模型片段 CPSLab-SiLbMMF 及其元素。

4.4.3.10 硬件在环 (HiL)

现在转移到实验室内,我们就可以考虑原型开发阶段的硬件在环(HiL)的仿真,如图 4.33 所示,包括已生成或集成的软件,可体验到机器人和实验室环境以及其他硬件的特定特征。

由于我们现在采用的是真实的硬件,就不能再忽略或简化任何元素。因此,现在真实的具有噪声的传感器值、调度的特定效应、通信互动及信息的影响以及时序/内

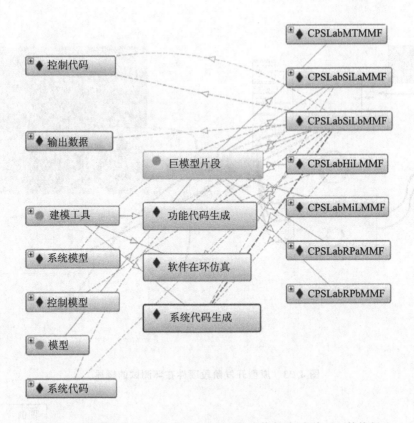

图 4.32 巨模型片段 **CPSLabSiLbMMF** 的本体部分,包含 SiL 的执行

存/计算限制都要考虑在内。

如图 4.34 所示,HiL 与生成的软件相连接,可在机器人上执行。

4.4.3.11 硬件在环(HiL)——MPM 本体

巨模型片段 CPSLabHiLMMF

- 巨模型片段:CPSLabHiLMMF。
  - 模型:控制模型*、系统模型。

CPSLabHiLMMF 的工具/模型转换

- 转换:函数代码生成*。
  - 输入模型:控制模型;
  - 输出模型:控制代码;
  - 建模工具:dSPACE TargetLink。
- 转换:系统代码生成。
  - 输入模型:系统模型;
  - 输出模型:系统代码;
  - 建模工具:dSPACE 系统平台。

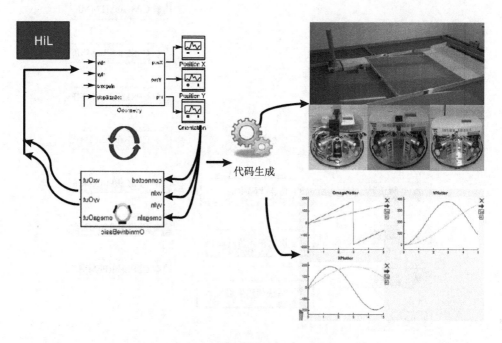

图 4.33　原型开发阶段硬件在环测试的概述

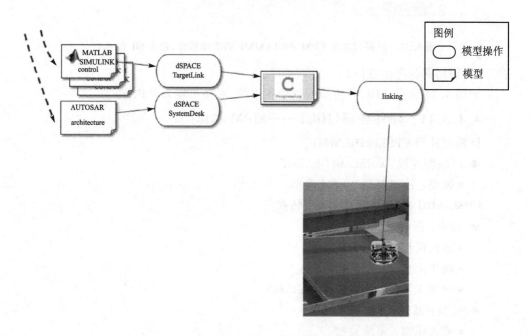

图 4.34　硬件在环(HiL)

- 转换：硬件在环执行。
  - 输入模型：控制代码 *、系统代码；
  - 输出模型：输出数据（观察到的）；
  - 建模工具：在 Robotino Robot 上的本地执行。

图 4.35 以图形方式描述文中概述的 CPSLab 本体中所增加的巨模型片段 CPSLabHiLMMF 及其元素。

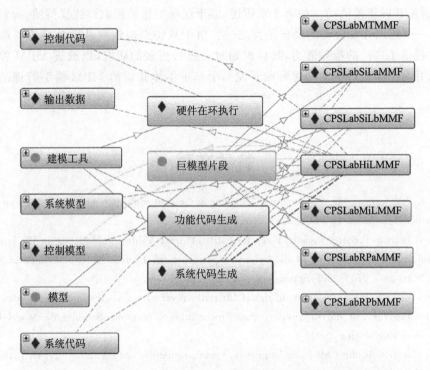

图 4.35 巨模型片段 CPSLabHiLMMF 涵盖的硬件在环活动的本体部分

4.5 总　结

在本章，我们首先介绍了 MPM 所需的最先进的概念，如核心建模概念，以及多形式化方法和全局模型管理方法、语言和工具。所有这些元素都是支持 MPM 的重要组成部分。我们依据模块化和增量化执行的特性来描述模型管理方法的特征，从而适应我们今天所面临的大型复杂 CPS 所需的规模。我们研究模型和建模语言、模型操作/转换以及模型管理这三个主线的模块化和增量化执行的特性，并表明，尽管当前存在许多方法，但其中的多数仅能解决问题的一部分，因此指出需要一个全局的模型管理框架。

　　然后,我们介绍了在 MPM4CPS COST 行动计划中所开发的 MPM 本体,其完整的规范和制品可从 MPM4CPS 网站[114]获得。我们还介绍了本体的主要的类和特性,以及以最先进技术为基础的本体规范,由此产生了本体的第一个版本。接着,我们通过对 EBCPS 和 HPI CPSLab 开发环境在 MPM 方面进行建模,使本体得到进一步的验证和完善。这说明我们的 MPM 本体有能力支持这一环境的建模。

　　我们的本体利用网络本体语言(OWL)表达,并遵循 MPM 原则,倡导使用最恰当的语言开展建模活动。如第 2 章所述,鉴于这项工作的探索性建模特质,我们选择 OWL——用以开发分类的最佳语言之一。由于具备丰富性和基于合集论的精确语义,它提供了广泛的推导能力,我们规划对其进行更多的研究,以改进 MPM 领域的分类,并为本研究后续的构建阶段开发一个基于本体知识的 MPM 模型管理的解决方案。

参考文献

［1］ P. J. Mosterman, H. Vangheluwe, Computer automated multi-paradigm modeling: an intro-duction, Simulation 80（9）（2004）433-450.

［2］ Jean Bézivin, Frédéric Jouault, Peter Rosenthal, Patrick Valduriez, Modeling in the large and modeling in the small, in: Model Driven Architecture, in: Lecture Notes in Computer Science（LNCS）, vol. 3599/2005, Springer-Verlag, 2005, pp. 33-46.

［3］ Jean-Marie Favre, Foundations of model（driven）（reverse）engineering-episode I: story of the fidus papyrus and the solarus, in: Post-Proceedings of Dagstuhl Seminar on Model Driven Reverse Engineering, 2004.

［4］ D. Harel, B. Rumpe, Modeling languages: syntax, semantics and all that stuff, part I: the basic stuff, Technical Report, ISR, 2000.

［5］ Holger Giese, Tihamer Levendovszky, Hans Vangheluwe（Eds.）, Summary of the Workshop on Multi-Modelling Paradigms: Concepts and Tools, 2006.

［6］ David Broman, Edward A. Lee, Stavros Tripakis, Martin Törngren, Viewpoints, formalisms, languages, and tools for cyber-physical systems, in: Proceedings of the 6th International Work-shop on Multi-Paradigm Modeling, MPM'12, ACM, New York, NY, USA, 2012, pp. 49-54.

［7］ ISO/IEC/IEEE 42010:2011. Systems and software engineering - architecture description, the latest edition of the original IEEE std 1471: 2000, recommended practice for architectural description of software-intensive systems, 2011.

［8］ Fatma Dandashi, Vinay Lakshminarayan, Nancy Schult, Multiformalism, multiresolution, multi-scale modeling, in: 2015 Winter Simulation Conference（WSC）, 2015, pp. 2622-2631.

［9］ Hassan Reza, Emanuel S. Grant, Model oriented software architecture, in: Proceedings of the 28th Annual International Computer Software and Applications Conference（COMPSAC）, 2004, pp. 4-5.

[10] Mauro Iacono, Marco Gribaudo, An introduction to multiformalism modeling, in: Marco Gribaudo, Mauro Iacono (Eds.), Theory and Application of Multi-Formalism Modeling, IGI Global, Hershey, 2014, pp. 1-16.

[11] S. Lacoste-Julien, H. Vangheluwe, J. De Lara, P. J. Mosterman, Meta-modelling hybrid formalisms, 2004, pp. 65-70.

[12] H. Vangheluwe, J. De Lara, Computer automated multi-paradigm modelling: meta-modelling and graph transformation, vol. 1, 2003, pp. 595-603.

[13] B. P. Zeigler, H. Praehofer, Interfacing continuous and discrete models for simulation and control, SAE Technical Papers, 1998.

[14] B. P. Zeigler, Embedding DEV&DESS in DEVS: characteristic behaviors of hybrid models, 2006, pp. 125-132.

[15] Enrico Barbierato, Marco Gribaudo, Mauro Iacono, Modeling hybrid systems in {SIMTHESys}, Electronic Notes in Theoretical Computer Science 327 (2016) 5-25.

[16] Enrico Barbierato, Marco Gribaudo, Mauro Iacono, Simulating Hybrid Systems Within SIMTHESys Multi-formalism Models, Springer International Publishing, Cham, 2016, pp. 189-203.

[17] S. Balsamo, G. Dei Rossi, A. Marin, A survey on multi-formalism performance evaluation tools, 2012, pp. 15-23.

[18] Kishor S. Trivedi, SHARPE 2002: symbolic hierarchical automated reliability and performance evaluator, in: DSN'02: Proceedings of the 2002 International Conference on Dependable Systems and Networks, IEEE Computer Society, Washington, DC, USA, 2002, p. 544.

[19] G. Ciardo, A. S. Miner, SMART: the stochastic model checking analyzer for reliability and timing, in: Quantitative Evaluation of Systems, 2004. QEST 2004. Proceedings. First International Conference on the, Sept 2004, pp. 338-339.

[20] Gianfranco Ciardo, Andrew S. Miner, Min Wan, Advanced features in SMART: the stochastic model checking analyzer for reliability and timing, SIGMETRICS Performance Evaluation Review 36 (4) (March 2009) 58-63.

[21] G. Ciardo, R. L. Jones III, A. S. Miner, R. I. Siminiceanu, Logic and stochastic modeling with SMART, Performance Evaluation 63 (June 2006) 578-608.

[22] Falko Bause, Peter Buchholz, Peter Kemper, A toolbox for functional and quantitative analysis of DEDS, in: Proceedings of the 10th International Conference on Computer Performance Evaluation: Modelling Techniques and Tools, TOOLS'98, Springer-Verlag, London, UK, 1998, pp. 356-359.

[23] W. H. Sanders, Integrated frameworks for multi-level and multi-formalism modeling, in: Petri Nets and Performance Models, 1999. Proceedings. The 8th International Workshop on, 1999, pp. 2-9.

[24] Graham Clark, Tod Courtney, David Daly, Dan Deavours, Salem Derisavi, Jay M. Doyle, William H. Sanders, Patrick Webster, The Mobius modeling tool, in: Proceedings of the 9th International Workshop on Petri Nets and Performance Models (PNPM'01), IEEE Computer

Society,Washington,DC,USA,2001,p. 241.

[25] Tod Courtney,Shravan Gaonkar,Ken Keefe,Eric Rozier,William H. Sanders,Möbius 2. 3: an extensible tool for dependability,security,and performance evaluation of large and complex system models,in: DSN,IEEE,2009,pp. 353-358.

[26] Daniel D. Deavours,Graham Clark,Tod Courtney,David Daly,Salem Derisavi,Jay M. Doyle, William H. Sanders,Patrick G. Webster,The Möbius framework and its implementation, 2002.

[27] Juan de Lara,Hans Vangheluwe,ATom3: a tool for multi-formalism and meta-modelling,in: Ralf-Detlef Kutsche,Herbert Weber (Eds.),FASE,in: Lecture Notes in Computer Science, vol. 2306,Springer,2002,pp. 174-188.

[28] M. Del,V. Sosa,S. T. Acuna,J. De Lara,Metamodeling and multiformalism approach applied to software process using AToM [Enfoque de metamodelado y multiformalismo aplicado al proceso software usando AToM3],2007,pp. 367-374.

[29] F. Franceschinis,M. Gribaudo,M. Iacono,N. Mazzocca,V. Vittorini,Towards an object based multi-formalism multi-solution modeling approach,in: Daniel Moldt (Ed.),Proc. of the Second International Workshop on Modelling of Objects,Components,and Agents (MOCA'02),Aarhus,Denmark,August 26-27,2002,aug 2002,pp. 47-66,Technical Report DAIMI PB-561.

[30] V. Vittorini,G. Franceschinis,M. Gribaudo,M. Iacono,N. Mazzocca,DrawNet++: model objects to support performance analysis and simulation of complex systems,in: Proc. of the 12th Int. Conference on Modelling Tools and Techniques for Computer and Communication System Performance Evaluation (TOOLS 2002),London,UK,April 2002.

[31] Giuliana Franceschinis,Marco Gribaudo,Mauro Iacono,Stefano Marrone,Nicola Mazzocca, Valeria Vittorini,Compositional modeling of complex systems: contact center scenarios in OsMoSys,in: ICATPN'04,2004,pp. 177-196.

[32] G. Franceschinis,M. Gribaudo,M. Iacono,S. Marrone,F. Moscato,V. Vittorini,Interfaces and binding in component based development of formal models,in: Proceedings of the Fourth International ICST Conference on Performance Evaluation Methodologies and Tools, VALUETOOLS'09,ICST,Brussels,Belgium,2009,pp. 44:1-44:10,ICST (Institute for Computer Sciences,Social-Informatics and Telecommunications Engineering).

[33] G. Gribaudo,M. Iacono,M. Mazzocca,V. Vittorini,The OsMoSys/DrawNET Xe! languages system: a novel infrastructure for multi-formalism object-oriented modelling,in: ESS 2003: 15th European Simulation Symposium and Exhibition,2003.

[34] Enrico Barbierato,Marco Gribaudo,Mauro Iacono,Defining formalisms for performance evaluation with SIMTHESys,Electronic Notes in Theoretical Computer Science 275 (2011) 37-51.

[35] Enrico Barbierato,Marco Gribaudo,Mauro Iacono,A performance modeling language for big data architectures,in: Webjorn Rekdalsbakken,Robin T. Bye,Houxiang Zhang (Eds.), ECMS,European Council for Modeling and Simulation,2013,pp. 511-517.

[36] Mauro Iacono,Marco Gribaudo,Element based semantics in multi formalism performance

models,in：MASCOTS,2010,pp. 413-416.

[37] M. Iacono,E. Barbierato,M. Gribaudo,The SIMTHESys multiformalism modeling frame-work,Computers and Mathematics with Applications 64（2012）3828-3839.

[38] Mauro Pezze,Michal Young,Constructing multi-formalism state-space analysis tools：using rules to specify dynamic semantics of models,1997,pp. 239-249.

[39] Enrico Barbierato, Gian-Luca Dei Rossi, Marco Gribaudo, Mauro Iacono, Andrea Marin, Exploiting product forms solution techniques in multiformalism modeling,Electronic Notes in Theoretical Computer Science 296（2013）61-77.

[40] C.-V. Bobeanu, E. J. H. Kerckhoffs, H. Van Landeghem,Modeling of discrete event systems：a holistic and incremental approach using Petri nets,ACM Transactions on Modeling and Computer Simulation 14（4）（2004）389-423.

[41] J. T. Bradley,M. C. Guenther,R. A. Hayden,A. Stefanek,GPA：a multiformalism,multi-solution approach to efficient analysis of Large-Scale population models,2013.

[42] Aniello Castiglione,Marco Gribaudo,Mauro Iacono,Francesco Palmieri,Exploiting mean field analysis to model performances of big data architectures,Future Generations Computer Systems 37（2014）203-211.

[43] A. H. Levis,B. Yousefi,Multi-formalism modeling for evaluating the effect of cyber exploits,2014,pp. 541-547.

[44] A. M. Abusharekh, A. H. Levis, Performance evaluation of SOA in clouds, 2016, pp. 614-620.

[45] Mauro Iacono,Stefano Marrone,Model-based availability evaluation of composed web services,Journal of Telecommunications and Information Technology 4（2014）5-13.

[46] A. I. Hernandez,V. Le Rolle,A. Defontaine,G. Carrault,A multiformalism and multi-resolution modelling environment：application to the cardiovascular system and its regulation,Philosophical Transactions of the Royal Society A：Mathematical,Physical and Engineering Sciences 367（1908）（2009）4923-4940.

[47] S. Chiaradonna,P. Lollini,F. D. Giandomenico,On a modeling framework for the analysis of interdependencies in electric power systems,2007,pp. 185-194.

[48] Francesco Flammini,Stefano Marrone,Mauro Iacono,Nicola Mazzocca,Valeria Vittorini,A multiformalism modular approach to ERTMS/ETCS failure modelling,International Journal of Reliability,Quality and Safety Engineering 21（01）（2014）1450001（pp. 1-29）.

[49] Marco Gribaudo, Mauro Iacono, Stefano Marrone, Exploiting Bayesian networks for the analysis of combined attack trees,in：Proceedings of the Seventh International Workshop on the Practical Application of Stochastic Modelling（PASM）,Electronic Notes in Theoretical Computer Science 310（2015）91-111.

[50] Enrico Barbierato,Marco Gribaudo,Mauro Iacono,Stefano Marrone,Performability modeling of exceptions-aware systems in multiformalism tools,in：ASMTA,2011,pp. 257-272.

[51] Enrico Barbierato,Andrea Bobbio,Marco Gribaudo,Mauro Iacono,Multiformalism to support software rejuvenation modeling,in：ISSRE Workshops,IEEE,2012,pp. 271-276.

［52］ Enrico Barbierato，Marco Gribaudo，Mauro Iacono，Performance evaluation of NoSQL big-data applications using multi-formalism models，Future Generations Computer Systems 37（2014）345-353.

［53］ Daniele Codetta Raiteri，Mauro Iacono，Giuliana Franceschinis，Valeria Vittorini，Repairable fault tree for the automatic evaluation of repair policies，in：DSN，2004，pp. 659-668.

［54］ Enrico Barbierato，Marco Gribaudo，Mauro Iacono，Exploiting multiformalism models for testing and performance evaluation in SIMTHESys，in：Proceedings of 5th International ICST Conference on Performance Evaluation Methodologies and Tools-VALUETOOLS 2011，2011.

［55］ A. Qamar，S. J. I. Herzig，C. J. J. Paredis，M. Torngren，Analyzing semantic relationships between multiformalism models for inconsistency management，2015，pp. 84-89.

［56］ Jean Bézivin，Frédéric Jouault，Patrick Valduriez，On the need for megamodels，in：Proceedings of the OOPSLA/GPCE：Best Practices for Model-Driven Software Development workshop，19th Annual ACM Conference on Object-Oriented Programming，Systems，Languages，and Applications，2004.

［57］ CoEST Project Homepage，http：//www. coest. org/.（Accessed 2016）.

［58］ AMW Project Homepage，https：//projects. eclipse. org/projects/modeling. gmt. amw/，2015.

［59］ Epsilon Project Homepage，http：//eclipse. org/epsilon/，2020.

［60］ Jean-Marie Favre，Ralf Lämmel，Andrei Varanovich，Modeling the linguistic architecture of software products，in：Proceedings of the 15th International Conference on Model Driven Engineering Languages and Systems，MODELS'12，Springer-Verlag，Berlin，Heidelberg，2012，pp. 151-167.

［61］ Henrik Lochmann，Anders Hessellund，An integrated view on modeling with multiple domain-specific languages，in：Proceedings of the IASTED International Conference Software Engineering（SE 2009），ACTA Press，February 2009，pp. 1-10.

［62］ Sebastian J. I. Herzig，Ahsan Qamar，Christiaan J. J. Paredis，An approach to identifying inconsistencies in model-based systems engineering，in：2014 Conference on Systems Engineering Research，Procedia Computer Science 28（2014）354-362.

［63］ Gabor Simko，Tihamer Levendovszky，Sandeep Neema，Ethan Jackson，Ted Bapty，Joseph Porter，Janos Sztipanovits，Foundation for model integration：semantic backplane，in：ASME 2012 International Design Engineering Technical Conferences and Computers and Information in Engineering Conference，American Society of Mechanical Engineers，2012，pp. 1077-1086.

［64］ Mark Boddy，Martin Michalowski，August Schwerdfeger，Hazel Shackleton，Steve Vestal，Adventium Enterprises，FUSED：a tool integration framework for collaborative system engineering，in：Analytic Virtual Integration of Cyber-Physical Systems Workshop，2011.

［65］ MoTE Project Homepage，http：//www. mdelab. org/mdelab-projects/mote-a-tgg-based-model-transformation-engine/，2015.

［66］ Andreas Seibel，Stefan Neumann，Holger Giese，Dynamic hierarchical mega models：comprehensive traceability and its efficient maintenance，Software and Systems Modeling 9（4）

(2010) 493-528.

[67] Andreas Seibel, Regina Hebig, Holger Giese, Traceability in model-driven engineering: efficient and scalable traceability maintenance, in: Jane Cleland-Huang, Orlena Gotel, Andrea Zisman (Eds.), Software and Systems Traceability, Springer, London, 2012, pp. 215-240.

[68] Thomas Beyhl, Regina Hebig, Holger Giese, A model management framework for maintaining traceability links, in: Stefan Wagner, Horst Lichter (Eds.), Software Engineering 2013 Workshopband, Aachen, in: Lecture Notes in Informatics (LNI), vol. P-215, February 2013, pp. 453-457, Gesellschaft für Informatik (GI).

[69] D. Langsweirdt, N. Boucke, Yolande Berbers, Architecture-driven development of embedded systems with ACOL, in: Object/Component/Service-Oriented Real-Time Distributed Computing Workshops (ISORCW), 2010 13th IEEE International Symposium on, May 2010, pp. 138-144.

[70] Anders Hessellund, Andrzej Wasowski, Interfaces and metainterfaces for models and metamodels, in: Krzysztof Czarnecki, Ileana Ober, Jean-Michel Bruel, Axel Uhl, Markus Wolter (Eds.), Model Driven Engineering Languages and Systems, in: Lecture Notes in Computer Science, vol. 5301, Springer, Berlin Heidelberg, 2008, pp. 401-415.

[71] Stefan Jurack, Gabriele Taentzer, A component concept for typed graphs with inheritance and containment structures, in: Graph Transformations - 5th International Conference, ICGT 2010. Proceedings, Enschede, The Netherlands, September 27-October 2, 2010, 2010, pp. 187-202.

[72] SmartEMF Project Homepage, http://www. itu. dk/~hessellund/smartemf/, 2008.

[73] Composite EMF Models Project Homepage, http://www. mathematik. uni-marburg. de/~swt/ compoemf/. (Accessed 2015).

[74] MontiCore Project Homepage, http://www. monticore. de/, 2008.

[75] Arvid Butting, Robert Eikermann, Oliver Kautz, Bernhard Rumpe, Andreas Wortmann, Systematic composition of independent language features, Journal of Systems and Software 152 (2019) 50-69.

[76] Arvid Butting, Robert Eikermann, Oliver Kautz, Bernhard Rumpe, Andreas Wortmann, Modeling language variability with reusable language components, in: SPLC'18, Proceedings of the 22nd International Systems and Software Product Line Conference - Volume 1, Association for Computing Machinery, New York, NY, USA, 2018, pp. 65-75.

[77] Kompren Project Homepage, http://people. irisa. fr/Arnaud. Blouin/software_ kompren. html, 2014.

[78] Kompose Project Homepage, http://www. kermeta. org/mdk/kompose, 2009.

[79] Anne Etien, Alexis Muller, Thomas Legrand, Xavier Blanc, Combining independent model transformations, in: Proceedings of the 2010 ACM Symposium on Applied Computing, SAC '10, ACM, New York, NY, USA, 2010, pp. 2237-2243.

[80] EMF Views Project Homepage, http://atlanmod. github. io/emfviews/. (Accessed 2015).

[81] Dominique Blouin, Yvan Eustache, Jean-Philippe Diguet, Extensible global model management

with meta-model subsets and model synchronization, in: Proceedings of the 2nd International Workshop on The Globalization of Modeling Languages co-located with ACM/IEEE 17th International Conference on Model Driven Engineering Languages and Systems, GEMOC@ Models 2014, Valencia, 2014, pp. 43-52.

[82] Davide Di Ruscio, Ivano Malavolta, Henry Muccini, Patrizio Pelliccione, Alfonso Pierantonio, Model-driven techniques to enhance architectural languages interoperability, in: Juan de Lara, Andrea Zisman (Eds.), Fundamental Approaches to Software Engineering, Springer, Berlin, Heidelberg, 2012, pp. 26-42.

[83] Arnaud Blouin, Benoit Combemale, Benoît Baudry, Olivier Beaudoux, Kompren: modeling and generating model slicers, Software & Systems Modeling 14 (1) (2015) 321-337.

[84] Hugo Bruneliere, Jokin Garcia Perez, Manuel Wimmer, Jordi Cabot, EMF views: a view mechanism for integrating heterogeneous models, in: Paul Johannesson, Mong Li Lee, Stephen W. Liddle, Andreas L. Opdahl, Óscar Pastor López (Eds.), Conceptual Modeling, Springer International Publishing, Cham, 2015, pp. 317-325.

[85] Xavier Blanc, Alix Mougenot, Isabelle Mounier, Tom Mens, Incremental detection of model incon-sistencies based on model operations, in: CAiSE'09: Proceedings of the 21st International Conference on Advanced Information Systems Engineering Amsterdam, The Netherlands, vol. 5565/2009, Berlin, Heidelberg, 8-12 June 2009, Springer Verlag, 2009, pp. 32-46.

[86] VIATRA Project Homepage, https://www.eclipse.org/viatra/. (Accessed 2020).

[87] Zoltan Ujhelyi, Gabor Bergmann, Abel Hegedus, Akos Horvath, Benedek Izso, Istvan Rath, Zoltan Szatmari, Daniel Varro, EMF-IncQuery: an integrated development environment for live model queries, in: Fifth issue of Experimental Software and Toolkits (EST): A Special Issue on Academics Modelling with Eclipse (ACME2012), Science of Computer Programming 98 (Part 1) (2015) 80-99.

[88] Alexander Egyed, Instant consistency checking for the UML, in: ICSE'06: Proceedings of the 28th International Conference on Software Engineering, Shanghai, China, 20-28 May 2006, pp. 381-390.

[89] Iris Groher, Alexander Reder, Alexander Egyed, Incremental consistency checking of dynamic constraints, in: David S. Rosenblum, Gabriele Taentzer (Eds.), Fundamental Approaches to Software Engineering, in: Lecture Notes in Computer Science, vol. 6013, Springer, Berlin, Heidelberg, 2010, pp. 203-217.

[90] Jordi Cabot, Ernest Teniente, Incremental evaluation of OCL constraints, in: CAiSE'06: 18th International Conference on Advanced Information Systems Engineering, Luxembourg, Luxembourg, 5-9 June 2006, in: Lecture Notes in Computer Science (LNCS), vol. 4001/2006, Springer Verlag, 2006, pp. 81-95.

[91] AM3 Project Homepage, https://wiki.eclipse.org/AM3, 2014.

[92] ATL Project Homepage, https://eclipse.org/atl/, 2015.

[93] Andrés Vignaga, Frédéric Jouault, María Cecilia Bastarrica, Hugo Brunelière, Typing artifacts in megamodeling, Software & Systems Modeling 12 (2013) 105-119.

[94] José E. Rivera，Daniel Ruiz-Gonzalez，Fernando Lopez-Romero，José Bautista，Antonio Vallecillo，Orchestrating ATL model transformations，in：Frédéric Jouault（Ed.），Proc. of MtATL 2009：1st International Workshop on Model Transformation with ATL，Nantes，France，July 2009，pp. 34-46.

[95] ATLFlow Project Homepage，http://opensource. urszeidler. de/ATLflow/. （Accessed 2020）.

[96] Moharram Challenger，Ken Vanherpen，Joachim Denil，Hans Vangheluwe，FTG ＋ PM：Describing Engineering Processes in Multi-Paradigm Modelling，Springer International Publishing，Cham，2020，pp. 259-271.

[97] AToMPM Project Homepage，https://atompm. github. io/. （Accessed 2020）.

[98] AMW Project Homepage，https://wiki. eclipse. org/ATL/EMFTVM/. （Accessed 2020）.

[99] Csaba Debreceni，Akos Horvath，Abel Hegedus，Zoltan Ujhelyi，Istvan Rath，Daniel Varro，Querydriven incremental synchronization of view models，in：Proceedings of the 2nd Workshop on ViewBased，Aspect-Oriented and Orthographic Software Modelling，VAO '14，ACM，New York，NY，USA，2014，pp. 31:31-31:38.

[100] Andreas Seibel，Regina Hebig，Stefan Neumann，Holger Giese，A dedicated language for context composition and execution of true black-box model transformations，in：4th International Conference on Software Language Engineering（SLE 2011），Braga，Portugal，July 2011.

[101] Holger Giese，Stefan Neumann，Oliver Niggemann，Bernhard Schätz，Model-based integration，in：Holger Giese，Gabor Karsai，Edward Lee，Bernhard Rumpe，Bernhard Schätz（Eds.），Model-Based Engineering of Embedded Real-Time Systems-International. Revised Selected Papers，Dagstuhl Workshop，Dagstuhl Castle，Germany，November 4-9，2007，in：Lecture Notes in Computer Science，vol. 6100，Springer，2011，pp. 17-54.

[102] GME Project Homepage，http://www. isis. vanderbilt. edu/projects/gme/. （Accessed 2020）.

[103] FUESD Project Homepage，http://www. adventiumlabs. com/our-work/products-services/fused- informational-video/，2015.

[104] OSLC Project Homepage，http://open-services. net/. （Accessed 2020）.

[105] Sebastian J. I. Herzig，Christiaan J. J. Paredis，Bayesian reasoning over models，in：11th Workshop on Model Driven Engineering，Verification and Validation MoDeVVa 2014，2014，p. 69.

[106] An Eclipse-based workbench for INTeractive Model Management，https://github. com/adisandro/ MMINT，2014.

[107] Alessio Di Sandro，Rick Salay，Michalis Famelis，Sahar Kokaly，Marsha Chechik，MMINT：a graphical tool forinteractive model management，in：P&D@ MoDELS，2015，pp. 16-19.

[108] MegaM@Rt2 framework，https://megamart2-ecsel. eu/，2017.

[109] Wasif Afzal，Hugo Bruneliere，Davide Di Ruscio，Andrey Sadovykh，Silvia Mazzini，Eric Cariou，Dragos Truscan，Jordi Cabot，Abel Gómez，Jesús Gorroñogoitia，et al. ，The MegaM@ Rt2 ECSEL project：megamodelling at runtime-scalable model-based framework for continuous

development and runtime validation of complex systems, Microprocessors and Microsystems 61 (2018) 86-95.

[110] Regina Hebig, Andreas Seibel, Holger Giese, On the unification of megamodels, in: Vasco Amaral, Hans Vangheluwe, Cécile Hardebolle, Laszlo Lengyel, Tiziana Magaria, Julia Padberg, Gabriele Taentzer (Eds.), Proceedings of the 4th International Workshop on Multi-Paradigm Modeling (MPM 2010), in: Electronic Communications of the EASST, vol. 42, 2011.

[111] Dominique Blouin, Gilberto Ochoa Ruiz, Yvan Eustache, Jean-Philippe Diguet, Kaolin: a systemlevel AADL tool for FPGA design reuse, upgrade and migration, in: NASA/ESA International Conference on Adaptive Hardware and Systems (AHS), Montréal, Canada, June 2015.

[112] R. Hilliard, I. Malavolta, H. Muccini, P. Pelliccione, On the composition and reuse of view-points across architecture frameworks, in: 2012 Joint Working IEEE/IFIP Conference on Software Architecture and European Conference on Software Architecture, Aug 2012, pp. 131-140.

[113] Rich Hilliard, Ivano Malavolta, Henry Muccini, Patrizio Pelliccione, Realizing architecture frameworks through megamodelling techniques, in: Proceedings of the IEEE/ACM International Conference on Automated Software Engineering (ASE2010), ACM, New York, NY, USA, 2010, pp. 305-308.

[114] Multi-paradigm modeling for cyber-physical systems website, http://mpm4cps.eu/, 2020.

[115] Stefan Klikovits, Rima Al-Ali, Moussa Amrani, Ankica Barisic, Fernando Barros, Dominique Blouin, Etienne Borde, Didier Buchs, Holger Giese, Miguel Goulao, Mauro Iacono, Florin Leon, Eva Navarro, Patrizio Pelliccione, Ken Vanherpen, COST IC1404 WG1Deliverable WG1.1: State-of-the-art on Current Formalisms used in Cyber-Physical Systems Development, Technical Report, 2020.

[116] Rima Al-Ali, Moussa Amrani, Soumyadip Bandyopadhyay, Ankica Barisic, Fernando Barros, Dominique Blouin, Ferhat Erata, Holger Giese, Mauro Iacono, Stefan Klikovits, Eva Navarro, Patrizio Pelliccione, Kuldar Taveter, Bedir Tekinerdogan, Ken Vanherpen, COST IC1404 WG1 Deliverable WG1.2: Framework to Relate / Combine Modeling Languages and Tech-niques, Technical Report, 2020.

[117] Jaroslav Keznikl, Tomas Bures, Frantisek Plasil, Ilias Gerostathopoulos, Petr Hnetynka, Nicklas Hoch, Design of ensemble-based component systems by invariant refinement, in: Proceedings of the 16th International ACM Sigsoft Symposium on Component-based Software Engineering, CBSE '13, ACM, New York, NY, USA, 2013, pp. 91-100.

[118] Michal Kit, Ilias Gerostathopoulos, Tomas Bures, Petr Hnetynka, Frantisek Plasil, An architecture framework for experimentations with self-adaptive cyber-physical systems, in: Proceedings of the 10th International Symposium on Software Engineering for Adaptive and Self-Managing Systems, SEAMS '15, IEEE Press, Piscataway, NJ, USA, 2015, pp. 93-96.

[119] Tomas Bures, Ilias Gerostathopoulos, Petr Hnetynka, Jaroslav Keznikl, Michal Kit, Frantisek

Plasil, DEECo: an ensemble-based component system, in: Proceedings of the 16th International ACM Sigsoft Symposium on Component-based Software Engineering, CBSE'13, ACM, New York, NY, USA, 2013, pp. 81-90.

[120] Rima Al Ali, Tomas Bures, Ilias Gerostathopoulos, Petr Hnetynka, Jaroslav Keznikl, Michal Kit, Frantisek Plasil, DEECo: an ecosystem for cyber-physical systems, in: Companion Proceedings of the 36th International Conference on Software Engineering, ICSE Companion 2014, ACM, New York, NY, USA, 2014, pp. 610-611.

[121] Tomas Bures, Ilias Gerostathopoulos, Petr Hnetynka, Jaroslav Keznikl, Michal Kit, Frantisek Plasil, Gossiping Components for Cyber-Physical Systems, Springer International Publishing, Cham, 2014, pp. 250-266.

[122] F. Krijt, Z. Jiracek, T. Bures, P. Hnetynka, I. Gerostathopoulos, Intelligent ensembles-a declarative group description language and java framework, in: 2017 IEEE/ACM 12th International Symposium on Software Engineering for Adaptive and Self-Managing Systems (SEAMS), May 2017, pp. 116-122.

[123] Filip Krijt, Zbynek Jiracek, Tomas Bures, Petr Hnetynka, Frantisek Plasil, Automated dynamic formation of component ensembles - taking advantage of component cooperation locality, in: Proceedings of the 5th International Conference on Model-Driven Engineering and Software Development-vol. 1: MODELSWARD, INSTICC, SciTePress, 2017, pp. 561-568.

[124] Rima Al-Ali, Uncertainty-Aware Self-Adaptive Component Design in Cyber-Physical System, Technical Report D3S-TR-2019-02, Department of Distributed and Dependable Systems, Charles University, 2019.

[125] T. Bures, P. Hnetynka, J. Kofron, R. A. Ali, D. Skoda, Statistical approach to architecture modes in smart cyber physical systems, in: 2016 13th Working IEEE/IFIP Conference on Software Architecture (WICSA), April 2016, pp. 168-177.

[126] Bart Broekman, Edwin Notenboom, Testing Embedded Software, Addison Wesley, 2003.

[127] Sebastian Wätzoldt, Stefan Neumann, Falk Benke, Holger Giese, Integrated software development for embedded robotic systems, in: Itsuki Noda, Noriaki Ando, Davide Brugali, James Kuffner (Eds.), Proceedings of the 3rd International Conference on Simulation, Modeling, and Programming for Autonomous Robots (SIMPAR), in: Lecture Notes in Computer Science, vol. 7628, Springer, Berlin, Heidelberg, October 2012, pp. 335-348.

第5章 支持赛博物理系统的多范式建模的集成本体

Dominique Blouin[a], Rima Al-Ali[b], Holger Giese[c], Stefan Klikovits[d],
Soumyadip Bandyopadhyay[e], Ankica Barišić[f], Ferhat Erata[g]

a 法国巴黎,巴黎高等电信学院、巴黎理工学院

b 捷克共和国布拉格,查理大学

c 德国波茨坦城,哈索–普拉特纳研究所

d 瑞士卡鲁格,日内瓦大学

e 印度果阿帮桑科莱,博拉理工学院

f 葡萄牙里斯本,NOVA LINCS 研究中心

g 美国康涅狄格州纽黑文,耶鲁大学

5.1 概　述

本章将介绍 MPM4CPS(支持赛博物理系统的多范式建模)本体,通过共享本体、CPS 本体以及 MPM 本体这些领域的跨域概念来集成它们,尤其是 MPM4CPS 本体将适应现有研究工作中关于视角的新的概念形式化方法。这种视角将 MPM 本体的巨模型片段概念与共享本体系统的利益相关方关切以及 CPS 本体开发中 CPS 组成元素集成。CPS 本体在第 3 章中以元模型和特征模型的形式予以指定。在提供的 CPS 元模型和特征模型转换为 OWL 本体之后,我们能够从 MPM4CPS 视角概念中引用采用 OWL 形式所表示的 CPS 本体类。

我们还将扩展共享本体工作流流程的核心概念,从而捕获基于模型的开发流程。特别是,我们将这些流程与其所采用的视角相联系。最后,我们将细化共享本体中引入的工程范式的概念,用以定义我们提出的建模范式的概念,通过现有工作的调整来考虑新的视角。

下面我们将在 5.2 节中简要介绍以本体开发作为起点的最先进的技术;在 5.3 节中详细介绍本体,其中包括我们对这些最新技术的扩展;在 5.4 节中说明本体与之前在第 2 章中介绍的基于合集的 CPS 和 HPI CPSLab 示例的使用方法;在 5.5 节中总结本章以及本书有关 MPM4CPS 基础的第一部分。

5.2 最先进的技术

在参考文献[1]中简要描述了嵌入式实时系统和赛博物理系统开发的集成需要。本节介绍的这些研究报告以及最先进的技术将指导 MPM4CPS 本体的开发,其目的是满足 EBCPS 和 HPI CPSLab 示例开发环境及其 CPS 案例研究的需要。

MPM4CPS 本体以视角概念为中心,与 CPS 研究内容和所采用的形式化方法、语言以及工具相联系,而 Broman 等[2]在框架中采用的是非形式化定义的。正如 4.2 节中已提及的,Broman 等的部分框架也启发了 MPM 本体,其框架本身针对 ISO/IEEE 42010 架构描述标准做出了适应性调整[3],除了重新定义 MPM4CPS 本体建模相关的概念之外,我们已在第 2 章的共享本体中介绍了该标准。

MPM4CPS 本体增强了 Broman 等的框架,丰富了 MPM 本体的建模概念,如巨模型和巨模型片段。此外,本体还考虑基于模型的开发流程,从而通过不同的巨模型片段的编排,用以开发 CPS 特定部分所执行的不同建模活动。最后,这些本体也适合现有的建模范式,并具有形式化及其开发环境的开发流程的特征。

就此,我们将这一最先进的技术分为三个部分。第一部分将介绍视角相关概念的不同的现有研究,包括介绍 ISO/IEEE 42010 标准的视角相关概念以及 Broman 等[2]框架的视角概念;第二部分将介绍基于模型的开发流程中与建模相关的最先进技术;第三部分将简要介绍最先进的建模范式,包括与编程范式紧密相关的主题。

5.2.1 视　角

我们首先介绍 ISO/IEEE 42010 标准有关视角的概念。如图 2.9 所示,ISO/IEEE 42010 标准定义了自身视角的概念——在架构设计中,将一组利益相关方关切与一组用于应对这些关切的模型类型相关联。这些模型类型作为指定架构模型的类型化元素。然后,依据关切和模型类型,我们将应用架构视角来管控系统的相关视图。

Broman 等[2]的框架通过丰富所提供的视角概念,将 ISO/IEEE 42010 标准适用于 CPS 的设计。由支持视角的形式化方法替代 ISO/IEEE 42010 标准模型类型的概念,从而支持执行系统模型相关的不同的活动(见图 4.2)。此外,Broman 等的视角概念中增加了从一个视角到由视角框定的关切相关的设计系统部分的链接。图 5.1 表明了这一点,其中我们为嵌入控制系统的高级驾驶辅助系统(ADAS,如自适应巡航控制)描述了控制鲁棒性设计、控制性能设计以及软件设计的视角示例。使用矩阵方式表明系统的各个部分以及在两个维度轴上和跨域横切点上的关切,并由此进行分组而定义不同的视角。

例如,软件设计视角所框定的性能和 ADAS 控制算法的关切,受到系统软件和计算平台这部分的影响。如图 5.2 所示,这种视角可使用状态机、数据流以及离散事

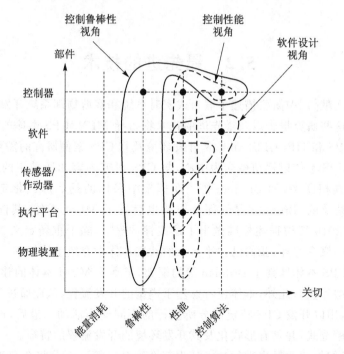

图 5.1 Broman 等的视角矩阵(根据参考文献[2])

件形式化来应对 CPS 设计中的这些关切。

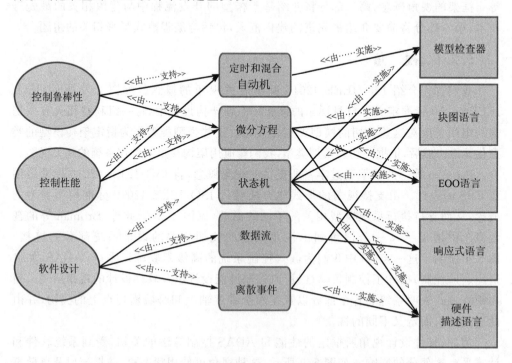

图 5.2 视角示例及其采用的形式方法(根据参考文献[2])

这些概念是 MPM4CPS 本体的核心。此外,我们还希望将这些视角与视图应用的开发流程建立联系,这是 CPS 开发方法和环境的一个重要特征,是 5.2.2 小节的主题。

5.2.2　基于模型的开发流程建模

MPM 提倡在最合适的抽象层级、使用最合适的形式化方法,为将要执行的建模活动中的所有事物进行建模。这不仅包括待开发的系统建模(按照 MPM 本体定义的微建模尺度)以及用于开发系统的模型与建模语言的建模(在巨建模尺度),还包括基于模型的开发流程的建模,该开发流程对与系统模型执行的有关的各种活动进行编排。

遗憾的是,我们在文献中并未找到太多关于这个主题的研究工作。这也是在 MPM4CPS COST 行动计划中发起的一项针对 CPS 的 MPM 系统映射研究的结果[4]。该研究的主要成果是,在有关开发流程的研究报告中,有 38% 通常仅是部分非形式化地描述开发流程;30% 仅是半形式化地按部就班地描述开发流程,且仅是给出自然语言的描述;仅有 32% 提供了一个正式的形式化模型来描述他们所使用的流程。因此,开发流程建模仍然是 MPM4CPS 中的一个重要议题。

然而,我们发现第 4 章的最先进技术中所提到的 FTG+PM(形式化转换图形+流程模型,Formalism Transformation Graph+Process Model,简称 FTG+PM)[5],是唯一的一种开发流程形式化的模型管理语言,因此其似乎是目前 MPM 中定义工程流程最为恰当的语言。图 5.3 表明该语言中的主要概念,在图的左侧,我们看到形

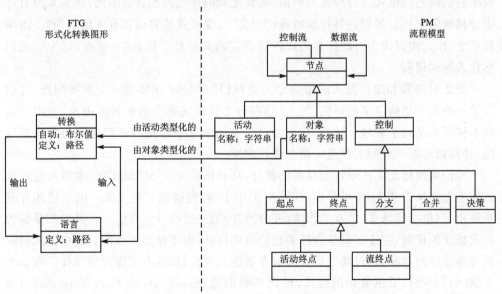

图 5.3　FTG+PM 概念的概述[5]

式化转换图形的概念,描述形式化之间的转换关系的库;图的右侧,则是流程模型(PM)的概念,并均是基于 UML 活动图,该图经适应性调整,由 FTG 部分定义的转换,对活动进行类型化。此外,由活动所处理制品的对象,则由 FTG 部分的语言进行类型化,表示在执行转换时作为活动输入的模型。

FTG 部分可与第 4 章 MPM 本体中的巨模型概念进行对比,而不同之处在于,我们可将巨模型在逻辑上分成片段,而 FTG 模型则不行。此外,形式化之间只定义了一种关系,而 MPM 本体捕获同步、跟踪和细化等多种关系。最后,转换与形式化相关,而不是像 MPM 本体的巨模型关系那样的建模语言。根据我们对形式化以及建模语言的定义,我们必须与建模语言建立联系,因为它们是形式化的具体实现。

FTG+PM 语言,以及第 4 章的巨建模概念和第 2 章共享本体的工作流流程概念,将作为在 MPM4CPS 本体中定义基于模型的流程建模的基础。

5.2.3 建模范式

另一个与 MPM 相关的重要概念是建模范式。最初我们发现,尽管这个概念最早起源于 1996 年[6],但并不具有精确的定义。然而,可将建模范式的概念看作编程范式概念的泛化(一般化),因为编程语言可视为建模语言的一个子集合。编程范式最早起源于三十多年前[7,8],定义为对不同编程语言使用的不同方法或风格进行分类。由于软件系统日益体现出异构性,需要解决的问题种类也越来越多,因此我们需要开发不同的方法或范式来解决这些问题。因此,创造出了大量的编程语言,并可以根据它们的底层范式进行分类。然而,编程范式的概念因作者而不同,也从来没有过十分精确的表述。我们在寻找最精确的定义[9],非正式地将编程范式定义为"一组编程概念,由此组织成为一种称为范式内核语言的简单核心语言"。然而,这个定义仍然让人感到模糊。

缺乏对编程和建模范式的精确定义是我们的 MPM 本体的一个重要问题,这引发了一些关于精确定义的研究[10,11]。这部分工作已在第 2 章中有所提及,介绍了共享本体及其范式子领域。然而,我们提出仅有的独立于建模的那部分作为其抽象层级,并足以对更一般的工程范式概念进行建模。

我们将构建此工作中特定建模的部分,从而精确定义 MPM4CPS 本体的建模范式的概念。从图 2.11 中可看出,在这项工作中,将建模范式定义为:用于描述开发系统语言(包括其语义)以及工作流(开发流程)的一组特性。我们可将其看作是编程范式概念的扩展,它通常只是表征编程语言的特征,而不涉及工作流。简单范式的示例可能是面向对象,它仅属于形式化或者敏捷式开发,仅具有工作流的特征。在参考文献[11]中研讨了更复杂的范式,即同步数据流(Synchronous Data Flow,SDF)和离散事件动态系统(Discrete Event Dynamic Systems,DEv),其将在5.3 节中进一步讨论,我们将详细介绍 MPM4CPS 本体。

5.3　本　体

在本节中，我们将概述 OWL 的 MPM4CPS 本体，其中，定义了前几章介绍的共享本体、MPM 本体以及 CPS 本体之间的跨域横切的概念。我们首先将 MPM4CPSDC 领域概念类定义为共享本体领域概念（DomainConcept）类的子类，用以组织 MPM4CPS 集成的领域类（见图 5.4）。本节中定义的所有类都是 MPM4CPS 领域的一部分，因此，也作为 MPM4CPS 子领域类的子类。

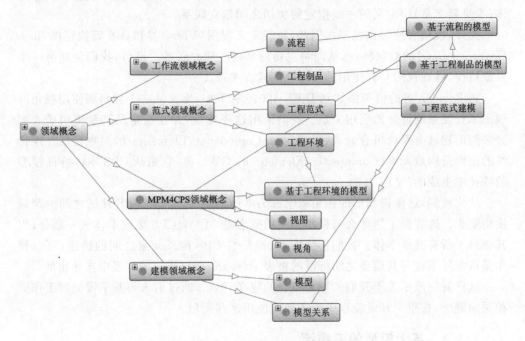

图 5.4　OWL 的 MPM4CPS 本体概览

基于上一章介绍的最先进技术，我们首先定义视角的概念，它的灵感来自 Broman 等的框架，但针对 MPM 本体巨模型以及巨模型片段做了适应性的调整。然后，我们细化共享本体的工作流流程子领域（参见 2.5 节），使其可专门用于基于模型的开发。最后，我们进一步细化共享本体的工程范式的概念，从而定义一个更特定的建模范式概念。

5.3.1　视　角

首先定义视角的概念，这个概念的灵感源于 Broman 等的框架定义（见图 4.2 和图 5.1），其定义本身针对 IEEE 42010 标准[3]（见图 2.9）视角概念做了适应性调整。与 IEEE 42010 的视角概念相比，Broman 等的框架概念取代模型类型（ModelKind，

119

见图 2.9),并通过一组形式化(Formalism)支持视角来表示建模语言。

然而,我们已在 MPM 本体中看到如何定义巨模型片段(MegamodelFragment)的概念,并共同使用最合适的模型关系(ModelRelation)来组织建模语言,从而支持开发流程的活动,如第 4 章 HPI CPSLab 开发流程仿真阶段的模型测试活动。因此,我们使用巨模型片段替代 Broman 等框架的形式化集合,并定义具有支持巨模型片段(hasSupportingMegamodelFragments)的对象特性,将在视角与一组支持巨模型片段之间建立联系。

根据 IEEE 42010 标准,视角在于框定(frame)利益相关方的关切(见图 2.9)。因此,我们创建具有框架关切(hasFramedConcern)的对象特性,将在视角与共享本体(参见第 2 章)中定义的一组框定的关切之间建立联系。

此外,视角管控架构视图。因此,我们定义视图(View)类和具有管控视图(has-GovernedView)的对象特性,从而将视角与其视图建立联系。最后,我们创建另一个对象特性,将在视图与其使用的模型之间建立关系。

将 Broman 等的框架添加到 IEEE 42010 标准中,定义从一个视角到使用视角的视图来开发系统部分的引用关系。我们采用这一特性,并在视角及其系统构成或部分之间创建具有系统组合元素(hasSystemCompositentElements)的对象特性。该特性的范围是构成元素(CompositentElement)的 OWL 类,它是从 CPS 本体特征模型的特征中生成的(见图 3.2)。

应注意到,这使得我们的视角概念成为本体框架 MPM 和 CPS 领域之间的跨域横切概念。这解释了为什么与视角相关的概念是 MPM4CPS 集成本体的一部分,因其依赖于所有其他本体。我们还注意到,视角与 CPS 构成元素之间的链接,可以视作是从实际系统与其模型之间标准的被表示(representedBy)的关系中推导出的[12]。

这样就完成了关于我们的视角概念的定义,然后,通过引入与基于模型的工作流相关的概念,在整个开发流程中考虑如何使用这些视角。

5.3.2　基于模型的工作流

我们在第 2 章的共享本体中介绍了受 WFMC‐TC‐1025 标准启发的核心工作流流程建模的概念。另一方面,5.2.2 小节中介绍的 FTG＋PM 流程建模语言定义了类似的流程建模概念,这些概念源自于 UML 的活动图。WFMC‐TC‐1025 标准的一个优点是其更广泛地用于工作流领域。例如,可对嵌入式和外部子流程进行建模。此外,活动执行者的概念也包含执行活动的模型工具或人员。在 FTG＋PM 中,执行者概念隐含在活动概念中,在转换类中声明人员/工具特征,见图 5.3 中转换(transformation)类的自动(auto)属性。

为开展工业级流程的建模,我们需要增加工作流子领域的丰富性,例如 HPI CPSLab 示例,该示例重用汽车领域的当前现有方法(见图 2.19)。而与 FTG＋PM 语言相反,WFMC‐TC‐1025 标准没有提及建模,只是在活动执行者与处理的数据字段之间建立链接(见图 2.6),这些数据字段由流程中声明的相关数据进行类型化。我们已通过捕获的建模语言及其关系的巨模型来涵盖 MPM 本体中与 FTG 相关的概念,但通过所提供的不同类型转换关系,方法更加精细。此外,我们的巨模型是层级化的[①],可用以捕获背景环境的模型转换关系。

因此,我们的 MPM4CPS 本体的流程概念将重用共享本体的核心流程概念,也要重用流程模型与 FTG+PM 语言的 FTG 之间的链接,但使用更丰富的元模型片段的概念取代 FTG。下面我们将给出作为 MPM4CPS 本体的一部分的基于模型的工作流流程的概念。

5.3.2.1 基于模型的流程

我们首先将共享本体的流程(Process)类子类化为基于模型流程(ModelBased-Process)类,从而表示所有流程是在操作模型而不是操作数据字段。基于模型的名称选择遵循基于模型的工程范式的命名。

与 WFMC－TC－1025 标准相反,基于模型流程(ModelBasedProcess)并不声明由活动执行者所处理的数据字段的类型。相反,可通过具有视角(hasViewPoint)的对象特性,将一组视角与流程链接,以便将数据类型声明为在相关巨模型片段下分组的元素。类似于 FTG+PM 语言,这些类型是建模语言,它们的关系在巨模型片段中声明。

5.3.2.2 活动执行者

将 MPM 本体的建模工具(ModellingTool)类声明为共享本体的工具(Tool)类的子类,该类也是共享本体的工作流子领域的应用(Application)活动执行者类的子类。因此,我们可通过任何活动将建模工具直接当作活动的执行者。同样,MPM 本体的建模人员(ModellingHuman)资源也是工作流子领域的应用(Appliction)活动执行者类的子类。因此,我们可将建模人员直接用作活动执行者来表示手动执行的建模活动。

最后,我们可以使用 MPM 本体的具有转换规范(hasTransformationSpecifications)的对象特性,将活动执行者资源与在活动相关视角中声明的执行转换关系相联系。

5.3.3 建模范式

在共享本体中,我们提供工程范式(EngineeringParadigm)的概念,将其定义为工程所发生环境的特征。在此,我们对该定义进行细化,从而使其能够表征基于模型的工程环境及其使用的基于模型的制品。

为了定义我们的建模范式概念,首先通过基于模型的工程事件(ModelBased-

---

① 此版本的 MPM 本体尚未涵盖这一点。

EngineeringEnv)类将共享本体的工程环境(EngineeringEnvironment)类子类化。同样,我们将基于模型的工程制品(ModelBasedEngineeringArtifact)定义为工程制品(Engineering-Artifact)的子类。我们还创建基于模型工程制品(ModelBased-EngineeringArtifact)的 MPM 本体子类的核心模型的模型(Model)以及模型关系(ModelRelation)类。因此,作为模型(Model)子类的 MPM 本体的所有元素也是基于模型的工程制品(ModelBasedEngineeringArtifacts)。我们还创建基于模型流程(ModelBasedProcess)类以及基于模型工程制品(ModelBasedEngineeringArtifacts)。最后,我们创建具有制品(hasArtifacts)的对象特性的具有建模制品(hasModelling-Artifact)的子特性,分别将基于模型的工程事件(ModelBasedEngineeringEnv)和基于模型工程制品(ModelBasedEngineeringArtifacts)类作为领域和范围。

然后,我们将建模工程范式(ModellingEngineeringParadigm)类定义为共享本体的工程范式(Engi-eneringParadigm)类的子类。正如共享本体中所定义的,工程范式声明构成该范式的工程制品的特征。因此,在我们对建模范式的精确定义中,将范式特征的范围细化为建模制品。请注意,与最先进技术这一节中介绍的[11]定义相比,我们的定义更为广泛,因为它是由任何建模制品组成的范围,并不限定于建模语言和工作流。

可以考虑由几种方式来表示范式的特征。在共享本体中,我们将这些特征表示为特性,包括其表示以及决策流程。我们引用参考文献[11]研究工作中的这些概念。下面我们将更详细地介绍它们表示范式特征的方式。

从图 2.11 中可看出,表示特征的特性实际上意味着在范式结构(paradigmatic structure)中得以评估,范式结构将一些范式特征表示为在形式化和工作流上检查的模式。因此,检查一组建模制品是否实现范式的第一步,是基于所考虑的建模制品匹配的范式结构。一旦发现是匹配的,我们就可以根据结构评估范式特性,从而完全确定制品是否满足该范式。

为了表达范式结构,作者定义了一种适合的元模型语言,其中类是由其他语言匹配的占位符。因此,建模制品,如语言与流程,也必须表示为用于范式满足程度检查的元模型。该方法还赖于这样的一个事实:我们将语言语义表示为语义领域,也将其语言表示为元模型,以便它们也能够由范式结构所表征。在该方法中,预期建模制品的提供者负责将其制品映射到范式结构。这也是该方法的一个缺点,它可能会使工业异构建模环境下的范式满足程度评估变得异常困难。对于已表示为元模型的语言、工作流及其语义领域,相对更容易。然而,对于其他元建模的技术空间,如语法,则需要转换。此外,语言的语义通常不是形式化的,而是嵌入到执行该语言工具的编程代码中,这使得范式识别的工作更加困难。

尽管如此,参考文献[11]的尝试尚属首次,也是正在开展的建模范式的定义,其将在未来得以改进。因此,在当前阶段,我们还不能在该本体中精确地表示范式特征。此外,由于我们的建模范式定义范围更广,而参考文献[11]中提出的范式结构又过于局限。就此,我们将在 5.4.3 小节中为 HPI CPSLab 提供一个表示范式特征的示例。

另一个重要的陈述是参考文献[11]与我们对 MPM 本体关于形式化概念的定义有所不同。参考文献[11]的作者使用参考文献[13]中的定义(见图 4.1),其中将形式化方法定义为"一种语言、一个语义领域以及在语言中为模型赋予含义的语义映射功能"。在 MPM 本体中,我们遵循 Broman 等[2]的框架,其中形式化方法定义为"由抽象句法和一个形式化语义组成的数学对象",建模语言是"形式化的具体实现"。Broman 等进一步指出,一种语言的语义可能与他们实现的形式化语义略有不同。

接下来是我们如何理解形式化方法定义与参考文献[11]范式之间的区别,哪些范式仅表征形式化特征,要依照参考文献[13]中的定义。这与在参考文献[11]中研究的作为范式示例所使用的同步数据流(SDF)和离散事件动态系统(DEv)更为相关。在某种程度上,作者其至认为 SDF 范式是一种"概念上的形式化"。此外,我们将这两种范式在形式化、建模语言以及工具目录[14]中分类为形式化,该目录是在MPM4CPS COST 行动计划项目中创建的。因此,一项研究未来研究工作将由研究目录的所有其他形式化组成,如 Petri 网、抽象状态机、混合自动机,并使用探索性建模来更好地理解形式化的概念。

5.4　示　例

在本节中,我们将说明 5.3 节中介绍的 MPM4CPS 集成本体如何满足开发环境及其 CPS 案例研究(如 EBCPS 和 HPI CPSLab 示例)的综合建模的需要。对于其中的每个示例,首先我们从所采用的一些视角开始建模,这些视角与其利益相关方的关切、第 4 章所采用的巨模型片段以及第 3 章的 CPS 部分有关。

接下来,我们将表明如何捕获每个案例的工程方法论,包括其不同阶段以及在各个阶段所采用的活动。其中的每个活动都会使用到一个工作流流程,而该流程使用之前定义的某个视角。我们将根活动(root activities)分解为一系列的子活动,将这些子活动的活动执行者设置为第 4 章中描述的适当的建模工具以及人员。应注意,我们在此并没有完整地介绍工程方法论和流程,而是只说明 MPM4CPS 集成本体需要用到的那部分。

最后,我们将通过使用基于同步数据流(SDF)的建模语言的一些活动,阐明 SDF范式的建模,其中集成本体描述某一示例开发环境的特征。

5.4.1　基于合集的赛博物理系统(EBCPS)

我们给出关于 MPM4CPS 本体的基于合集的赛博物理系统(简称 EBCPS)示例的建模细节。EBCPS 方法论是一种仅包含仅有一个阶段的简单方法。本文为 HPI

CPSLab 方法论提供一个更全面的示例，该方法论包含三个阶段。在本示例中，我们使用第 4 章中定义的巨模型片段的划分，即按照建模语言而不按照 HPI CPSLab 案例的活动进行划分。因此，我们的视角可使用多个巨模型片段，并且活动流程可引用多个视角。

5.4.1.1　方法论

我们将基于合集的赛博物理系统方法论(EBCPSMethodology)定义为工程方法论(EngineeringMethodology)类的实例，该类包含一系列的阶段。在我们的案例中，第 2 章中介绍的自主车辆场景仅使用一个由仿真阶段组成的阶段。

方法论

- 工程方法论：基于合集的赛博物理系统方法论(EBCPSMethodology)。
  - 具有阶段的工程阶段(hasStages EngineeringStage)：基于合集的赛博物理系统仿真阶段（EBCPSSimulationStage）。

5.4.1.2　方法论的实施流程

根据我们对共享本体的工作流子领域的定义，一种方法论并没有指定如何实现它，因为对于一种给定的方法论，可能存在多种实现方式。因此，我们将 EBCPS 流程定义为 EBCPS 方法论的一个实现方式。

该流程定义了一个活动集，用以指定 EBCPSP 流程的不同根建模(root model-ling activities)活动的活动和转换。这些活动在 EBCPS 方法论实施单个的仿真阶段。仿真阶段的根活动如下：

活动集

- 具有集活动子流(hasSetActivities SubFlow)：RequirementsRootActivity 需求根活动。
  - 实施阶段(isImplementingStage)：EBCPSSimulationStage 仿真阶段；
  - 具有子流程(hasSubProcess)：RequirementsProcess 需求流程。
- 具有集活动子流(hasSetActivities SubFlow)：DesignRootActivity 设计根活动。
  - 实施阶段(isImplementingStage)：EBCPSSimulationStage EBCPS 仿真阶段；
  - 具有子流程(hasSubProcess)：DesignProcess 设计流程。
- 具有集活动子流(hasSetActivities SubFlow)：RuntimeRootActivity 运行时根活动
  - 实施阶段(isImplementingStage)：EBCPSSimulationStage 仿真阶段；
  - 具有子流程(hasSubProcess)：RuntimeProcess 运行时流程。
- 具有转换的转换(hasTransitions Transition)：需求到设计的转换、设计到运行时的转换。

为每个根活动呈现的流程声明更加细粒度的活动,如编辑模型、仿真模型以及检查仿真结果等。有些活动是由人员(即设计人员)执行的,如捕获需求并实现具有自适应支持的组件。其他活动可通过如仿真工具之类的工具执行。

每个过程都将使用到一个视角,该视角指定流程所应对的问题、正在开发的CPS部分及其所使用的巨模型片段。这些巨模型片段指定支持流程活动的建模语言及其关系。接下来,我们首先介绍这些视角。

视 角

- 视角(Viewpoint):组件自主视角 VP(ComponentAutonomyVP)。
  - 具有框定的关切(hasFramedConcerns):安全性关切、适应性关切、效率性关切;
  - 具有系统构成的元素(hasSystemConstituentElements):控制器、装置、传感器、作动器;
  - 具有支持巨模型的片段(hasSupportingMegaModelFragments):需求巨模型片段(RequirementsMegaModelFragment)、设计巨模型片段(Design-MegaModelFragmen)、运行时巨模型片段(RuntimeMegaModelFragment)、自适应巨模型片段(Self-AdaptationMegaModelFragment)。
- 视角(Viewpoint):组件合作视角 VP(ComponentsCooperationVP)。
  - 具有框定的关切(hasFramedConcerns):安全性关切、效率性关切;
  - 具有系统构成的元素(hasSystemConstituentElements):通信、控制器、装置、传感器、执行器;
  - 具有支持巨模型的片段(hasSupportingMegaModelFragments):需求巨模型片段(RequirementsMegaModelFragment)、设计巨模型片段(Design-MegaModelFragment)、运行时巨模型片段(RuntimeMegaModelFragment)、仿真巨模型片段(SimulationMegaModelFragment)。

活动子流程

- 基于模型的流程(ModelBasedProcess):需求流程(RequirementsProcess)。
  - 活动集(ActivitySet):编辑模型——将要创建 IRM 模型,开发人员需要定义系统中的不变量及其与流程和知识交换的关系,这些不变量可以具有假设。这些流程与同时也是 IRM 模型一部分的组件角色相关联。完成建模部分后,是从 IRM 模型生成 Java 代码中的组件以及合集的框架。
  - 具有视角(hasViewPoint):组件自主视角 VP(ComponentAutonomyVP)、组件合作 VP 视角(ComponentsCooperationVP)。
- 基于模型的流程(ModelBasedProcess):设计流程(DesignProcess)。
  - 活动集(ActivitySet):编辑模型——开发人员使用框架实现组件以及合集中的流程。在这一部分中,开发人员可支持组件中的模式切换。在该示例中,车辆组件中有一个控制器和一个装置,也应实现。

- 具有视角(hasViewPoint)：组件自主视角 VP(ComponentAutonomyVP)、组件合作视角 VP(ComponentsCooperationVP)。
- 基于模型的流程(ModelBasedProcess)：运行时流程(RuntimeProcess)。
- 活动集(ActivitySet)：运行模型、结果模型——开发人员可执行设计模型并运行组件以及合集(即 DEECoRuntime-model)，生成日志作为输出。运行时环境监控组件，并在需要时执行模式切换。同时，仿真模型与 DEECo-RuntimeModel 同步运行。
- 具有视角(hasViewPoint)：组件控制视角 VP(ComponentControlVP)、组件合作视角 VP(ComponentsCooperationVP)。

5.4.2　HPI 赛博物理系统实验室

HPI 赛博物理系统实验室(HPI CPSLab)及其方法论，包括多种形式化设置支持的多个阶段，提供了一个开发流程的综合示例，其中开发的系统从仿真阶段的纯模型开始逐步构建，并在随后的原型开发以及预生产阶段逐步集成越来越多的实际制品(见图 2.19)。

我们使用 MPM4CPS 本体，介绍这个流程建模及其所使用的一种建模范例。首先，我们介绍方法论的建模及其各个阶段；然后，针对每个阶段，我们给出实施该阶段的不同活动的详细建模工作，包括所采用的视角；最后，我们将介绍 HPI 赛博物理系统实验室流程及其视角所采用的简单建模范式。

5.4.2.1　方法论

我们定义共享本体工作流子领域(参见第 2 章)工程方法论(EngineeringMethodology) 类的赛博物理系统实验室方法论(CPSLabMethodoology)的实例，以捕获 HPI CPSLab 方法论及其阶段集，如图 2.19 所示。通过将每个阶段表示为工程阶段(EngineeringStage)类的实例并创建用以定义各个阶段间顺序的具有下个阶段(hasNextStage)的对象特性的实例而得以实现。

方法论

- 工程方法论(EngineeringMethodolog)：CPSLab 方法论(CPSLabMethodology)。
- 具有阶段的工程阶段(hasStages EngineeringStage)：CPSLab 仿真阶段(CPSLabSimulationStage)。
  - 具有下个阶段(hasNextStage)：CPSLab 原型开发阶段(CPSLabPrototypingStage)。
- 具有阶段的工程阶段(hasStages EngineeringStage)：CPSLab 原型开发阶段 (CPSLabPrototypingStag)。
  - 具有下个阶段(hasNextStage)：CPSLab 预生产阶段(CPSLabPreproductionStage)。
- 具有阶段的工程阶段(hasStages EngineeringStage)：CPSLab 预生产阶段

（CPSLabPreproductionStage）。

5.4.2.2　方法论实现流程

我们定义基于模型的流程（ModelBasedProcess）类的根赛博物理系统实验室流程（CPSLabProcess）的实例来实现赛博物理系统实验室方法论（CPSLabMethodology）。此流程定义一个活动集，定义根活动以及转换，从而编排它们。每个活动将帮助实现EBCPS方法论的一个阶段。此外，将每个根活动都分解为细粒度的活动，如声明的关联子流程。

活动集

- 具有集活动子流（hasSetActivities SubFlow）：MT 活动（MTActivity）。
  - 实施阶段（isImplementingStage）：CPSLab 仿真阶段（CPSLabSimulationStage）；
  - 具有子流程（hasSubProcess）：MT 流程。
- 具有集活动子流（hasSetActivities SubFlow）：MiL 活动（MiLActivity）。
  - 实施阶段（isImplementingStage）：CPSLab 仿真阶段（CPSLabSimulationStage）；
  - 具有子流流程（hasSubProcess）：MiL 流程（MiLProcess）。
- 具有集活动子流（hasSetActivities SubFlow）：RP 活动（RPActivity）。
  - 实施阶段（isImplementingStage）：CPSLab 仿真阶段（CPSLabSimulationStage）；
  - 具有子流程（hasSubProcess）：RP 流程（RPProcess）。
- 具有集活动子流（hasSetActivities SubFlow）：SiL 活动（SiLActivity）。
  - 实施阶段（isImplementingStage）：CPSLab 原型开发阶段（CPSLabPrototypingStage）；
  - 具有子流程（hasSubProcess）：SiL 流程。
- 具有集活动子流（hasSetActivities SubFlow）：HiL 活动（HiLActivity）。
  - 实施阶段（isImplementingStage）：CPSLab 原型开发阶段（CPSLabPrototypingStage）；
  - 具有子流程（hasSubProcess ）HiL 流程（HiLProcess）。
- 具有集活动子流（hasSetActivities SubFlow）：STA 活动（STActivity）。
  - 实施阶段（isImplementingStage）：CPSLab 预生产阶段（CPSLabPreproductionStage）；
  - 具有子流程（hasSubProcess）：ST 流程（STProcess）。
- 具有转换的转换（hasTransitions Transition）：MT 到 MiL 转换（MT2MiLTransition）。
- 具有转换的转换（hasTransitions Transition）：MiL 到 RP 转换（MiL2RPTransition）。

- 具有转换的转换（hasTransitions Transition）：RP 到 SiL 转换（RP2SiL-Transition）。
- 具有转换的转换（hasTransitions Transition）：MiL 到 SiL 转换（MiL2SiL-Transition）。
- 具有转换的转换（hasTransitions Transition）：SiL 到 HiL 转换（SiL2HiL-Transition）。
- 具有转换的转换（hasTransitions Transition）：HiL 到 ST 转换（HiL2ST-Transition）。

转换作为适当条件的实例化（此处未显示）来定义活动的执行顺序。应注意，声明的顺序必须与方法论定义的实施阶段顺序总体一致。总体一致意味着，在前一阶段的活动至少应执行一次，在此之前，绝不能执行之后的另一阶段的活动。实际上，尽管在本例中并未表明，但如果在当前阶段发现的错误是在早期阶段所引入的，则根活动转换可能将会返回到前一阶段的活动。

接下来的章节中，我们将介绍每个阶段的视角以及使用这些视角的根活动的流程。

5.4.2.3　仿真阶段

仿真阶段的目的是定义系统的控制律。与接下来的两个阶段相反，它的活动仅使用第 4 章中的巨模型片段捕获的模型来表示系统及其环境。

对于 HPI CPSLab 示例，我们定义一组每个根活动特定的视角。这与 EBCPS 示例不同，在该示例中，重用现有视角（例如来自库中的视角）来支持活动。在这种情况下，我们定义三个视角来支持仿真阶段的每个根建模活动，如下：

视　角

- 视角（Viewpoint）：CPSLabMT 控制算法视角 VP（CPSLabMTControl-AlgorithmVP）。
  - 具有框定的关切（hasFramedConcern）：控制算法（ControlAlgorithm）；
  - 具有系统构成的元素（hasSystemConstituentElements）：控制算法（ControlAlgorithm）；
  - 具有支持巨模型的片段（hasSupportingMegaModelFragments）：CPSLab-MTMMF。
- 视角（Viewpoint）CPSLabMiL 控制算法视角 VP。
  - 具有框定的关切（hasFramedConcerns）：控制算法、稳定性、安全性、可靠性；
  - 具有系统构成的元素（hasSystemConstituentElements）：控制器、装置、传感器、作动器；
  - 具有支持巨模型的片段（hasSupportingMegaModelFragments）：CPSLab-MiLMMF。

- 视角（Viewpoint）：CPSLabRP 控制算法视角 VP。
  - 具有框定的关切（hasFramedConcerns）：控制算法、稳定性、安全性、可靠性；
  - 具有系统构成的元素（hasSystemConstituentElements）控制器、设备、传感器、作动器；
  - 具有支持巨模型的片段（hasSupportingMegaModelFragments）：CPSLab-RPMMF。

每个视角都在应对设计中系统控制算法的问题，并使用 MPM 本体第 4 章示例部分中定义的巨模型片段来捕获所使用的建模语言及其关系。此外，CPSLabMiL 控制算法视角法 VP（CPSLabMiLControlAlgorithmVP）和 CPSLabRP 控制算法视角 VP（CPSLabRPControlAlgorithmVP）还应对其他的关切，如稳定性、安全性以及可靠性，这是由于装置模型向控制器提供反馈，而不是模型测试活动的静态输入数据。

这些视角都描述不同抽象层次的赛博物理环境。MATLAB/Simulink 控制模型（ControlModel）捕获的赛博领域中的抽象控制算法，面对输入数据和预期结果中所示的物理原理。对于每个视角，这是不同的模型，如静态数据模型（MT）、装置模型（MiL）以及详细的机器人模型（RP）。因此，所有视角都涵盖了这些模型代表的所关注的系统组成部分，即控制器、装置、传感器以及执行器元件。我们还有一个多形式化的环境设置，其中控制是离散的，而输入数据至少在概念上是连续的。

根活动子流程

每个根子流活动由一个子流程进一步描述，该子流程根据细粒度活动，如编辑模型和执行模型转换，指定其分解。此外，负责定义执行其活动的背景环境的流程，与提供此类背景环境的视角关联。下面我们将列出根活动子流程及其关联的视角。作为示例，我们将在下一节中介绍模型测试子流程的细粒度活动。

- 基于模型流程（ModelBasedProcess）：CPSLabMT 流程。
  - 活动集（ActivitySet）。
  - 具有视角（hasViewPoint）：CPSLABMT 控制算法视角 VP。
- 基于模型流程（ModelBasedProcess）：CPSLabMiL 流程。
  - 活动集（ActivitySet）。
  - 具有视角（hasViewPoint）：CPSLabMiL 控制算法视角 VP。
- 基于模型流程 ModelBasedProcess：CPSLabRP 流程。
  - 活动集 ActivitySet。
  - 具有视角（hasViewPoint）：CPSLabRP 控制算法视角 VP。

模型测试子流程（CPSLabMTProcess）

我们在此将构成 CPSLabMTProcess 的子活动集描述为一个示例。与编排根活动的流程一样，这是通过创建块活动及其活动集来达成的。但我们首先定义执行活动的活动执行者。

活动执行者

- 建模人员（ModellingHuman）：控制工程执行者（ControlEngineerPerformers）。
  - 具有转换规范（hasTranformationSpecifications）：编辑输入模型操作（Edit-InputModelOperation）、编辑控制模型操作（EditControlModelOperation）、编辑装置模型操作（EditPlantModelOperation）、编辑有效性结果模型（EditValidityResultsModel）等。
- 建模工具（ModellingTool）：仿真工具（SimulinkTool）。
  - 具有转换规范（hasTranformationSpecifications）：仿真模型操作（Simulate-ModelOperation）等。

之后，我们将按照下面的列表定义细粒度的活动。

活动集

- 具有集活动的活动（hasSetActivities Activity）：MT 编辑输入模型（MTEdit-InputModel）。
  - 具有活动执行者（hasActivityPerformer）：控制工程执行者（ControlEngineerPerformer）。
- 具有集活动的活动（hasSetActivities Activity）：MT 编辑控制模型（MTEdit-ControlModel）。
  - 具有活动执行者（hasActivityPerformer）：控制工程执行者（ControlEngineerPerformer）。
- 具有集活动的活动（hasSetActivities Activity）：MT 仿真控制模型（MTSim-ulateControlModel）。
  - 具有活动执行者（hasActivityPerformer）：仿真工具（SimulinkTool）。
- 具有集活动的活动（hasSetActivities Activity）：MT 检查仿真结构（MT-CheckSimulationResults）。
  - 具有活动执行者（hasActivityPerformer）：控制工程执行者（ControlEngineerPerformer）。
- 具有转换的转换（hasTransitions Transition）：编辑输入 2 编辑控制转换（EditInput2EditControlTransition）。
- 具有转换的转换（hasTransitions Transition）：编辑控制 2 仿真控制转换（EditControl2SimulateControlTransition）。
- 具有转换的转换（hasTransitions Transition）：检查结果 2 编辑控制转换（CheckResults2EditControlTransition）。
  - 具有条件（hasCondition）：有效结果（ValidResults）。
- 具有转换的转换（hasTransitions Transition）。

在不同活动之间定义转换。应注意，这是实际工作流的简化版本，因为活动的顺序可能取决于几个条件。例如，MTCheckSimulationResults 和 MTEditControl-Model 活动之间的转换 CheckResults2EditControlTransition 有一个条件。此类条件评估 ValidityResultsModel 的某些属性，这些属性是设计者在 MTCheckSimulation-Results 活动中设置的，并表明结果是否正确。如果不正确，则可以再次编辑控件。如果正确，则流程结束，默认情况下返回到调用子流的根活动。

在部署时，包含活动执行者要处理的模型的应用巨模型可以绑定到此结构，以便在实际模型上执行流程。

其他两个 CPSLabMiLP 流程和 CPSLabRPProcess 流程的定义遵循前面介绍的 CPSLabMTProcess 的原则，在此不再做介绍。所有细节都可从参考文献[15]访问的本体文件中找到。

5.4.2.4　原型开发阶段

与仅利用模型的仿真阶段相比，原型开发阶段更加聚焦于从设计到实现的转变。在这一阶段，源代码发挥着主要的作用，并将其逐步纳入正在开发的系统中。由于有限的执行平台资源所导致的实现约束，如变量离散化以及时间离散化等，目的是确保能够恰当地处理这些实现约束，从而满足系统的需求。因此，本阶段的关切与性能、准确性相关，本阶段活动在于优化相关的参数，如数据表示格式、调度周期、传感器采样率等。

对于 HPI CPSLab 方法论的原型开发阶段和下一个预生产阶段，我们将只提供视角规范。根活动子流程的建模会非常简单，并且遵循与仿真阶段相同的原则。

与仿真阶段一样，我们为实现原型开发阶段的两个根活动定义了一个视角（见图 2.19）。因此，对于每个阶段的活动，我们首先介绍活动，然后定义其所支持的视角。

软件在环（简称 SiL）

对于软件在环（SiL）活动，完全集成到 MATLAB Simulink 中的工具 Target-Link，用于从 Simulink 行为模型中生成 C 代码。这使得我们能够无缝地将功能和控制算法从模型级的连续行为迁移到软件中的离散化的近似实现，可为所需的目标平台的特性配置代码生成的几个参数。我们可以分析不同的影响，并将结果与仿真阶段获得的结果进行对比。

原型开发阶段包括两种形式的软件在环（SiL）的活动。第一种形式包括在台式计算机的仿真器上执行所开发的软件，如图 4.29 所示。MATLAB/Simulink 和 AUTOSAR SystemDesk 模型（SystemModels）捕获的赛博领域中的详细控制算法与仿真器中的复杂机器人模型（RobotModel）中的物理相结合。因此，显然我们具有一个赛博物理环境。由于控制是离散的，而复杂的机器人模式至少在概念上是连续的，因此我们再次采用了多形式化环境设置。当机器人控制软件与复杂的机器人仿真器并行运行时，通过协同仿真来检查一致性。

第二种形式的 SiL 还包括在台式计算机上执行软件，但在这种情况下，是针对远程控制的真实机器人执行的,如图 4.30 所示。在这种情况下,从机器人读取真实的传感器数值,控制真实作动器,因此需要包括传感器噪声等在内的其他影响。此时,来自赛博领域的同样详细的控制算法与真正的远程控制机器人的物理相结合。机器人控制软件与远程控制机器人并行运行时,通过协同执行检查一致性。

硬件在环(HiL)

硬件在环(HiL)活动包括在机器人上执行软件,如图 4.30 所示,或在具有调试和校准接口的特殊评估实验板上执行,与最终硬件执行平台类似。最终平台的受限资源由桌面计算机几乎无限的执行资源所替代,因此,资源消耗等问题可能会增加到该活动中。

通过其巨模型片段,这项活动确保 MATLAB/Simulink 模型(ControlModel)捕获的赛博领域中的详细控制算法与机器人中存在的物理相结合,因此我们具有一个清晰的赛博物理环境。通过在机器人上执行软件来检查一致性。

所有这些 SiL 和 HiL 活动,实际上应对有关系统相同的关切。其区别在于使用了不同抽象层级的不同模型(包括实际硬件)。因此,我们定义以下内容中的视点:

视　角

● 视角(Viewpoint):CPSLabSiL 软件设计视角 VP(CPSLabSiLSoftware-DesignVP)。
  ● 具有框定的关切(hasFramedConcerns):控制算法、稳定性、安全性、可靠性;
  ● 具有系统构成的元素(hasSystemConstituentElements):软件(特征模型中的赛博)、执行平台(特征模型的控制);
  ● 具有支持巨模型的片段(hasSupportingMegaModelFragments):CPSLab-SiLMMF。
● 视角(Viewpoint):CPSLabHiL 软件设计视角 VP(CPSLabHiLSoftware-DesignVP)。
  ● 具有框定的关切(hasFramedConcerns):控制算法、稳定性、安全性、可靠性、资源消耗;
  ● 具有系统构成的元素(hasSystemConstituentElements):软件(特征模型中的赛博)、执行平台(特征模型的控制);
  ● 具有支持巨模型的片段(hasSupportingMegaModelFragments):CPSLab-HiLMMF。

5.4.3　建模范式

我们在这里将表明 HPI CPSLab 采用的一个范式建模示例,即同步数据流(SDF),描述见参考文献[11]。然后,我们将介绍在 MATLAB/Simulink 工具中使用该范式针对整个基于 HPI CPSLab 模型开发环境的建模方法,并在该工具中捕获巨模型。

同步数据流(SDF)是数据流范式的特例[16]，它是指定计算节点(也称为块)的有向图形，计算节点的交换用来表示无限的数据流信号。只要输入可用的数据，计算单元就会执行。没有输入的单元可随时启动。通过封装子图形，它们可是原子的，也可是复合的。弧先将节点连接，并描述数据流如何流经各个计算节点。执行包括在系统内累计由无输入的块产生的足够的样本，并可执行后续的节点计算，从而消耗输入的样本数据并同时产生输出。

SDF 范式[17]是数据流的一个特例，其中所有计算节点都是同步的，这意味着每个块明确定义了消耗和产生的样本数量。在参考文献[11]的研究中，将 SDF 范式描述为具有以下的一些特征：

- 信号特性(SignalProperty)：存在由无限的有序采样流组成的信号(Signal)。
- 有向图形特性(DirectedGraphProperty)：一个以块(节点)和弧表示的有向图。
- 块端口特性(BlocksPortsProperty)：块(Block)拥有显性化的端口(Port)，定义使用多少的样本(Sample)(由输入代表使用，或由输出代表产生)。
- 弧特性(ArcsProperty)：弧(Arc)连接端口并同时传输信号。应注意，一个端口可以插入多个弧，但禁止使用短路(Shortcut)方式，禁止圆弧连接同一类型(Type)的源端口和目标端口。
- 记忆全特性(MemoryFullProperty)：应始终定义一个额外的端口来响应初始条件。

据此，我们定义一个工程范式来表示 SDF，如下：

工程范式

- 建模工程范式(ModellingEngineeringParadigm)：SDF 范式。
  - 具有特征(hasCharacteristics)：SDF 范式特性。
    - 具有特性(hasProperties)：信号特性、有向图形特性、块端口特性、弧特性、内存全特性。

可以通过多种方式指定此类特性。如果所有表示为语义领域的语言及其语义都使用相同的技术空间(如 Ecore 元模型)进行编码，那么可以使用 Henshin① 或 SDM② 等工具将这些特性编码为图形模式。

应该指出的是，上述形式化方法、建模语言以及工具目录已经声明 SDF 是一种形式化方法，而不是一种范式。此外，将目录中的几种建模语言(如 Simulink)声明为基于 SDF。因此，SDF 应该被归类为形式化还是范式的问题仍然存在，深入研究目录的形式化方法可能有助于回答这个问题。

---

① https://www.eclipse.org/henshin/。
② https://www.hpi.uni-potsdam.de/giese/public/mdelab/mdelab-projects/story-diagram-tools/。

接下来,我们对基于 HPI CPSLab 模型的工程环境进行建模,该环境使用第 4 章 HPI CPSRab 示例中提供的 CPSLabMM 巨模型和上一节中定义的 CPSLab 流程开发流程:

工程环境

- 基于模型工程事件(ModelBasedEngineeringEnv):CPSLab 工程事件 CPS-LabEngineeringEnv。
  - 具有建模制品(hasModellingArtifacts):CPSLabMM,CPSLabProcess;
  - 基于范式(isBasedOnParadigms):SDFParadigm。

需要注意的是,工程环境层级的基于范式(isBasedOnParadigms)特性来自于巨模型中捕获的仿真语言的相同特性,可以通过 SDFParadigm 及其特性在语言和语义的评估中确定。

5.5 总　结

本章介绍了 MPM4CPS 的集成本体,它捕获了共享本体、CPS 本体以及 MPM 本体之间的领域横切的概念(已分别对应在第 2、3 及 4 章中介绍)。它定义了诸如基于模型的开发流程,使用的视角由 MPM 本体的巨模型片段和这些视角涵盖的并在 CPS 本体中定义的正在开发的 CPS 部分来支持。最后,引入了 MPM4CPS 核心的建模范式概念,作为对共享本体中更一般工程范式概念的细化。所有这些元素都是在此集成本体中定义的基于模型的工程环境概念下捕获的。

本体框架的这些概念尽可能地基于现有的工作和标准,如工作流管理联盟(WfMC)WfMC－TC－1025[18] 和 IEEE 42010[3] 标准,这些标准已得到扩展并适用于 MPM4CPS 领域。除得益于这项工作的成熟度外,这也使得已熟悉这些标准的利益相关方能够轻松地理解和使用该框架。

此外,基于现有开发环境(如 EBCPS 和 HPI CPSLab)特征的探索性建模方法及其 CPS 案例研究引发了对本体的多次适应性调整,以解释现有的环境设置。例如,针对两个示例建模的比较表明,框架需要足够的灵活性,以便能够捕获行业的实践的异构性。尽管这两个例子都来自学术界,但我们已注意到,它们并没有按照相同的标准组织各自的巨模型片段以及 EBCPS 的各种语言和 HPI CPSLab 的各个根流程活动。此外,可以使用不同的目标构建视角,例如 EBCPS 中预先存在开发流程并且必须按原使用的目标,而对于 HPI CPSLab,视角是专门构建的,以支持特定的流程活动。传统工业环境可能会产生更大的异构性,因此,能够涵盖广泛的实践是该框架对工业带来有用价值的关键,否则会破坏现有工业环境来适应该框架,人们将制约它的采用。

与生物科学一样,本研究中提出的分类并不是最终的,将随着新的 MPM4CPS

环境的发现而不断演进。特别是,需要进一步研究工程范式的概念、建模范式的专业方向、形式化与范式的概念以及多范式建模,首先是能够从现有开发环境中发现和理解范式,其次是支持基于一组给定范式来构建新的 MPM4CPS 工程环境的建设性的方式。我们希望这一框架能够为实现模型管理解决方案奠定坚实的基础,从而根据 MPM4CPS COST 行动计划项目的初始目标,通过建模语言和工具的关联和组合来支持 MPM4CP。这将在未来的研究中予以考虑并使用构造性建模来创建以本体为基础设想的解决方案。

参考文献

[1] Holger Giese,Stefan Neumann,Oliver Niggemann,Bernhard Schätz,Model-based integration, in:Holger Giese,Gabor Karsai,Edward Lee,Bernhard Rumpe,Bernhard Schätz)Eds.),Model-Based Engineering of Embedded Real-Time Systems-International. Revised Selected Papers, Dagstuhl Workshop,Dagstuhl Castle,Germany,November 4-9,2007,in:Lecture Notes in Computer Science,vol. 6100,Springer,2011,pp. 17-54.

[2] David Broman,Edward A. Lee,Stavros Tripakis,Martin Törngren,Viewpoints,formalisms, languages,and tools for cyber-physical systems,in:Proceedings of the 6th International Workshop on Multi-Paradigm Modeling,MPM'12,ACM,New York,NY,USA,2012,pp. 49-54.

[3] ISO/IEC/IEEE 42010:2011. Systems and software engineering-architecture description,the latest edition of the original IEEE std 1471:2000,recommended practice for architectural description of software-intensive systems,2011.

[4] Ankica Barišić,Dušan Savić,Rima Al-Ali,Ivan Ruchkin,Dominique Blouin,Antonio Cicchetti, Raheleh Eslampanah,Oksana Nikiforova,Mustafa Abshir,Moharram Challenger,Claudio Gomes,Ferhat Erata,Bedir Tekinerdogan,Vasco Amaral,Miguel Goulao,Systematic Literature Review on Multi-Paradigm Modeling for Cyber-Physical Systems,December 2018.

[5] Moharram Challenger,Ken Vanherpen,Joachim Denil,Hans Vangheluwe,FTG+PM:Describing Engineering Processes in Multi-Paradigm Modelling,Springer International Publishing, Cham,2020,pp. 259-271.

[6] Hans Vangheluwe,Ghislain Vansteenkiste,Eugene Kerckhoffs,Simulation for the future:progress of the ESPRIT Basic Research working group 8467,in:European Simulation Symposium (ESS),SCS,1996.

[7] Brent Hailpern,Guest editor's introduction multiparadigm languages and environments,IEEE Software 3(01)(jan 1986) 6-9.

[8] Pamela Zave,A compositional approach to multiparadigm programming,IEEE Software 6(05) (sep 1989) 15-18.

[9] Peter Van Roy,Concepts,Techniques,and Models of Computer Programming,MIT Press, 2012,pp. 9-47,chapter Programming Paradigms for Dummies:What Every Programmer

Should Know.

[10] M. Amrani,D. Blouin,R. Heinrich,A. Rensink,H. Vangheluwe,A. Wortmann,Towards a formal specification of multi-paradigm modelling,in：2019 ACM/IEEE 22nd International Conference on Model Driven Engineering Languages and Systems Companion (MODELS-C)，2019,pp. 419-424.

[11] M. Amrani,D. Blouin,R. Heinrich,A. Rensink,H. Vangheluwe,A. Wortmann,Multi-paradigm modeling for cyber-physical systems：a descriptive framework,International Journal on Software and Systems Modeling (SoSyM),in press.

[12] Jean Bézivin,On the unification power of models,Software and Systems Modeling 4(2)(2005) 171-188.

[13] Holger Giese,Tihamer Levendovszky,Hans Vangheluwe (Eds.),Summary of the Workshop on Multi-Modelling Paradigms：Concepts and Tools,2006.

[14] Stefan Klikovits,Rima Al-Ali,Moussa Amrani,Ankica Barisic,Fernando Barros,Dominique Blouin,Etienne Borde,Didier Buchs,Holger Giese,Miguel Goulao,Mauro Iacono,Florin Leon,Eva Navarro,Patrizio Pelliccione,Ken Vanherpen,COST IC1404 WG1 Deliverable WG1. 1：State-of- the-art on Current Formalisms used in Cyber-Physical Systems Development,Technical Report,2020.

[15] Multi-paradigm modeling for cyber-physical systems website,http：//mpm4cps. eu/,2020.

[16] Ian Watson,John G. Gürd,A practical data flow computer,IEEE Computer 15 (1982) 51-57.

[17] Edward A. Lee,David G. Messerschmitt,Static scheduling of synchronous data flow programs for digital signal processing,IEEE Transactions on Computers 36 (1)(1987) 24-35.

[18] WFMC-TC-1025 Workflow Management Coalition Workflow Standard,Process Definition Interface-XML Process Definition Language,2005.

第二部分
方法和工具

第6章　通过双半球模型驱动方法支持赛博物理系统的组合

Oksana Nikiforova[a], Mauro Iacono[b], Nisrine El Marzouki[c],
Andrejs Romanovs[a], Hans Vangheluwe[d]

a 拉脱维亚里加,里加工业大学
b 意大利卡塞塔,坎帕尼亚大学
c 摩洛哥菲斯,LIMS 实验室,USMBA
d 比利时安特卫普,安特卫普大学和弗兰德斯制造研究院

6.1　概　述

赛博物理系统(CPS)从未像今天这样成为企业战略的核心。它们所能达成的可靠性、效能以及鲁棒性等特征,是公司所具备竞争力的高端品质。为了应对这种异构系统运行的复杂性,我们有必要定义一种方法[1]。这一合适的方法应当是灵活并通用的,目的在于适应此类系统中所有类型的组件,因此能够提供管理系统组合的能力[2]。

双半球模型驱动(two-Hemisphere Model-Driven ,2HMD)方法[3]已成功应用于领域建模和软件设计[4],该模型最显著的特征之一是,它既适用于人的理解又支持自动转换。在本章中,我们将说明如何将 2HMD 方法应用于 CPS 的建模和组合。

本章的目标在于表明如何使用 2HMD 方法开展 CPS 组件建模,从而解决由源自于更小部件的复杂系统的组合问题。从 2HMD 方法的角度来看,CPS 的每个组件都将被视为一个概念类,它执行特定的操作并满足所定义的需求。这些需求来自由功能和概念对应的两个“半球”组成的模型。因此,2HMD 方法既适用于组件建模,也适于在组件同一抽象层级上所使用的支持流程。此外,2HMD 方法可以帮助识别冲突情景,在这些情况下,我们需要增加一些分析工作来分配系统组件之间的职责。

我们将在 6.2 节中说明赛博物理系统的组件;在 6.3 节中,在必要的建模和组合的环境中讨论赛博物理系统的特征;在 6.4 节中阐明双半球模型驱动方法的本质;在6.5 节中概述 2HMD 方法在 CPS 组件的组合和建模中的应用;在 6.6 节中给出本章的结论。

6.2　赛博物理系统的组件

在过去的十余年中,无论公共还是私营经济部门对于信息和通信技术的应用都有显著增长,并迅速改变了人类观察和控制世界的方式和形态。数字社会的兴起,为与其他人员以及物理的、虚拟的对象交互创造了新的机会,将上述元素全部融合到我们称之为赛博物理系统(CPS)的新领域——CPS是一种控制或管理对象交互的专用计算系统,将现实世界对象和物理流程与计算、通信、数据处理、存储集成,上述所有过程必须以实时、安全、可靠以及高效的方式进行。赛博物理系统必须具有可扩展性、成本效益性以及适应性[1]。在 CPS 中,物理和软件组件紧密交织,每个组件都在不同的空间和时间尺度上运行,展示出多种不同的表现形式,并随背景环境的变化以多样的方式相互交流[5]。在本章中,我们将概述 CPS 的特质,以及主要组件和特征。

对于支持着不同应用领域的信息管理系统需要的不断增长,带来了工作制品与相关流程的信息强度以及信息内容的增加。信息管理系统是为管理目的而设计的通信系统,在大多数情况下与受控对象相互分离[6]。当前使用的信息管理系统大多是嵌入式系统和联网系统,与控制或管理对象密切相关。可用的更微小、更便宜以及更强大的基于微处理器的设备,都将会引发相关受控对象的信息增加的可能性,并且将信息管理系统中相关部分(如管理对象)的关键部件嵌入到受控对象中。系统各个元素当前变得更加廉价,但它们的集成度却越来越高,安全等级以及将其组合到受控网络中的可能性也随之提升。嵌入式系统元件价格下降以及与物理管理对象连接日益增加,从而催生赛博物理系统的出现,其中强大的信息相关元素和控制相关元素将整合到受控对象之中。

在计算系统方面,为了界定 CPS 及其根源和演进方向,大卫·帕特森(David Patterson)和约翰·轩尼诗(John Hennessy)[7]提出的分类提供了很好的指南,按应用领域对系统进行分类,将计算系统分为三个主要系列,其中一个是我们感兴趣的,即"嵌入式系统",其他是"台式计算机"及"服务器",而嵌入式系统又进一步分为:

- 自动控制系统;
- 测量系统以及从传感器读取信息的系统;
- 实时"问-答"型信息系统;
- 数字数据传输系统;
- 复杂的实时系统;
- 移动对象管理系统;
- 通用计算机系统的子系统;
- 多媒体系统。

嵌入式系统的概念出现在 20 世纪 50 年代初,持续发展至今。嵌入式系统发展的关键阶段如下：

　　(a) 信息管理系统,20 世纪 60 年代；

　　(b) 嵌入式计算系统,20 世纪 70 年代；

　　(c) 分布式嵌入式系统,20 世纪 90 年代；

　　(d) 赛博物理系统,自 2006 年至今[8]。

　　术语"赛博物理系统"的首个定义由美国国家科学基金会的 Helen Gill 博士于 2006 年提出。她将 CPS 定义为：物理的、生物的以及工程的系统,其运行操作由计算核心所集成、监控和/或控制。组件在各种尺度上都是联网的。计算紧密地嵌入到每个物理组件中,甚至可能嵌入到材料中。计算核心是一个嵌入式系统,通常需要实时地响应,并且常常又是分布式的[9]。

　　我们可将现代的 CPS 当作一个伞状框架,集中于计算、通信以及物理过程的基本交叉点,将物理世界与赛博世界连接起来,而并不提倡使用任何特定的实现或应用以及其他的各种技术[10]。首先,CPS 包括工业控制系统,如 SCADA 系统以及分布式控制系统、可编程逻辑控制器。属于 CPS 领域的其他技术,如工业 4.0、物联网、万物网(Internet of Everything)、机器对机器(M2M)、不同的"智能"应用、云计算以及"万亿传感器"(TSensors/trillion sensors)等相关技术[11]。无线传感器网络在 CPS 中发挥着至关重要的作用,因其具有收集物理数据的能力,成为分布式 CPS 应用的主要驱动因素之一。CPS 通常由连接到关键控制点的传感器和处理器组成,监控其状态、压力、温度、流量等,并影响 CPS 的运行。如有必要,CPS 处理器可自动调整设备以维系预期的运行条件、监控、处理以及调整,通常可在没有人为干预的情况下进行,而 CPS 中仍然存在手动干预的机会,例如重构或组织管理/目标改变的情况。本地处理单元将处理后的数据发送到 CPS 信息管理系统,这些系统使用它们以满足效率分析、趋势探测或诊断等的需要。人们认为云计算是数据处理操作的一个组成部分[12]。

　　由伯克利大学开发的 CPS 概念图[13],如图 6.1 所示,体现了真实物理过程和虚拟计算过程集成中的复杂性。

　　另一个与 CPS 相关的定义,源于 www.cpsweek.org,也指出了 CPS 的复杂性："CPS 是复杂的工程系统,依靠与物理、计算以及通信过程的集成来执行功能"。与嵌入式系统相比,CPS 中涉及的物理组件要多得多。在嵌入式系统中,计算元素是关键的聚焦点；而在 CPS 中,聚焦于计算与物理元素之间的链接：从本质上讲,CPS 部分相互交换信息,这就是为什么通信组件如此重要的原因——可将 CPS 认为是 C3(计算、通信和控制)系统。计算和物理元素之间的链接的改进可能会扩展 CPS 使用的可能性[1]。

　　CPS 可用于图 6.1 中所列出的"应用于"(Have applications in)的多个领域。在所有的 CPS 应用情况下,都会增加需适当管理那些密切相关的赛博及 IT 的风险[14],特别是如果考虑到有效风险管理对现代业务系统中盈利能力的巨大影响,尤

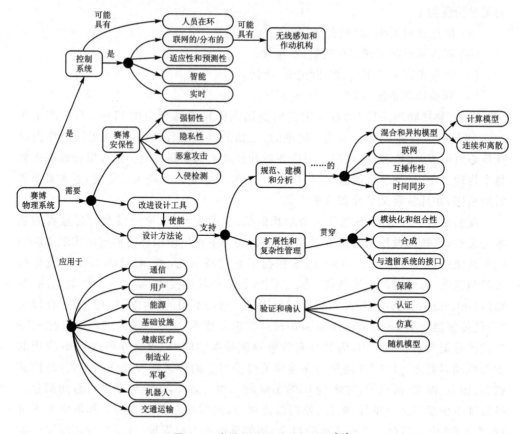

图 6.1　赛博物理系统的概念图[13]

其还有高度自动化的信息技术应用中的复杂性,那么 IT 风险不仅包括计算机软件或硬件的故障,或 IT 人员专业知识的缺乏,而且可能包括由计算机软件故障引起的损失风险,例如制造商软件许可使用权限到期或故障,以及影响企业活动的其他方式。它可能还与公司数据或客户信息被盗导致的损失风险有关[15]。

6.3　系统组合背景环境下的赛博物理系统

　　CPS 的本质涉及不同的学科,如控制论、机电一体化、设计学以及流程科学[9,16,17]。因此,CPS 的一个基本特征是其复杂性,在需求、规范、验证以及与物理部分的交互和约束管理方面使得 CPS 的分析成为一项艰巨的任务,由于众多原因,它仍然是研究领域的一个开放的问题。对于非凡的 CPS 案例,相关的复杂性因素之一是系统主要物理部分的(连续)动力学特性与系统交互的计算机部分软件相关的(离散的或基于事件的)演变之间的耦合,由此可能会在系统的本地和全局范围产生额外的动态,从而对系统中的不同抽象层级或尺度层级产生影响。基于计算机部分的系统特质在及时性或可靠性方面增加了更多的复杂性因素,可能会影响整个系统行为的稳定性。

对于涉及外部环境作为活动或交互背景的其他应用,例如,物联网(IoT)在 CPS 物理和计算组件中具有更高水平的互依赖性以及交互关系,因此需要更深刻地理解由于时间连续物理组件与外部现象及基于事件的计算组件之间的交互所产生的问题[18]。此外,与环境的动态的交互,在 CPS 中构成了一个支持演进的方面,这可以从系统智能[19,20]和关于外部环境及其状态的可能有限知识的角度来看待,应该对其进行管理,以确保系统在稳定性、安全性、性能以及及时性方面的需求得以确保。

当然,CPS 的设计策略受到单个系统的不同领域之间存在的共存现象的影响,这也促进了组合方法的出现。首先,通过组合设计,对于那些并不处在领域之间边界的组件,允许聚焦单个领域,并利用和完善常规工具和实践;其次,针对构成边界组件的职责,开展正确的识别和界定的指导,并符合特定领域间的约束。因此,建议通过在架构中本地化领域之间实际交互以及交换,指导设计人员如何获得预期的(涌现的)系统层级行为的正确规范和实现,从而降低设计活动的复杂性。相反,利用基于层级化的流程,分析现有的 CPS 或规范设计,也利于分解方法的应用。无论如何,由于组件的异构性和每个层级上不同的抽象层级,以及聚焦不同的专业经验、异构设计、分析工具和技术,因此多形式化或多范式方法可提供有效的解决方案。参考文献[21]和[22]中讨论了对设计新概念的需求,而参考文献[23]讨论了系统的开发流程。

多形式化[24]和多范式[25]方法基于一个流程,该流程通过组合或派生或生成子模型或自定义模型来定义模型,这些子模型或自定义模型使用不同的建模语言,并从特定的解决方案中受益。这可能通过封闭或扩展的建模框架来实现,这些框架通常提供一组预定义的建模形式化方法,或者允许定义自定义的建模形式化方法,并协调复杂模型的定义,例如,元建模、编排、转换、面向功能或非功能规范或分析等方式。SIMTHESys[26] 提供了可扩展的多形式方法的一个示例,给出了 CPS 领域在混合系统[27]和状态空间解耦方面的集成,以降低分析的复杂性[28];另一个基于分解或组合的更具体方法的示例是基于组件的系统合集(Ensemble Component-Based Systems)[21,29]。在参考文献[30]和[31]的研究中,根据 CPS 的组成,可将 CPS 视为一个体系,其中强调架构作为主要支持的重要性,以满足车辆设计流程的需求并提供一种基础设施,通过赛博和物理方面的封装,在抽象、CPS 关切的更高层级上开展集成。最后,即本章中应用的组合方法——已在参考文献[3]中的双半球模型给出了描述,在此对其进行详细介绍及扩展,从而促进高层级设计抽象的工作,并作为依据类图定义的自动组合模型的一种方法指导概念原型的定义。

CPS 是动态系统,其中依据当前背景环境组合或分解组件。这些系统的建模基于架构和行为部分的子模型,由此共同提供整体需求的分析和验证的方式。建模方法支持系统结构的分解,并建立在将系统内部组件表示为黑盒的基础上,这些黑盒

(black box)具有一组有限的角色特征,此时每个角色都是与其他组件的通信界面。根据一组属性(包括对所有可能模式的枚举,以及对子组件的引用)以及模式转换表(可以访问知识,因此依据与模式相关的背景环境约束来定义组件行为)[32],我们将角色反过来定义为"知识"。模式与组件处于活动状态时所执行的一组进程(或流程)相对应,因此,每个模型模式转换表都表示组件角色的行为,并在组件中表示为所执行的活动流,包括这种结构的分解描述,其分解过程还由"合集(ensemble)"来描述,这将存在 3 种信息的组合:① 每个组件所承担的角色及其当前模式;② 背景环境,使用成员关系的条件来表示;③ 节点之间的知识交换,即依据约束的合集行为[33]。

在参考文献[34]和[32]中,根据对物理元素和计算元素建模时所包含的适应调整的过程,我们将考虑管理系统不确定性的问题:例如,在参考文献[34]中提出的基于常微分方程(ODE)的描述的情况,从而考虑由通信或计算过程中的不确定性状况引起的物理组件行为的延迟结果。在参考文献[32]中研究一个类似的案例,即通过基于模式转换逻辑扩展的自适应过程来研究感知精度及其管理,其中包括历史数据的统计测试。在这种情况下,以短时间预测的模式转换条件下的置信度水平为目标,从而利用现有的分析技术以及工具,通过少量的额外工作在架构视图中显性地表示不确定性。

最后,在通用的恰当的抽象中组合和分解,针对所涌现的系统行为,例如多代理系统依据局部行为在全局结果中发挥重要的作用——社会系统模型、交通动态、复杂的业务流程等相关的、广泛分析的应用领域;我们采用的一个工具的例子就是角色活动图(Role-Activity Diagrams)[35],其中,具有本地的基于局部状态演进的角色概念,用于描述一组角色实例的行为,并且施动者(Actor)的概念表示在业务流程中承担角色实例的实体,这些实体反过来执行(角色)活动,将角色中的控制从一个状态转移到另一个状态,并根据不同角色之间协调发生的活动来描述交互。参考文献[36]表明如何将符合这些特征的工作流形式化建模为基于知识的业务代理架构,因此,可以通过专门的面向代理的语言(例如 Jason)或公共函数式语言(例如 F♯[37])来仿真和执行。

6.4   双半球模型驱动方法

建模功能的多样性以及表达链接追溯性的能力是管理系统复杂性的决定性要素。转换工具将一个模型作为输入,并生成作为其输出的第二个模型。双半球模型驱动方法[3]提出以独立于平台的方式使用业务流程和概念建模,由此表示系统并描述将这些模型转换为 UML 图。该策略在参考文献[38]中首次提出,其中提出了面向对象的软件开发的一般框架,并阐述和讨论使用两种相互关联的模型开展软件系统开发的想法。

有关所提出的这一策略的名称,来源于认知心理学[39],人脑由两个半球组成:一个掌管逻辑,另一个掌管概念。两个半球和谐地相互发挥功能是人类良好行为的先决条件。关于两个半球的隐喻可以应用到软件开发流程中,因为该流程基于两个基本事物的研究:业务与应用领域逻辑(流程)、业务与应用领域概念及其之间的关系。双半球方法建议软件开发流程始于基于双半球问题领域模型,其中一个模型反映业务以及软件系统的功能(程序),另一个模型反映相应的概念结构。这些模型的共存性与关联性能够确保知识的运用从一个模型转换到另一个模型,以及特定知识的完整性与一致性的应用得到检查[3]。图 6.2 所示为双半球模型驱动方法的本质。

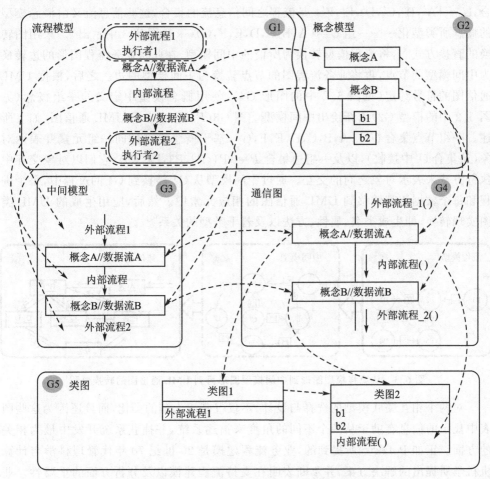

图 6.2　双半球模型驱动方法的本质

图 6.2 所示为如何将业务流程模型(见图 6.2 中的图形 G1)与概念模型(见图 6.2 中的图形 G2)的元素转换为 UML 通信图的元素(见图 6.2 中的图形 G4),然后再转换为类图(见图 6.2 中的图形 G5)。业务流程模型的符号(见图 6.2 中的图形

G1)反映问题与应用领域的功能视角,是可选的,而其必须反映业务流程和信息流,并且必须由概念模型中的相应概念(见图6.2中的图形G2)对信息流进行类型化,并与业务流程模型并行使用。概念模型是众所周知的实体-关系(ER)图符号[40]的变体,由概念(即实体或对象)及其属性组成。双半球模型提出原始符号的约定,并在流程模型中给出处理概念模型中的概念到信息流的可能性,从而使这两个模型协同关联[4]。

使用中间模型(G3)实现图形G1到G4的转换,如图6.3所示。双半球模型的流程模型表示为图形$G1(P,U)$,其中$P=\{P1,P2,P3,P4,P5\}$是系统业务流程的集合,$U'=\{A',B',C',D',E',F'\}$是流程之间信息流的集合,这些信息流又由概念模型的概念所类型化——一组$U=(A,B,C,D,E,F,G)$(未在图6.3中示出)。采用图转换的直接方式[4],将流程模型转换为所谓的中间模型,在此将业务流程图形的边转换为中间模型的节点,再将业务流程图的节点转换为中间模型的边。之后,根据UML通信图的符号约定(见图6.2中的图形G4),使用概念模型中定义的一组概念(见图6.2中的模型G2)重新绘出中间模型。图$G3(P,U)$对应于UML通信图,如上所述。一组节点集合$U=\{A,B,C,D,E,F,G\}$,基于概念模型的同一组元素并表示对象(从集合U'中接收),以及一组边集合$P=\{P1,P2,P3,P4,P5\}$,它们以对象交互中执行方法来表示对象之间的交互。通过中间模型从G1转换到G4的过程中,每个进程和每个数据流都转移到UML通信图的相应元素中。然后,应用生成的UML类图实现转换,即生成类名、属性、方法以及若干类型的关系[41]。

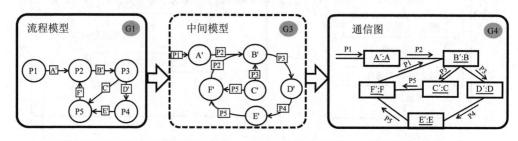

图6.3 从流程模型图形到中间模型图形再到UML通信图的转换过程

对两个相互关联模型的选择与设计,不仅仅基于人脑的类比,而且还因为这些图表中显示的信息有助于从两个不同的角度来描述系统,并捕获系统开发中最为相关的方面。正如Polak[42]所提到的,业务流程建模是20世纪70年代管理科学与计算机科学所提出的解决方案,并不断表明在支持流程建模以及分析方面的重要性。业务流程建模的重要性得到了Harmon和Wolf[43]关于流程有用性及可用性研究的证实。结果证实,业务流程管理对于公司来说十分具有价值,各个公司逐渐采用现有的业务流程建模符号和方法论。

因此,双半球模式得益于所纳入的众所周知的业务流程工具,同时针对内部知识和程序,不断缩小现有的与所需的之间的差距。由于双半球模型是问题域和软件设计阶段之间的桥梁,因此业务模型对于业务人员和开发人员双方都是可以理解的。方法所包含的概念模型得到面向对象范式原则以及数据分析一般的背景环境所激发。在许多广泛接受的软件设计方法中,在开发周期的第一阶段,将创建一个数据字典或者一个类似文档定义有关软件开发与文档中所使用术语的共享协议。参考文献[44]将概念建模描述为软件开发的基础,是高质量设计所必需的。概念模型是高层软件描述——包含概念及其之间的关系。任何对于给定问题域的重要事物、事件以及生物都可以被视为概念。其中,使用属性来描述概念,并使用这些概念的特定动作来表征方法。Peter Chen 的[40]实体-关系(ER)图就是概念模型的一个早期和加强的示例,用于数据库设计[45],后来用于软件系统设计。当然,对双半球模型的另一部分的自然选择就是概念模型,由概念以及相关属性组成,并具有与 ER 图类似的模型符号。目前,双半球模型提供了可生成 UML 用例图、序列图、活动图、状态图以及类图[4,41,46]的能力,其中一些由 BrainTool 支持[47],其余的工具当前还在开发中。此外,在过去十年中,程序代码生成问题一直在不断研究中,在参考文献[48]和[49]中发表了各种研究成果。

6.5　双半球模型驱动方法用于解决组合问题

双半球模型驱动方法的策略支持模型从问题域模型到程序组件的转换,其中问题域模型反映了两个基本事物:系统发挥功能的机制(流程)与结构(概念及其关系)。其用来表示 CPS 及其组件结构和行为的不同方面的若干种的双半球模型,将其作为映射规则的输入,将类图和转换追溯性作为输出(见图 6.4)。转换追溯性将表明如何将双半球模型元素转换为类图的相应元素,以及将映射的哪些部分用于双半球模型每一部分的转换之中[4]。

将模型分解成更小的组件及其作为集成系统的组合,对于双半球模型驱动方法是个新的研究课题,最初在参考文献[50]中有所介绍。这项工作还正不断发展和演进之中,因此,迄今为止仍未有成熟的理论基础。通过对 CPS 组合的研究,我们的目标是分析并确定现有的组合方法的模型:① 组合流程中所涉及的元素是什么;② 在这些方法中模型组合是如何形成的。

最终目标是理解在这些方法中的模型组合做了什么[51]。根据其观点,可以说组合模型是一个接受两个或更多输入模型的流程,并通过操作以及组合将其集成,从而生成组合的输出模型。但是,这个方案是非常抽象的。并没有针对输入模型、输出或者组合操作表达假设。在实践中,每种方法都必须为其工作环境背景指定这些假设,其中包括分类方法的差异:

- 组合方法:融合、重组、交织等。
- 元素组合:组合中涉及的额外元素是什么;存在两个分类轴:类型及形式。

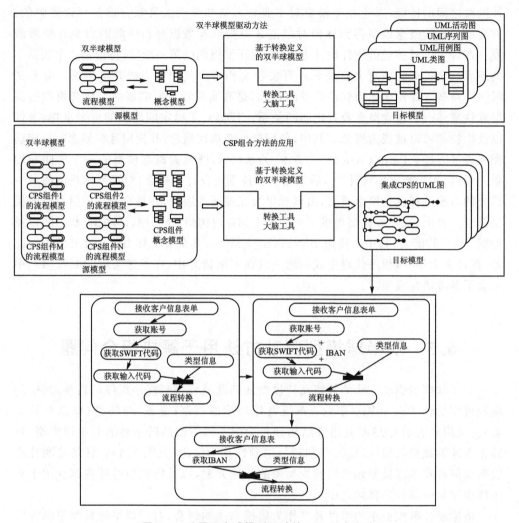

图 6.4 采用双半球模型驱动的 CPS 组合方法

● 组合语言：元素的组成需要形式化的表达。

这些形式化是非常多样化的，因为每种方法都有自己组合的元素，可以是编织语言、组合规则的元模型、模型组合的 UML 扩展集文件(profile)等。尽管它们多种多样，但它们通常可在两个点上识别组合的形式化，即所提供的抽象的组合以及所提供的可扩展的组合。

为了开展模型的合成，我们将组合定义为一种模型管理操作，通过以下至少两个模型内容的组合来生成单一的模型：

● 句法层级：表达模型复合，源于输入模型；

● 语义层级：根据相关源模型的语义，为模型复合赋予语义；

● 方法层级：使用模型复合，从软件开发流程中的组合流程导出。

　　因此,我们不能将组合流程视为原子操作。在触发组合流程本身之前,有必要确定组合元素的链接。因此,就有预匹配阶段,然后才是组合操作,其目的是使用匹配模式定义关系的输入模式组合元素,从而创建模型"全局"。

　　考虑到上面提到的所有需求和特定的细节,很明显,采用基于双半球模型方法来构建新模型组合操作看来是一个有意义的研究途径,其在于探究那些组合技术并识别它们之间的差别。换言之,我们建议使用此分类法来创建一个新的组合器框架,以解决给定问题的组合冲突。此外,我们还在研究一种考虑模型语义特性的方法。如果我们以两个模型中具有相同签名(名称、类型、参数)的两个操作为例,为了解决这个问题,我们要么必须在集成分离的设计间包含一个调和步骤,要么必须强化输入元模型关联的语义,以便我们可以实现更精细的对比策略来解决各类方法所描述的各类行为。迄今,我们在最近的工作中研究了基于双半球模型驱动方法的结构图组合,在此工作中,为突出行为建模,我们将使用该方法由两个活动图合并来研究行为方面的问题。

　　在复杂系统的设计流程中有关行为的建模也很重要,特别是在模型驱动架构(MDA)的背景环境下,其目标是实现设计后续阶段(编码、集成以及验证等)的自动化。的确,这种自动化需要尽可能完整的设计模型。UML 中的行为建模可在若干抽象层级上进行,从整体模型开始,例如表示 UML 系统的不同对象或组件之间的交互以及活动顺序的交互和活动模型,并且通过状态机深入到有关对象或组件的精细化的描述。整体模型,如序列图,允许从某个角度或多个角度的组合来描述行为。

　　在本部分中,我们提出了基于双半球模型驱动方法的自动的合并,用于 UML 活动模型重构并作为行为模型。对系统建模相当于基于以下三个标准视角来确定其静态结构和行为[52]:

- 静态结构建模:此视图声明对象族以及连接关系,用以表明结构元素,例如类、关联、接口以及属性。
- 对象间的行为建模:在分析设计的初始阶段,此概要描述对于指定需求非常有益,表明系统潜在对象之间的交互,以场景的形式给出了全局系统的部分愿景。由于具有部分的和直观的特质,这些场景最适合用来表达需求。
- 对象内的行为建模:这个视角聚焦于对于同一类的对象的生命周期的表示,通过表明运行时可能的不同状态与转换来描述对象的完整行为。

UML 旨在描述和表示需要,指定和记录系统及设计的解决方案,统一两者之间的表示符和面向对象的概念。在其当前版本中,UML2.5.1 由 13 种类型的图(diagram)所组成,每种图表都专门用于软件系统的特定概念的表示,我们又将这些图分为两类,分别是结构图和行为图。在 CPS 的组合工作中,我们将聚焦于行为图。UML 行为图包括用例图、活动图、状态机图、序列图以及通信图。在开发复杂系统时,构建一个同时考虑施动者的所有需要和引入的技术需求的全局模型通常是不现实的。尽管在软件工程领域分析/设计技术不断发展,但计算机系统的构建仍然是一项非常艰巨的任务。事实上,人们单独开发了若干部分模型并与相关的不一致风险共存,即当需求发生变化时,必定常常挑战着全局模型。面向对象的方法和相关概念(封装、继承以及多态性),通过引入特定的模块化与重用性,始终是软件系统设计方面重要的技术进步方向。但是,在处理复杂系统、多维度(即多层级系统:功能、业务、技术等)以及高度并行系统时,这种方法存在一些局限性。为了控制这种复杂性,我们越来越多地使用多模型建模的方法。

活动图有时可以描述两个或多个表示相同概念的动作:一个示例可能是获取客户账号的活动,另一个是获取国际银行代码的活动,还有一个是获取国家/地区代码的活动。通常,为了获得 IBAN(国际银行账户)代码,需要将这三个活动组合在一起。在这种情况下,我们可以将它们合并为一个活动,该活动组合客户端的完整信息(IBAN)(见图 6.4)。这为用户带来了一个优势,因为在手动执行此项操作时可能会出错,尤其是在银行环境中。将所有的边从一个活动移动到另一个活动,然后删除其中一个,我们应该能够将多个活动合并为一个。在我们的示例中,我们采用合并方法,将三个活动合并为一个,我们的活动由边所连接。连接边的源活动将合并到下一个活动中,然后通过合并活动执行后续的删除,将结果合并到另一个活动中。两个活动的合并需要一个前提条件方能执行,合并的活动必须由恰当调度对应流的边来连接。实现合并的步骤如下:

- 将源节点从将要删除的第一个活动中移动到可能将要保留的第二个活动;
- 将目标节点从将要删除的第一个活动中移动到可能将要保留的第二个动作;
- 将源节点从可能将要保留的第二个活动中移动到将要保留的第三个活动;
- 将目标节点从可能将要删除的第二个活动中移动到将要永久保留的第三个活动;
- 将删除的第二个活动的名称添加到合并的活动(第三个动作);
- 删除用以连接将要合并活动的控制流节点;
- 随后,删除第一个和第二个活动。

6.6 总　结

对于大型复杂 CPS 系统的一致性的可管理的定义,CPS 组合方法可谓是一种颇具前途且十分可行的策略[1]。在本章中,根据参考文献[3]中所介绍的双半球模型驱动方法,我们提出了一种面向 CPS 的可能的模型组合技术。双半球模型驱动方法的中心思想是采用若干的转换来组合复杂系统,始于更小的部分,其中每个转换都体现为依据业务流程模型所定义的源模型,并与概念模型相关联,同时根据 UML 图定义的目标模型,构建整体的系统。当模型足够小并且由少数几个设计人员开发时,可以手动组合。但在赛博物理系统情景下,模型过大且无法手动组合,因此有必要开发一种自动组合方法以确保处理模型中的所有元素。

至于双半球模型驱动的方法，其可应用于模型组合范式，我们假设从设计流程的第一阶段开始就使用它来支持自动化组合，并直接由系统类图实现。我们将证明这种方法适合于正确地捕获和表示业务用户的需要与期望的知识，同时对于系统分析师和设计人员也是有益的和有用的——支持架构设计的定义、职责分配、结构关系和依赖关系以及面向组件问题的表示，并允许通过应用于组件描述的自动转换来定义详细的系统架构。因此，我们希望允许人们通过自动化来把握 CPS 的复杂性，而自动化将维系并符合所有系统需求。双半球方法的概念框架将扩展到面向组件的、细粒度的规范管理，在一个适当的基于 ATL 的软件框架中得以实现，意在提供该方法背后的公共开源分布的软件工具。

通过应用此方法，可以从基于双半球模型的系统描述开始，自动执行面向 CPS 的 UML 开发流程，包括易于业务用户和系统分析员理解的所需的结构与行为信息的表示方式。针对给定 CPS 所需的设计或分析，我们使用双半球模型驱动方法内在机制，形式化表示对象类及其关系定义之间的共享职责。

① 根据 CPS 组件描述其组织形式，因为通过面向对象表示的类是可能的；

② 各组件之间应如何共享职责，依据共同且协调制定的流程，由特定组件承担；

③ 实现流程所需的 CPS 组件之间的结构关系以及相互依赖性。

未来的研究将探究转换流程本身的特质，深入研究设计流程的可逆性，从而更好地理解其定义和扩展框架，基于其他描述方面的元模型和异构性，自动地包含现有组件的描述。

致　谢

本部分内容是在 COST 行动计划 IC1404——赛博物理系统的多范式建模的框架下开发的，并稍加修订，由马拉加大学语言和计算机科学系发表，收录在 MPM4CPS COST 行动计划第四次研讨会论文集中，编号为 ITI16/01。

参考文献

[1] K. Babris, O. Nikiforova, U. Sukovskis, Brief overview of modelling methods, life-cycle and application domains of cyber-physical systems, Applied Computer Systems 24 (1) (2019) 5-12.

[2] O. Nikiforova, N. El Marzouki, K. Gusarovs, H. Vangheluwe, T. Bures, R. Al-Ali, M. Iacono, P. Orue Esquivel, F. Leon, The two-hemisphere modelling approach to the composition of cyber-physical systems, in: Proceedings of International Conference on Software Technologies

(ICSOFT 2017), Madrid, Spain, 24-26 July, 2017, SCITEPRESS Digital Library, 2017, pp. 286-293, https://doi.org/10.5220/0006424902860293.

[3] O. Nikiforova, M. Kirikova, Two-hemisphere driven approach: engineering based software development, in: Advanced Information Systems Engineering, Proceedings of the 16th International Conference CAiSE 2004, Springer Verlag, Berlin, Heidelberg, 2004.

[4] O. Nikiforova, Two hemisphere model driven approach for generation of UML class diagram in the context of MDA, in: Z. Huzar, L. Madeyski (Eds.), e-Informatica Software Engineering Journal 3 (1) (2009) 59-72.

[5] S. K. Khaitan, J. Mccalley, Design techniques and applications of cyber physical systems: a survey, IEEE Systems Journal 9 (2) (2014) 1-16.

[6] F. Hu, Cyber-Physical Systems: Integrated Computing and Engineering Design, CRC Press, New York, 2018, 398pp.

[7] D. Patterson, J. Hennessy, Computer Organization and Design: The Hardware Software Interface, 5th edition, Morgan Kaufmann, 2013, 793pp.

[8] E. A. Lee, The past, present and future of cyber-physical systems: a focus on models, Sensors 15 (3) (2015) 4837-4869.

[9] E. A. Lee, S. A. Seshia, Introduction to Embedded Systems-A Cyber-Physical Systems Approach, LeeSeshia.org, 2011.

[10] E. Sultanovs, A. Romanovs, Centralized healthcare cyber-physical systems data analysis module development, in: Proceedings of the 2016 IEEE 4th Workshop on Advances in Information, Electronic and Electrical Engineering, Lithuania, Vilnius, 10-12 November 2016, 2016.

[11] A. Romanovs, I. Pichkalov, E. Sabanovic, J. Skirelis, Industry 4.0: methodologies, tools and applications, in: Proceedings of the Open International Conferenceon Electrical, Electronic and Information Sciences eStream 2019, Lithuania, Vilnius, 25-25 April, 2019.

[12] R. Buyya, J. Broberg, A. Goscinski, Cloud Computing: Principles and Paradigms, John Wiley & Sons, 2010, 637pp.

[13] S. Kim, S. Park, CPS (Cyber Physical System) based manufacturing system optimization, Procedia Computer Science 122 (2017) 518-524, https://doi.org/10.1016/j.procs.2017.11.401.

[14] A. Teilans, A. Romanovs, J. Merkurjevs, P. Dorogovs, A. Kleins, S. Potryasaev, Assessment of cyber physical system risks with domain specific modelling and simulation, SPIIRAS Proceedings 4 (59) (2018) 115-139.

[15] A. Romanovs, Security in the era of Industry 4.0, in: 2017 Open Conference of Electrical, Electronic and Information Sciences (eStream), 2017, p. 1.

[16] O. Hancu, V. Maties, R. Balan, S. Stan, Mechatronic approach for design and control of a hydraulic 3-DOF parallel robot, in: The 18th International DAAAM Symposium, "Intelligent Manufacturing & Automation: Focus on Creativity, Responsibility and Ethics of Engineers", 2007.

[17] S. C. Suh, J. N. Carbone, A. E. Eroglu, Applied Cyber-Physical Systems, Springer, 2014.

[18] C.-R. Rad, O. Hancu, I.-A. Takacs, G. Olteanu, Smart monitoring of potato crop: a cyber-physical system architecture model in the field of precision agriculture, in: Proceedings of the Conference Agriculture for Life, Life for Agriculture, 2015.

[19] S. K. Khaitan, J. D. McCalley, Design techniques and applications of cyber physical systems: a survey, IEEE Systems Journal 9 (2) (2015).

[20] F.-J. Wu, Y.-F. Kao, Y.-C. Tseng, From wireless sensor networks towards cyber physical systems, Pervasive and Mobile Computing 7 (4) (2011).

[21] T. Bureš, I. Gerostathopoulos, P. Hnětynka, J. Keznikl, M. Kit, F. Plášil, DEECo-an ensemble-based component system, in: Proceedings of CBSE 2013, 2013.

[22] R. Hennicker, A. Klarl, Foundations for Ensemble Modeling-The Helena Approach, Specification, Algebra, and Software, Lecture Notes in Computer Science, vol. 8373, 2014.

[23] L. P. Carloni, F. De Bernardinis, C. Pinello, A. L. Sangiovanni-Vincentelli, M. Sgroi, Platform-based design for embedded systems, http://www.cs.columbia.edu/~luca/research/pbdes.pdf, 2005.

[24] M. Gribaudo, M. Iacono, An introduction to multiformalism modelling, in: Theory and Applications of Multi-Formalism Modelling, IGI-Global, 2014.

[25] H. Vangheluwe, J. De Lara, P. J. Mosterman, An introduction to multi-paradigm modelling and simulation, in: Proceedings of the AIS'2002 Conference (AI, Simulation and Planning in High Autonomy Systems), 2002.

[26] E. Barbierato, M. Gribaudo, M. Iacono, Exploiting multiformalism models for testing and performance evaluation in SIMTHESys, in: Proceedings of 5th International ICST Conference on Performance Evaluation Methodologies and Tools-VALUETOOLS 2011, 2011.

[27] E. Barbierato, M. Gribaudo, M. Iacono, Modeling hybrid systems in SIMTHESys, in: Electronic Notes on Theoretical Computer Science, Elsevier, 2016.

[28] E. Barbierato, G. Dei Rossi, M. Gribaudo, M. Iacono, A. Marin, Exploiting product forms solution techniques in multiformalism modelling, in: Electronic Notes in Theoretical Computer Science, Elsevier, 2013.

[29] J. Keznikl, T. Bureš, F. Plášil, M. Kit, Towards dependable emergent ensembles of components: the DEECo component model, in: Proceedings of WICSA/ECSA 2012, 2012.

[30] S. Nazari, C. Sonntag, S. Engell, A Modelica-based modelling and simulation framework for largescale cyber-physical systems of systems, IFAC PapersOnLine 48 (1) (2015).

[31] A. Bhave, B. H. Krogh, D. Garlan, B. Schmerl, View consistency in architectures for cyber-physical systems, in: Proceedings of IEEE/ACM International Conference on CPS (ICCPS), IEEE, 2011.

[32] T. Bureš, P. Hnetynka, J. Kofron, R. Al Ali, D. Škoda, Statistical approach to architecture modes in smart cyber physical systems, in: Proceedings of WICSA 2016, IEEE, 2016.

[33] T. Bureš, F. Krijt, F. Plášil, P. Hnětynka, Z. Jiráček, Towards intelligent ensembles, in: Proceedings of the 9th European Conference on Software Architecture Workshops (ECSAW 2015), ACM, 2015.

[34] R. Al Ali,T. Bureš,I. Gerostathopoulos,J. Keznikl,F. Plášil,Architecture adaptation based on belief inaccuracy estimation,in: Proceedings of the 11th Working IEEE/IFIP Conference on Software Architecture (WICSA 2014),2014.

[35] M. A. Ould,Business Process Management: A Rigorous Approach,British Computer Society, 2005.

[36] A. Badica,C. Badica,F. Leon,I. Buligiu,Modeling and enactment of business agents using Jason,in: Proceedings of the 9th Hellenic Conference on Artificial Intelligence,SETN 2016,2016.

[37] F. Leon,C. Badica,A comparison between Jason and F♯ programming languages for the enactment of business agents,in: Proceedings of the International Symposium on Innovations in Intelligent Systems and Applications,2016.

[38] O. Nikiforova,General framework for object-oriented software development process,in: Scientific Proceedings of Riga Technical University,in: Computer Science,Applied Computer Systems,vol. 13,Riga,2002,pp. 132-144.

[39] J. Anderson,Cognitive Psychology and Its Implications,W. H. Freeman and Company,New York,1995.

[40] P. Chen,The entity relationship model—towards a unified view of data,ACM Transactions on Database Systems 1 (1976) 9-36.

[41] K. Gusarovs,O. N,ikiforova,Workflowgeneration from the two-hemisphere model,Applied Computer Systems (ISSN 2255-8683) 22 (2017) 36-46,https://doi. org/10. 1515/acss-2017-0016.

[42] P. Polak,BPMN impact on process modelling,in: Proceedings of the 2nd International Business and Systems Conference BSC,2013.

[43] P. Harmon,C. Wolf,The State of Business Process Management,BPTrends,2014,http:// www. bptrends. com/.

[44] J. Johnason,A. Henderson,Conceptual Models. Core to Good Design,1st edition,Morgan & Claypool Publishers,2011.

[45] W. Hesse,Ontologies in the software engineering process,in: Proceedings of the 12th International Workshop on Exploring Modelling Methods for Systems Analysis and Design (EMMSAD-2007),2007.

[46] O. Nikiforova,K. Gusarovs,A. Ressin,An approach to generation of the UML sequence diagram from the two-hemisphere model,in: H. Mannaert,et al. (Eds.),Proceedings of the 11th International Conference on Software Engineering Advances,ICSEA 2016,August 21-25, 2016,Rome,Italy. © IARIA,pp. 142-148,available at http://www. thinkmind. org/.

[47] O. Nikiforova,K. Gusarovs,Comparison of BrainTool to other UML modeling and model transformation tools,in: AIP Conference Proceedings,International Conference on Numerical Analysis and Applied Mathematics 2016,ICNAAM 2016; 6th Symposium on Computer Languages-SCLIT 2016,Rhodes,Greece,19-25 September 2016,2017,pp. 19-25.

[48] K. Gusarovs,O. N,ikiforova,A. Giurca,Simplified lisp code generation from the two-

hemisphere model，Procedia Computer Science（ISSN 1877-0509）104（2017）329-337，https：//doi.org/10.1016/j.procs.2017.01.142.

[49] O. Nikiforova，K. Gusarovs，Anemic domain model vs rich domain model to improve the two-hemisphere model-driven approach，Applied Computer Systems（ISSN 2255-8683）25（1）（2020）51-56，https：//doi.org/10.2478/acss-2020-0006.

[50] N. El Marzouki，O. Nikiforova，Y. Lakhrissi，M. El Mohajir，Enhancing conflict resolution mechanism for automatic model composition，in：J. Grundspenkis，et al.（Eds.），Scientific Journal of Riga Technical University：Applied Computer Systems 19（2016）44-52.

[51] L. Cavallaro，E. Di Nitto，C. A. Furia，M. Pradella，A tile-based approach for self-assembling service compositions，in：Engineering of Complex Computer Systems（ICECCS），2010.

[52] J. Krogstie，A. Sølvberg，Information Systems Engineering-Conceptual Modeling in a Quality Perspective，Kompendiumforlaget，2003.

第7章 赛博物理生产系统
原型开发中的多范式建模和协同仿真

Mihai Neghină[a],Constantin Bălă Zamfirescu[a],
Peter Gorm Larsen[b],Ken Pierce[c]
a 罗马尼亚锡比乌,卢西安布拉加大学
b 丹麦奥胡斯,奥胡斯大学
c 英国泰恩河畔纽卡斯尔,纽卡斯尔大学计算机学院

7.1 概　述

在真正复杂的赛博物理系统(CPS)的开发中,基于模型的方法是利用迭代和增量开发方式掌控系统复杂性的有效途径。这样由不同的 CPS 组合的系统,通常以一种临时试错的方式制造出来,但缺乏设计团队之间明确和全面的协调。此类设计团队的专业知识和工程背景一般仅限于各自的子系统领域,其中包括他们自己的研究领域、术语和建模方法。物理系统的工程师经常使用连续时间(CT)形式,如微分方程,来创建物理现象的高保真仿真;而另一方面,软件工程师倾向于采用离散事件(DE)的形式化方式,聚焦于控制系统的逻辑行为。在很大程度上,这些 CPS 是通过迭代和增量开发而得以诞生和发展的,从数字模型到多种昂贵的物理原型。在设计这些模型时,由于团队无法开展真正的合作,导致后期阶段中发现设计缺陷并付出极其高昂的代价。

在本章中,我们将介绍如何使用协同仿真技术[1],按照"离散事件优先"(DE-first)的方法论[2],逐步增加协同模型(co-model)的细节。在这种方法中,初始抽象模型是使用离散事件(DE)形式化方法生成的,在本示例选为 VDM(译者注:Vienna Development Method,维也纳开发法,简称 VDM,是用于串行软件系统建模和开发的环境。VDM 的规范语言是从 Meta IV 演变而来的,Meta IV 是 20 世纪 70 年代初由 IBM 维也纳开发实验室定义的 PL/I 编程语义的语言,当前的版本 VDM－SL 已由国际标准组织 ISO 所接收,支持不同抽象层级软件系统建模和分析。使用 VDM－SL 构造,可将一个层级中表达的数据和算法抽象细化到较低层级,以此导出更接近系统最终实现的具体模型),以识别不同模型之间的适当的通信接口和交互协议。再逐渐使用适当技术提供更详细模型取代这些模型,例如物理现象的连续时间

156

(CT)模型。

该案例研究将涉及一个基于 CPS 的人工制造系统的虚拟设计和验证,用于 USB 存储盘的组装。此处的自动生产线是分布式异构系统的一个代表性示例,其中产品、制造资源、订单和基础设施都属于赛博物理系统。在这种情况下,将在设计中研究一些特征(诸如异步通信、消息流、自主性、自适应等),并使用到协同建模方法。总之,该案例研究提供了一个平衡点,即具有足够的简单性,可作为生产线的示例,包括生产制造有形的产品;同时也具有足够的普遍性,可以研究协同仿真的复杂性[3]。此外,选择如图 7.1 所示的 USB – OTG① 记忆棒的生产,将研究的目标扩展到生产线上所生成的硬件和软件解决方案之间的互动性,该案例将提供这方面的可能性。

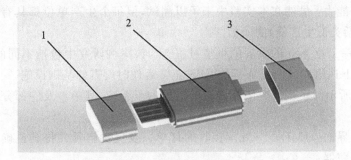

1—左端盖子;2—中间记忆体(主体);3—右端盖子

图 7.1　USB – OTG 记忆棒示例

7.2　案例研究描述

该案例研究作为赛博物理生产系统(IPP4CPPS)创新实验的一部分而被开发出来[4]。iPP4CPPS 项目的目标是为工程方法的进步和基于 CPS 生产系统制造中所使用的工具做贡献。

- 展示正确的方法论步骤,实现一个相对复杂的系统的异构协同仿真(使用各种专用工具建模单元),这需要多样化和多学科的团队合作。
- 评估当前基于 CPS 的技术的成熟度,便于未来实现基于 CPS 的生产系统。
- 扩展所使用工具的模型库和功能,从而应对实际的工业需求。

本节简要描述 USB – OTG 记忆棒制造案例的生产线,作为一个可操作但有代表性的生产线实例,该生产线具有 Mühlhäuser[5] 所定义的智能产品的典型特征,如下:

- 定位性:环境态势的认知,包括识别订单、零部件和插槽的可用性、扰动(如

---

①　采用 On-The-Go(OTG,随身携带)技术的 USB 闪存驱动器或记忆棒,在一端配有标准 USB 连接器;在另一端配有微型 USB 连接器,允许直接连接到智能手机等设备。

振动)和故障的认识等。

- 个性化：根据订单对 USB－OTG 记忆棒个性化的设计,以及在生产阶段处理取消和修改订单的能力。
- 适应性：确保生产线能够适应客户订单,例如按照订单的紧迫性和扰动(振动)水平来调整生产线。
- 主动性：限制某些条件下的功能,最小化故障风险或在不确定的光度条件下扩展测试工作,从而使生产线达到所有者预期的意图。
- 业务意识：除非收到客户的特别紧急的需求,否则将会采取节能的方式执行各种运作。
- 网络能力：虽然在本实验中未予以测试,但每个生产单位都具有与外部产品(包括类似生产线)的通信能力。

为了跟踪工业 4.0 的发展的增值过程[6-9],该案例研究中包括不同的子系统,并反映出订单下达用户以及保证其他 CPS 正常运作时所需的基础设施。

图 7.2 所示为案例研究中所确定的需要的子系统,其中涉及的部分子系统及其组成如下：

- 人机界面(HMI)——处理接收的订单以及负责解释并将其正确传输到零部件跟踪器；
- 零部件跟踪器——基础设施单元并能够与 HMI 通信,将订单信息传递给生产系统并收集有关接收到的任何订单状态的数据；
- 货仓——将储存的零部件组装成记忆棒；
- 机械臂——移动部件或组装记忆棒；
- 小货车——生产线上各子系统之间的运输单元；
- 测试站——用于检查是否符合订单需求的处理站。

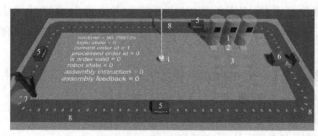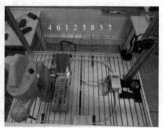

1—货仓堆栈;2—货仓组装箱;3—货仓储存盒;4—机械臂;
5—轨道上的小货车;6—装载站;7—测试站;8—小货车的圆形轨道

图 7.2 Unity 渲染和物理演示台的布局

在软件中为系统单元创建另一个单独的可视化模块。图 7.2 所示为生产线布局的三维渲染以及在项目期间制造的物理单元的小型演示台。

图 7.3 所示为单元之间的通信模式,包含简单消息以及组合消息。简单消息在

专用线路上直接传输子系统的状态或某个特定的值。例如,零部件追踪器要求小货车达到一定的速度,或者将小货车的位置反馈到零部件追踪器中。

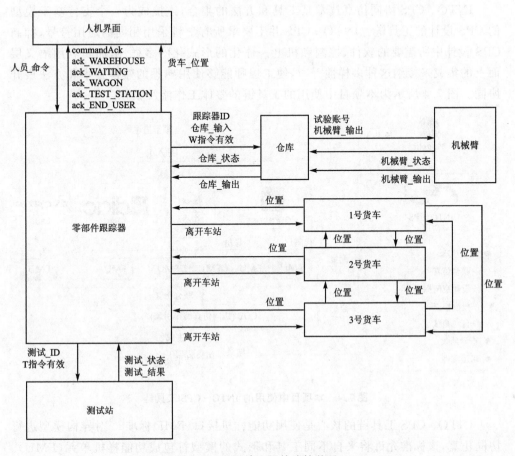

图 7.3　子系统之间的连接关系

组合消息的两个目的:① 确保某些信息位同时到达(而不是来自不同的消息线,可能非同步的或需要进一步同步逻辑),以及考虑编码消息的可能性(可能关注在某些具有明显噪声的应用,因此错误校正码可能变得十分有用)。② HMI 向零部件跟踪器发出的订单请求或应答具有的多条信息,包括订单 ID、紧急程度、用户选择等。

7.3　技　术

本节将介绍用于创建初始模型的主要技术,包括 INTO-CPS 协同仿真技术和在 Overture[10] 中生成的离散事件优先(DE-first)模型的方法。本节还将介绍 INTO-CPS 工作流直接应用的不足之处以及采用的替代方法的动机。

7.3.1　INTO－CPS 技术

INTO－CPS 协同仿真技术是工具和方法的集合,连接成为一个支持基于模型的 CPS 设计的工具链。INTO－CPS 并不要求所有学科采用相同的通用符号,抑制 CPS 设计中所需要的软件、控制和机电一体化的形式化的多样性,而是利用语义层面上的集成来接纳这种多样性[11-15],使工程师能够使用熟悉的建模技术和方法展开协同。图 7.4 所示为本项目中使用的工具链的整体工作流及服务。

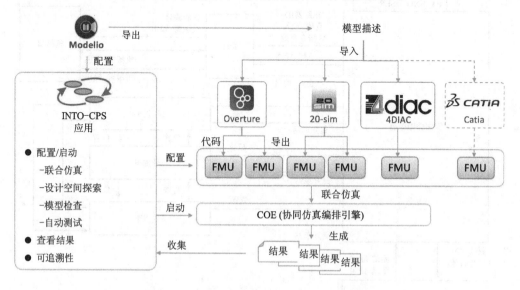

图 7.4　本项目中使用的 INTO－CPS 工具链

INTO－CPS 工具链的核心是使用功能样机接口(FMI)标准[16]对异构模型进行协同仿真,该标准允许将来自不同工具和形式的模型打包成功能样机单元(FMU)。这些模型可通过协同仿真进行组合和分析,每个 FMU 作为一个独立的仿真单元,并具有一个包括接口的模型描述。FMU 也可作为黑盒所提供,从而保护模型细节中所含的知识产权(IP)。

INTO－CPS 包括一个称为 Maestro 的协同仿真引擎[17],能够完全实现 FMI 标准的 2.0 版本,并已成功地与 30 多个工具进行联合测试[16]。围绕这一协同仿真核心,INTO－CPS 工具链连接其他工具,支持整个开发过程中基于模型的设计。Modelio 工具[18]提供并支持系统建模语言(SysML)扩展集文件(Profile),允许捕获 FMU 模型描述并与需求相连接。模型描述可捕获系统的物理和赛博部分,实现硬件在环(HiL)和软件在环(SiL)的仿真,并可导出用于建模工具之中[6]。该扩展集文件还允许 FMU 的描述,用以配置由 INTO－CPS 支持的联合仿真以及其他形式的分析。

INTO－CPS 工具链中的工具提供了对导入模型描述和产生骨架模型的具体支持。Overture[10]支持离散事件(DE)的建模;20－sim[19]和 OpenModelica[20]均支持时间连续(CT)的建模。这些工具也确保了 FMU 的导出,然后可在与 Maestro[17] 的协同仿真中使用。越来越多的工业工具中包含 FMU 的导出。在实验后期的异构协同仿真中,我们使用开发工业控制系统的开源工具 4DIAC[21] 和用于计算机辅助设计和制造的行业标准软件套件 CATIA[22],图 7.4 表明两者在 INTO-CPS 工具链中各自的位置。

7.3.2 初始模型

从 SysML 扩展集文件(Profile)中直接创建 FMI 模型描述,并将其导入专用的建模工具,期望所生成的各个 FMU 能够在协同仿真中无缝地连接,但这种方法也可能容易失效。虽然允许不同的团队分别对组成的模型进行工作,但其要求在利用协同仿真进行集成测试之前,所有团队开发的 FMU 都应已到位。任何生成组件的延迟都会进而造成协同仿真以及问题发现的延误。同样地,如果一个团队按照串行顺序产生所有的 FMU,那么针对所有的复杂性问题,只能在建模完成后协同仿真才能开始。

缓解这些风险的潜在策略是使每位团队成员尽快生成快速的初始版本的 FMU,并应用这些模型开展集成测试。之后,初始模型可采用迭代的方式更新为更加详细的模型,每个团队能够以自己的速度开展工作,在出现问题时可以回退到之前的模型版本,并为回归测试提供基线。然而,这种方法在某些建模范式中可能难以操作,因为在这些范式中,没有足够的能力应对快速和简单模型的测试。

IPP4CPPS 项目采用 DE-first(离散优先)方法,其遵循的策略是:首先产生初始的 FMU,然后在有了更加详细的模型后再将其替换。而不是使用每个模型的单一形式,一个独立的 DE(离散事件)形式,如 Overture[10],可用于所有的初始模型,从而快速生成整个系统的抽象模型。由此勾勒出所组成模型的行为,其可以在过程的开始阶段对假设进行早期测试。此时应选择 DE 形式,因为这些模型形式的设计在于捕捉抽象和逻辑的行为,通常采用接口来描述,因此其特别适合该项工作[23]。

7.3.3 VDM-RT/Overture 的离散事件优先策略

使用 Overture[10] 将 DE-first 方法应用于 FMI 环境,其遵循维也纳开发法(VDM)[24,25]原则,这是一系列成功用于研究和工业应用开发的建模技术。最初的 VDM 实时(VDM-RT)[7]项目包含每个 FMU 的一个类,模型描述中给出端口对象所对应的接口,一个主类(系统)实例化适当的端口对象以及各 FMU 类的实例,并在端口和外部类中传递,提供一个方法作为仿真的入口,启动 FMU 对象和块的线程,直到仿真完成。

图 7.5 所示为类图和对象图,表明使用两个组成模型的配置,即 FMU1 和 FMU2。这样的模型可以在 Overture 中仿真,以理解 FMU 的行为和互动。当对这些初始模型有了充分的信心时,就可将其作为 FMU 单独导出并在协同仿真中集成。

然后,Overture FMI 插件可用于从每个单独的项目单元中导出一个 FMU,然后

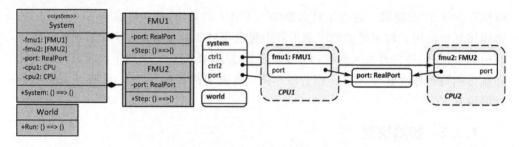

图 7.5　类图表明在单个 VDM - RT 项目中创建的两个简化的
FMU 类,对象图表明用于测试的实例化

将这些 FMU 合并到一个联合仿真中。如果发现存在问题,则可修改这些 FMU,然后用更加高保真度的模型予以替换。保留这些模型以供后续使用,并在将来出现集成问题时作为回退的一个方案。

7.4　方法论

在此有两个不同的开发阶段:数字模型的开发阶段(见表 7.1)和构建原型及部署的开发阶段(见表 7.2)[2,3]。第一阶段,面向代理的方法最适于提供最充分的抽象来设计通过识别主要子系统类型(即生产机器、订单和工厂基础设施)的原型的概念模型,并定义这些子系统的交互协议。在基于代理的制造控制系统[26]中完善地建立这些类型模型,并作为更复杂和抽象的工业 4.0 参考架构模型(Reference Architecture Model for Industry 4.0)[27]的一部分。

第一阶段的目的是确定如何建立原型,在第二阶段,原型以其最终形式得以实现。因此,每个子系统都采用特定的语言和工具开发,并适合于团队的领域知识和专长,通过遵循基于组件的方法来达到其具体的实现。表 7.3 所列为各子系统与实现完整仿真的适当工具之间的对应关系,并考虑所部署的设备。

表 7.1　数字模型的开发阶段

阶　　段	目　　标
需求模型:生产演示的详细的初步机械模型(领域描述)	● 确定目标协同仿真的组成结构,以及生产演示中每个组件最适合的模型/仿真工具; ● 促进参与实施具体仿真的专业团队之间的共享的理解
同构协同仿真模型:每个仿真行为的高级抽象,以及组成仿真之间的交互	● 确认组成仿真之间的交互协议; ● 早期工作的协同仿真,其中可逐步添加、测试和验证特定的仿真; ● 减少参与特定仿真建模的分散团队之间的依赖性; ● 涵盖那些无需在高层细节建模联合仿真中剩余的部分(例如测试站); ● 确定概念(系统层级)的参数,可在后期用于设计空间探索中的稳定约束并进行微调

表 7.2　数字模型的构造和部署阶段

阶　段	目　标
异构协同仿真模型：每个仿真的详细模型，包括各种仿真工具中的连续时间（CT）和离散事件（DE）模型	● 从整体角度仿真、测试和确认整个系统，并提高其准确性； ● 从不同子系统的专用仿真工具生成代码，用于特定的硬件实现
部署模型：通过异构协同仿真，对已部署在演示台上的单元进行建模和测试，并在实际条件下进行微调	扩展部署工具的库（例如，具有特定传感器和通信协议的 20-sim 和 4DIAC）和功能性（例如，INTO - CPS，具有可视化和代码生成能力的 Overture），从而满足实际的产业的需求

表 7.3　仿真技术和部署基础设施

类　型	单　元	仿真技术	部署设施
指令	HML	4DIAC+MQTT	智能手机/平板计算机
基础设施	零部件跟踪器	Overture(VDM - RT)	NVIDIA Tegra Jetson
生产	仓库	20-sim	Raspberry Pi+Stäubli
生产	小车	4DIAC	Raspberry Pi+sensors
生产	测试站	4DIAC	Camera + Raspberry Pi
总体	Unity	Unity 动画	个人计算机

7.5　子系统的建模

在同构协同仿真阶段创建的 VDM - RT 模型并不意味在物理（机械/电气）实现意义上是精确的。VDM - RT 模型不需要针对同构协同仿真提供完整的功能，只需要给出最基本的功能，从而确认单元之间的通信线路和系统层级的参数。

VDM - RT 模型的不完全性与组件内部工作细节相关，并不需要符合现实的所有约束。存在这样的一种不完全性，与所使用的内部工作随机变量有关而不是真实计算。测试站就是这么一个例子，因其初始模型简单地产生了一个随机的结果，即记忆棒是否使用所要求的颜色方案来组装。货仓的初始模型随机地生成组件颜色，就像原始零件的堆栈是无限的和不可穷尽的一样，而这对物理单元来说都不是真实的。

货仓的初始模型还体现出另一种不完全性——连续性的中断。物理货仓依次将彩色部件从堆栈中放入装配箱中，如果部件的颜色不符合要求，则指示机械臂将其移走。如果在装配过程中取消一个订单，则所有的部件都需要由机械臂移走，这样装配箱就可准备为下一个订单而清空。然而，货仓的初始模型即刻开始准备为下一个订单生成新的颜色，而不需要指示机械臂移走现有的部件。

对于适应抽象模型来确认 DE 建模而言，功能的这些方面是次要的细节。然而，内部状态以及模块之间的通信模式和线路已经确立,因此细化模块的行为与抽象模型的行为本身就没有实质性的差异。一旦建立,通信线路及其携带的数据类型就成为仿真的硬性约束,无法轻易更改,但如有必要,可添加新的通信线路。例如,在项目开发的后期添加新的通信线路,用于传输(到零部件跟踪器)每个子系统记录的振动水平。

除了确认交互协议和将项目分解成可以单独工作的单元之外,开发的第一阶段仅有 VDM-RT 模型的另一个好处是在异构协同仿真阶段设计空间探索之前确定概念性(系统级)的参数,所确定的生产线参数可分为两类:

- 概念性(系统级)参数——这些参数独立于物理实现(或对物理实现不构成有意的影响),例如可供客户选择的颜色数量、货仓中存储盒插槽数量或小货车的运载能力,这些参数适于在同构化的协同仿真阶段予以分析。
- 物理(子系统级)参数——定义子系统内部组件的物理特性,如货仓装配盘中使用的气动活塞的参数、机械臂以及小货车的机械和电气参数、生产线各部分所使用的传感器的灵敏度等。这些参数适合在异构协同仿真阶段进行分析。

即使在不完整的仿真模型下,概念性参数也能充分准确地确定。可供客户选择的颜色数量可能会影响装配线良好运作所需的零部件库存,但不会以任何方式影响物理设计。存储盒插槽数量和小货车运载能力影响单元的设计,但并未增加机械设计的复杂性。在小货车的上表面增加几个插槽如第二个插槽装载用于第二个 USB-OTG 记忆棒,虽然是异构仿真的硬性约束,但与不增加它们相比不会带来额外的机械困难,因此不会影响未来的开发阶段。

有了这些事先确定的参数,异构阶段的设计空间探索将受到限制,并聚焦于确定子系统中的机械、电气以及其他设计的组件的物理特性。

子系统模型

1. 人机界面

HMI 单元处理用户交互并仅与零部件追踪器通信。

该项目针对 HMI 单元采用两个互补的方法得以实现:Overture(VDM)和4DIAC+MQTT。虽然不能同时使用它们,但对于特定的每一种经验都将十分有益。

如图 7.6 所示,在 4DIAC+MQTT 的实现中,支持任何时间采用智能设备的应用程序进行手动下达、更改或取消订单,目的在于收集用户与实时订单下达有关的启发性和分析性的问题。

然而,对系统分析更具实用性的 Overture(VDM)模型,允许通过逗号分隔值文件(*.csv)自动输入订单。这种方法既灵活又强大。灵活性源于创建不同数量订单方案的可能性,涵盖统计的可能性,而强大性则来自于实验的可重复性。对于相同的

移动设备　　　　　　　　专用HMI　　　　　　物理系统

无线连接　　　　　　有线连接

图 7.6　外部应用与专用 HMI 之间的交互

输入 ∗.csv 文件,协同仿真可使用不同的参数运行,但同时具有相同的输入顺序,从而在可控的、可重复的实验中产生系统行为的详细图像。

2. 零部件跟踪器

零部件追踪器是中央逻辑单元,用于处理订单以及收集和汇总统计数据,与除机械臂之外的所有其他单元通信。零部件跟踪器是唯一需要完整建模的一个子系统,在整个项目中保留为 Overture/VDM‑RT 模型或 Overture 生成的 FMU。

3. 货　仓

货仓承担组件存储及 USB‑OTG 记忆棒组件组装功能,并仅与零部件追踪器和机械臂通信。

如图 7.7 所示,包含各类组件的堆栈、一个用于实际组装物品的组装盒,以及用于存储不适于当前订单的组件的存储盒。如果要求的颜色是可用的,则存储盒也可作为新订单部件的来源。

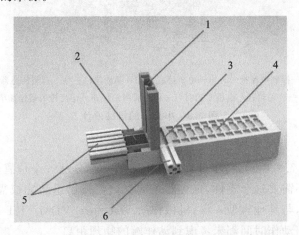

1—存储堆栈;2—作动器,将可用零部件从堆栈推入装配托盘;3—组装托盘;
4—存储盒,对于每类零件带有 11 个插槽;5—颜色检测传感器;6—气动作动器,用于组件装配

图 7.7　货仓的机械设计

在同构阶段的分析,认为在仿真货仓的堆栈中具有无限数量的部件,即在任何时候都不需要重新填充堆栈。此外,所有部件类型(左端、中段、右段)的存储盒都有相

同的尺寸。在收到装配订单后,货仓首先在存储盒中寻找所需颜色的可用部件。如果这些部件不存在,要么是因为存储盒是空的,要么是装满不同颜色的零件,货仓就会将这些部件从堆栈里丢弃。然而,堆栈中的零件并不按任何特定顺序予以排列。除非是幸运的,否则丢弃的零件就是错误的颜色,需要储存在存储盒中(如果有空间的话)或丢掉等待循环回收(如果存储盒已满)。为了保持合理的对称性,所有部件类型都具有相同的颜色范围以供用户选择。系统最多可选择 8 种颜色,但如果一种颜色可用于某个部件,则对于所有其他部件也是可用的。

4. 小货车

小货车的作用是将记忆棒从装载站(靠近货仓)运送到测试站,并与零部件跟踪器通信。每个小货车仅在装载站和测试站上予以定位,而在两者之间的,则根据之前的已知位置、时间和速度而周期性地进行估算。

该系统中限定有三辆小货车,但每辆小货车都装载一根或两根组装完成的记忆棒。小货车之间不能相互超车,其初始模型中不包括故障模型(如从轨道掉下或掉落载荷)。双插槽小货车的机械设计如图 7.8 所示。

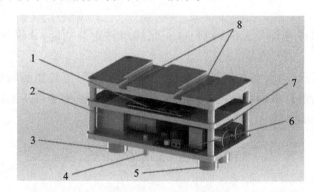

1—控制电路板;2—电子电机感应器;3—驱动轮;4—站点检测传感器;
5—从动轮;6—电机驱动器;7—超声波测距仪;8—记忆棒的运输插槽

图 7.8 小货车的机械设计

5. 机械臂

机械臂如图 7.9 所示,将零部件或其中的某一部分从一个位置移动到另一个位置,可能是因为不需要这个零件,也可能是因为记忆棒已组装完成需要移到装载站。它仅与货仓通信,与其他模型一样,机械臂的 Overture/VDM‐RT 模型特意是不完整的,因对于任何动作时间都未考虑到动作端的物理距离。

6. 测试站

测试站读取物品特征并报告是否符合需求,仅与零部件跟踪器通信,由此收到请求物品的颜色集,并报告测试结果。在 VDM‐RT 模型中,测试时间设置为固定时间,测试结果是随机的。但可从模型中控制拒收的比率的设置。

图 7.9 Stäubli TS20 机械臂

7.6 验证和确认

本节包括每个开发阶段开展的实验以及从中的推论,并通过 USB - OTG 生产线的实现而观察到该方法论的优越性。

7.6.1 同构阶段的实验

开发一个覆盖生产线所有重要阶段的系统,从订单到交货,可实现两种类型的分析场景:

● 改变系统外部参数(外源参数)时,分析系统行为;
● 改变系统内部参数(内源参数)时,对系统分析和优化。

1. 系统设置

所有的仿真实验运行在 45 000 个时间单位,相当于物理系统的 45 000 s 或 12.5 h(尽管每个实验的仿真本身经历大约 6 h)。订单可在最初的 12 h 内的任何时间下达,而剩下的 30 min 则是为了完成迟到或推迟的订单而延长的时间。

轨道长度为 100 单位,小货车每 10 s 报告一次位置。有三种速度可供使用者选择:低速(相当于小货车的默认巡航速度,0.3 个单位长度每秒)、中速(0.7 个单位长度每秒)和高速(1.1 个单位长度每秒)。在轨道上的考虑,货仓等候室(装载站)位于 10 号位置,测试站在总长度为 100 单位的 80 号的位置。当装载时,为避免小货车碰撞,尝试保持所需求的速度,但在返回轨道上(从测试站回到装载站),它们会恢复到

167

默认的速度,认为这样是最节能的。

外源参数指的是订单的预期数量和分布。使用 Overture(VDM‐RT)人机界面可很好地控制这两个参数。订单是由均匀分布和正态分布(高斯)所产生的。当需求来自许多不同的独立或弱依赖的客户时,高斯分布可由中心极限定理证明,而均匀分布可能是来自不同时区(或均匀分布的竖线)的独立客户的订单的结果。

12 h 内的订单数量选择在 200~300 个订单之间,如果订单在请求后的 900 s (15 min)内未到达终端用户,其中约一半的订单将被取消。对于均匀分布,预计平均 144 s(300 个订单)~216 s(200 个订单)一个订单。图 7.10 所示为用 MATLAB 随机变量函数生成的极端情况(200 和 300 个订单)的实际订单集及其分布。

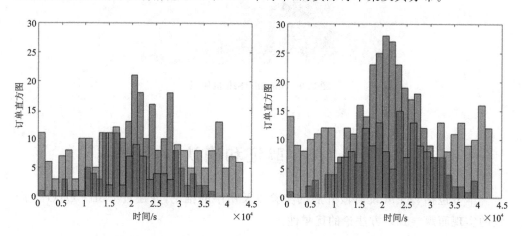

高斯分布(蓝色)和均匀分布(橙色)的 200 个(左图)和 300 个(右图)订单

图 7.10 订单直方图(见彩图)

此外,有一个订单(要求速度为"低"的一个全黑色的记忆棒,且不会取消)在开始时插入列表,由此初始化系统。使用这些订单测试生产线的负载和过载情况。订单的其他参数是固定的,如下:

- 颜色的选择是从离散的均匀分布中随机产生;
- 速度选项也是均匀分布的(大约三分之一的订单包含每个选项)。

目前,分析中考虑的内源参数如下:

- 可用颜色的数量;
- 货仓存储盒的大小;
- 小货车的运输能力。

考虑到少于 4 种颜色的测试没有意义,如果不重新定义子系统之间的具体信息编码,则不可能超过 8 种颜色,因此可用颜色的数量在 4、6 和 8 之间选择。最多有 8 种可用颜色(受限于 HMI 和零部件跟踪器之间的信息结构,以及零件跟踪器与货仓和测试站等其他各种单元之间的信息结构的限制),减少颜色集可能对在货仓中订单组装前消耗的时间产生正面的影响。

每类零部件货仓存储盒的大小也可以在 10 个插槽之间调整,每类零部件最多可有 60 个插槽。与颜色不同,存储盒的大小在货仓内部,可以自由调整。然而,大的存储盒可能是不切实际的(可能占有太大的空间),或者不受生产商欢迎。

小货车的运输能力是指小货车上可以装载的单位数量。每辆小货车一次最多可装 2 个记忆棒。当然,如果货仓旁边的等候室里没有现成的第二个记忆棒,小货车仍可以仅装载一个。测试站的记忆棒的测试时间固定为每单位 16 s,测试结果理论上有 2% 的拒收概率,在这种情况下,此订单将会返回货仓重新组装。

2. 成本函数

通过以下成本函数对改进设置予以量化,理想情况下,在相同时间内成本函数都应达到最小化。

- CF0:取消的订单百分比;
- CF1:平均交付时间;
- CF2:抛弃零件数量。

在真正的生产线上,从实际角度来看,取消订单的百分比是最重要的成本函数,因为取消的订单成为不能出售的商品。仅有大约一半的订单有取消策略(如果在提交请求后 900 s 内没有收到订单)。交付时间是指从下达订单到系统将所要求的单元交付给最终用户那一刻之间的时间长度。回收中抛弃的零件数量是货仓交付时间和存储盒超载的一个重要指标。虽然这些指标是分开计算的,但保持较低的抛弃零件数量可以改善这两个指标。

3. 外源参数改变时的分析

在第一轮实验中,改变存储盒的大小(10/25/40 槽)和外源参数(订单分布:均匀/高斯/订单数的数量:201/251/301),每个分布生成 9 个实验。均匀分布的实验中没有生成取消的订单。即使尝试最高数量的订单,均匀分布在 1 500 s(25 min)内也很少超过 14 个订单;而高斯分布则在最忙碌的 25 min 时间段内集中至少 20 个订单,在这之前和之后还有其他忙碌的时间段。因此,在整个 12 h 的实验中订单的数量与高峰时段负载相比,并不能表明取消订单的数量。系统可处理每 25 min 时段 10~15 个订单的恒定流量,但当一个时段超过 20 个订单时,系统就超负荷了,延迟不断的累计将对后续订单产生负面影响。

4. 存储盒插槽数量改变时的分析

当系统接近于订单过载时,调整存储盒的槽数对实验更有意义。增加存储盒大小的最重要的效果是减少抛弃零件(由于存储盒足够大,通常可以容纳所有颜色的充足样本),如图 7.11 所示。然而,对于即使有 50 个以上槽位的存储盒来说,其效果也是明显减少的。由于在货仓中或货仓前消耗时间的减少,所以准备时间在减少。但是由于货仓时间比这个阶段之后的等待时间要少(由于小货车在轨道的其他位置),

所以对于减少交付时间的贡献是微乎其微的。取消订单的数量受这一设置的影响不大,因为所有超过 10 个的存储盒都会使取消的订单百分比减少约 10%。

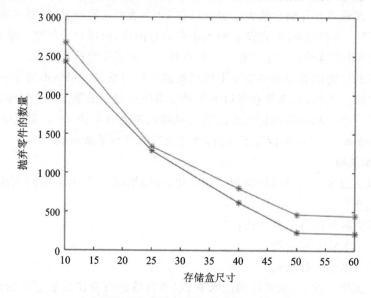

来自高斯(蓝色)和均匀(橙色)分布的 301 个订单

图 7.11 抛弃零件数量随存储盒大小的函数变化(见彩图)

5. 小货车负载能力增加一倍时的分析

小货车容量翻倍主要通过减少货仓后的等待时间(大约三分之一)来缩短交付时间,因此平均交付时间大大减少,足以消除几乎所有取消的订单的影响。将运载能力翻倍没有任何不好的方面,允许使用更少的存储盒来达到较少数量的零件抛弃,这将在下一组实验中得以验证。

6. 用户可用颜色数量改变时的分析

通过在存储盒中增加要求的可用零件的可能性,以及减少颜色数量对于交货时间将带来有利的影响。减少颜色数量的效果将同存储盒数量一同来分析,因为这两项操作都是为了改善仓储时间和减少抛弃零件的数量。这组分析的重点是这两个参数之间的平衡,即确定在减少可用颜色的数量时减小存储盒的大小。

表 7.4 表明两个参数(用户可用的颜色数量和存储盒的大小)变化时的交付时间。对于几乎所有的实验(除了具有 10 个插槽的存储盒的高斯分布),最多仅有 2 个订单没有完成,使得取消的百分比是合理的(低于 1%)。关于交货时间,无论颜色的数量如何,25 个插槽或更多插槽的存储盒都没有明显的减少。从具有 40 个插槽的存储盒开始,抛弃零件数量并未急剧减少,而随着可用颜色数量的增加,抛弃零件的数量仍然较多。因此,在使用 6 种颜色和 40 个插槽时,可以达到良好的平衡。在这些实验中,订单在每个阶段消耗的平均时间如图 7.12 所示。

表 7.4　可用颜色数量和存储盒大小的各种组合的平均交付时间和抛弃零件数量

平均分布		存储盒大小			
		50	40	25	10
可用颜色数量	8	288.56 s 691 个零件	286.49 s 625 个零件	310.75 s 1 450 个零件	360.56 s 2 696 个零件
	6	274.35 s 216 个零件	273.75 s 325 个零件	284.04 s 758 个零件	300.60 s 1 536 个零件
	4	260.31 s 102 个零件	266.11 s 103 个零件	263.60 s 149 个零件	289.67 s 600 个零件

高斯分布		存储盒大小			
		50	40	25	10
可用颜色数量	8	330.07 s 416 个零件	379.07 s 664 个零件	387.12 s 889 个零件	450.46 s 2 065 个零件
	6	315.38 s 171 个零件	356.74 s 180 个零件	313.03 s 544 个零件	417.53 s 1 340 个零件
	4	193.20 s 20 个零件	332.17 s 129 个零件	309.54 s 230 个零件	319.22 s 475 个零件

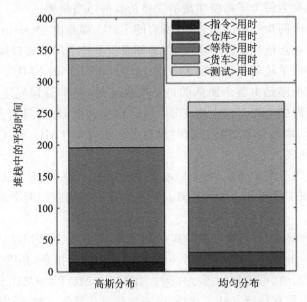

图 7.12　考虑的参数集在每个生产阶段堆栈的平均时间

7.6.2　与物理系统相关的同构仿真分析

与真实系统相比,同构协同仿真的 VDM-RT 模型并不意味着在物理(机械/电气)实现意义上的 100% 的准确度。VDM-RT 模型的目的是抽象地捕捉各组成子系统之间的接口。VDM-RT 模型的不完整性与组件内部运作的细节有关,不一定遵循现实的所有约束。例如,货仓中的 USB-OTG 零部件随机生成的颜色堆栈取之不尽,或每个单元的固定测试时间为 16 s,这显然是简化的假设。然而,同构协同仿真具有相对的预测性,即利用足够多的订单统计计算平均交货时间的增加或减少,将反映在真实系统的平均交货时间的增加或减少,而不考虑实际的不精确性。货仓操作,如将零件移入/移出存储盒或将组装好的记忆棒移到等候室,可能比仿真的 4 s 略多或略少,但影响平均交付时间的决定性因素是操作的数量。在同构协同仿真阶段,重点是改善系统级的参数,而不是对于实现的完美预测。此外,考虑到 VDM-RT 模型后来将由专业工具生成的模型所取代,真实的系统性能与后一种异构协同仿真而不是与同构仿真相匹配。

7.6.3　异构阶段的实验

异构协同仿真涵盖使用专门的工具应用适当的形式化方法,成功地尝试生成的更为详细和完整的 FMU 并由 Overture 取代生成的 FMU。表 7.3 表明各子系统之间的对应关系以及为每个子系统实现的完整仿真的适当步骤。

在建立的一个同构的协同仿真中(所有的 FMU 都是由 Overture 生成的),项目各部分的改进可在互依赖情况下实现,因为如果子系统之间的接口保持不变,任何新生成的 FMU 将简单地取代相应的 Overture/VDM-RT 的 FMU。因此,完全功能的 FMU 的集成顺序是由各个团队的进度所决定的,而不是预先定义的依赖关系。团队能够在任何时候依靠工作中的 DE-first 协同仿真,并且只需重新放入他们自己的单元。此外,协同仿真可在任何时候由任何组合的 FMU(由 Overture 或其他工具生成)组装而成。

虽然对大多数子系统来说,专业应用程序生成的 FMU 仅是对 Overture 模型的一种改进(更加真实或更加详细的仿真),但该测试案例捕获到两个例外:HMI 和零件跟踪器。

人机界面与其他子系统不同,其所述的两个互补的 FMU 不能同时使用。Overture/VDM-RT 的 FMU 从一个 *.csv 文件中读取指令,并用于执行类似于基准测试的完全受控的、可重复的指令序列。4DIAC+MQTT FMU 允许实时指令输入,并允许用户与仿真进行互动。此外,由于指令可从智能手机或平板计算机上发出请求,因此 4DIAC+MQTT FMU 还需要实现一个用于交互的图形化的界面。

零部件跟踪器处理流程,作为一个逻辑单元而不是一个物理单元。因此,在整个异构协同仿真阶段,零部件跟踪器是唯一在 Overture 中生成的一个 FMU 单元,也是唯一真正完整实现的 VDM 模型。

对于其他的一个单元,协同仿真的灵活性使其能够成功地实施一个备份计划。机械臂的 FMU 最初预想使用 Catia V6 制作,而项目实际执行中使用了另一个 20‑sim 的 FMU 模型。

异构协同仿真阶段支持使用专门程序通过仿真来分析单元之间的交互。VDM FMU(或其更严格的版本)之间交换的所有消息都可在协同仿真引擎和 INTO‑CPS 应用中显示。例如,图 7.13 中可清楚地观察到指令的执行进度,因为每当项目到达下一阶段时,应答信息就会发回 HMI。此外,应答信息包含指令的 ID,使过程追踪更加容易,尤其在平行组装物品的情况下,就像在一条流水线上。另一个示例如图 7.14 所示,表明对小货车所报告的位置和前面距离的监控。

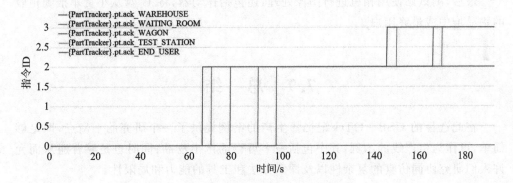

图 7.13　装配各阶段的应答消息

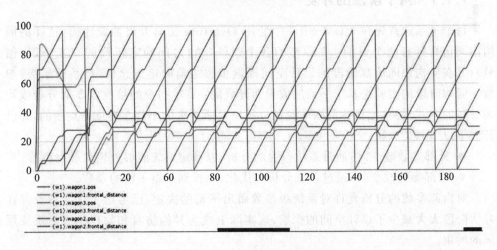

图 7.14　小货车位置和前向距离

异构协同仿真所建模和测试的子系统部署到一个演示台中(见图 7.2),便于在真实条件下进行微调。人机界面是一个虚拟单元,它是首先在智能手机和平板计算机中实现的应用,即使在项目的异构阶段也能通过 MQTT 与零部件跟踪器通信。

零部件追踪器是一个逻辑单元,其 FMU 是由 Overture 工具在同构和异构阶段生成的。在部署方面,C 代码直接由 Overture 生成并部署在 Raspberry Pi 3 之上,也采用 MQTT 作为通信协议[28]。

货仓主要由堆栈和内存位置、颜色传感器和气动活塞组成,使用具有 UniPi 扩展板的 Raspberry Pi 3 来部署异构协同仿真的 20 - sim 生成的 C 代码。

机械臂来自于 Stäubli 公司的机器人,不具有内部逻辑,仅跟随货仓的引导。

小货车是展台的移动部件,包含直流电动机(具有 PWM 驱动器)、检测装载站和测试站的位置传感器、用于避免与其他小货车碰撞的防撞超声波传感器以及从 4DIAC FMU 生成的内部逻辑的嵌入式 Raspberry Pi 电路板。

最后,测试站使用相机进行图像处理,还包括作动器,将 U 盘从小货车推到拒收的物品堆中或最终用户。

7.7　总　结

在此选择的 USB - OTG 记忆棒生产的案例提供了一个研究的平衡点,即足够简单,可作为生产线的示例,其中包括一个可行的产出物品;同时也足够普遍从而允许人们研究协同仿真的复杂性以及探索方法和工具的能力和局限性。

7.7.1　两个阶段的开发

每个子系统首先在 VDM - RT 中使用 Overture 工具开展抽象建模,这样的同构协同仿真具有两个目的:在原型的各个组件(站)之间确定正确的交互协议(信号);并在异构协同仿真阶段的设计空间探索步骤之前确定概念模型(系统层级)参数。同构阶段的实验是基于下面的假设而开展的:订单指令的接收以高斯分布或均匀分布的方式得到,记忆棒两端的颜色分布以及所要求的小货车速度是均衡的,并已开展了以下两类分析:

- 外部参数改变时,通过系统行为的分析,以确定系统能够处理的最大负荷;
- 内部参数改变时,通过系统分析和优化,以找到一组平衡的参数。

对内部参数的分析允许对系统级参数做出平衡的决定,已考虑了这些参数并在异构阶段大大减少了设计空间的探索,这实际上成为异构仿真和物理模型的系统层级的约束。

关于异构阶段,协同仿真引擎的灵活性支持逐步集成那些更为接近现实和更加详细的 FMU,这些 FMU 在专用工具中生成。

使用两个阶段开发最为直接的好处是可以仿真、测试和验证整个生产系统(从整体的角度和更高的准确性),这需要跨功能的专业知识;在以往,这些问题是通过从自动化组件的多个顺序的实践经验学习来解决的；换句话说，协同仿真有助于采用敏捷软件开发的原则来实现工厂的自动化。例如，在 VDM‐RT 中为 iPP4CPPS 原型开发一个同构的协同仿真，对促进合作以及澄清参与特定组件建模的团队的假设特别有益。当 VDM‐RT 协同仿真开始运行时，独立开发的单元就将会被集成、确认，并在准备到位时进行部署，因为该方法论允许以任何顺序进行开发。

另一个好处在于能够在一定程度上应对那些不可预知的事件。在设计自动化生产系统时，使用协同仿真可以避免后续设计约束的惯性累计，促进决策成本的低承诺和后承诺，如特定的微控制器或 PLC 以及允许项目中在任何时间对任何子系统来改变建模工具。

此外，两个阶段的方法也适用于其他 CPS 建模工作，特别是对于大多数其至全部子系统可在抽象模型中识别和调整系统级参数时。例如，在工业 4.0 中选择合适的无线连接方式是由诸如延迟、可靠性和吞吐量等参数所决定的。

一个早期的仿真可以提供通信模式和强度（包括消息的数量、大小和组成），可以帮助选择通信和处理单元以及识别需要同步发送/接收的关键数据。相反，如果通信网络是固定的或扩展成本高，早期的协同仿真可给出一个粗略的估计或系统容量的上界。

自然而然地该方法可扩展到包括所生成的硬件和软件解决方案之间的互动，对于生产线的案例，这可能是指将数据写入 USB‐OTG 记忆棒并作为生产过程的一部分得到验证。

7.7.2　关于方法论上的见解

从方法论的角度来看，该实验提供了一些采用基于模型的方法来建立复杂的基于 CPS 的制造系统的见解。复杂的生产系统的协同仿真需要依靠在该领域相关跟踪研究中更成熟的方法论，如面向代理和基于组件。即使这两种方法论（面向代理和基于组件）都提倡敏捷软件开发的经典特征（迭代、增量、轻量和协同），但是它们使用不同的抽象，使其适于描述概念或实现模型。

虽然面向代理的方法提供了最充分的抽象，以消除协同仿真的概念模型，但其要求的一些细节也使其难以在现有的协同仿真技术中得以实现，而这些技术更多的与基于组件方法相关。

在实验中，使用面向代理的方法来识别子系统，并在特定的协同仿真单元之间构建消息结构，而其实现则遵循基于组件的方法。这其中至少有两个原因：

- 组件的元模型并没有针对目标的抽象，并且组件只使用任务委托。在制造系统中，系统层面（如产量、交货时间等）和个体层面（如能源消耗、利用水平、闲置时间等）存在多种冲突的目标。通常在设计空间探索阶段会发现，所有这些相互冲突的目标之间的正确平衡是未知的或未事先指定的。任何预定的实现目标的方式（任务授权）都可能抑制优化。虽然在实验中还没有测试这些子系统,但可在子系统内部进行优化,例如在货仓或测试站。货仓收到关于所要求的 USB－OTG 记忆棒颜色的信息,但并不强迫它以任何特定的顺序寻找必要的部件。VDM－RT 模型使用"左-中-右"的顺序,因为只有一个机械臂能够将零部件移入和移出存储盒,这是一个瓶颈。如使用两个机械臂会带来优化的问题,即货仓必须决定从哪一边先开始。因此,有关目标委托的工作可在当前的协同仿真技术中出现。

● 对于面向代理的方法,环境是最高层的抽象,作为代理元模型的结构部分,而它不是组件元模型的一部分。在制造业中,基础设施是任何参考架构的一部分,因此针对零部件跟踪器的建模和仿真给予了特别关注。与环境的交互不同,代理可以测量环境,而组件只能通过定义与环境的关系对事件做出反应。因此,考虑到目前的协同仿真技术,一个可行的扩展是,在多个货仓单元的情况下,允许小货车自行决定是否在某个货仓的装载站等待更长的时间(即使目前在相应的等待室中没有记忆棒)或离开到另一个装载站(如果另一辆小货车足够接近)。在这种情况下,小货车将自己获得关于等待中是否有准备好的 USB－OTG 记忆棒的信息(例如通过查询零部件跟踪器),并且必须知晓装载过程,必须决定在哪个槽中放置记忆棒并知道装载工作何时完成。

本章所讨论的同构异构方法,在多范式协同仿真工具中是一种强大而灵活的方法,可用于开发制造业以及产品开发等行业中的 CPS 生产线。

致　谢

当前的工作作为 CPSE 实验室创新行动(拨款号 644400)选定的小型实验,得到了欧盟委员会的部分资助,在此介绍的工作也得到了欧盟委员会地平线 2020 计划支持的 INTO－CPS 项目的部分资助(资助协议号 664047)。我们特别感谢这两个项目的所有参与者,是他们的贡献使此成果成为可能。

参考文献

[1] Cláudio Gomes,et al.,Co-simulation:a survey,ACM Computing Surveys (ISSN 0360-0300) 51 (3) (May 2018) 49 (pp. 1-33).

[2] Mihai Neghina, et al., Multi-paradigm discrete-event modelling and co-simulation of cyber-physical systems,Studies in Informatics and Control 27 (1) (2018) 33-42.

[3] Mihai Neghina,Constantin-Bala Zamrescu,Ken Pierce,Early-stage analysis of cyber-physical production systems through collaborative modelling,Software and Systems Modeling 19 (3)

(2020) 581-600.

[4] IPP4CPPS,Integrated product-production co-simulation for cyber-physical production system, http://centers. ulbsibiu. ro/incon/index. php/ipp4cpps/. (Accessed June 2019).

[5] M. Mühlhäuser,Smart products: an introduction,in: M. Miihlhauser,A. Ferscha,E. Aitenbich (Eds.),Constructing Ambient Intelligence,Springer,Berlin,Heidelberg,2008.

[6] Imran Quadri,et al. ,Modeling methodologies for cyber-physical systems: research field study on inherent and future challenges,Ada User Journal 36 (4) (2015) 246-253,http://www. adaeurope. org/archive/auj/auj-36-4. pdf.

[7] Marcel Verhoef, Peter Gorm Larsen, Jozef Hooman, Modeling and validating distributed embedded real-time systems with VDM + +, in: Jayadev Misra, Tobias Nipkow, Emil Sekerinski (Eds.),FM 2006: Formal Methods,in: Lecture Notes in Computer Science,vol. 4085,Springer-Verlag,2006,pp. 147-162,https://doi. org/10. 1007/11813040_11.

[8] C. B. Zamfirescu,et al. ,Preliminary insides for an anthropocentric cyber-physical reference architecture of the smart factory,Studies in Informatics and Control 22 (3) (2013) 269-278.

[9] Design Principles for Industrie 4. 0 Scenarios,IEEE,ISBN 9780-7695-5670-3,2016,https:// doi. org/10. 1109/HICSS. 2016. 488.

[10] Peter Gorm Larsen,et al. ,The overture initiative integrating tools for VDM,SIGSOFT Software Engineering Notes (ISSN 0163-5948) 35 (1) (2010) 1-6,https://doi. org/10. 1145/ 1668862. 1668864,http://doi. acm. org/10. 1145/1668862. 1668864.

[11] John Fitzgerald, et al. , Cyber-physical systems design: formal foundations, methods and integrated tool chains,in: FormaliSE: FME Workshop on Formal Methods in Software Engineering,ICSE 2015,Florence,Italy,2015.

[12] Peter Gorm Larsen, et al. , Integrated tool chain for model-based design of cyber-physical systems: the INTO-CPS project,in: 2016 2nd International Workshop on Modelling, Analysis, and Control of Complex CPS (CPS Data),IEEE,Vienna,Austria,2016,http://ieeexplore. ieee. org/document/ 7496424/.

[13] Peter Gorm Larsen,et al. ,Collaborative modelling and simulation for cyberphysical systems, in: Trustworthy Cyber-Physical Systems Engineering, Chapman and Hall/CRC, ISBN 9781498742450,2016.

[14] Peter Gorm Larsen,et al. ,Towards semantically integrated models and tools for cyber-physical systems design, in: Tiziana Margaria, Bernhard Steffen (Eds.), Leveraging Applications of Formal Methods, Verification and Validation, Proc. 7th Intl. Symp. , in: Lecture Notes in Computer Science, vol. 9953, Springer International Publishing, ISBN 978-3-319-47169-3, 2016,pp. 171-186.

[15] John Fitzgerald, et al. , Collaborative model-based systems engineering for cyber-physical systems-a case study in building automation,in: Proc. INCOSE Intl. Symp. on Systems Engineering,Edinburgh,Scotland,2016.

177

［16］ T. Blochwitz,et al.,The functional mockup Interface 2.0：the standard for tool independent exchange of simulation models,in：Proceedings of the 9th International Modelica Conference, Munich,Germany,2012.

［17］ Casper Thule,et al.,Maestro：the INTO-CPS co-simulation framework,Simulation Modelling Practice and Theory (ISSN 1569-190X) 92 (2019) 45-61,https：//doi.org/10.1016/j.simpat. 2018.12.005,http：//www.sciencedirect.com/science/article/pii/S1569190X1830193X.

［18］ Softeam,Modelio,https：//www.modelio.org/. (Accessed June 2019).

［19］ Christian Kleijn,Modeling and simulation of fluid power systems using 20-sim,International Journal of Fluid Power 7 (3) (2006) 5760.

［20］ Linköping University,OpenModelica official website,http：//www.openmodelica.org/,2015.

［21］ T. Strasser,et al.,Framework for distributed industrial automation and control (4DIAC),in： 2008 6th IEEE International Conference on Industrial Informatics,2008,pp. 283-288,https：// doi.org/ 10.1109/INDIN.2008.4618110.

［22］ 3DS,CATIA,https：//www.3ds.com/products-services/catia/.(Accessed June 2019).

［23］ John Fitzgerald,Peter Gorm Larsen,Marcel Verhoef (Eds.),Collaborative Design for Embedded Systems-Co-modelling and Co-simulation,Springer,2013.

［24］ D. Bjørner,Programming in the meta-language：a tutorial,in：The Vienna Development Method：The Meta-Language,1978,pp. 24-217.

［25］ John Fitzgerald,Peter Gorm Larsen,Modelling Systems-Practical Tools and Techniques in Software Development,Cambridge University Press,The Edinburgh Building,Cambridge CB2 2RU,UK,ISBN 0-521-623480,1998,https：//doi.org/10.1145/1668862.1668879.

［26］ P. Leitão,S. Karnouskos (Eds.),Industrial Agents. Emerging Applications of Software Agents in Industry,Elsevier,2015.

［27］ RAMI,Referenzarchitekturmodell Industrie 4.0,DIN SPEC 91345：201604,https：//www. plattform-i40.de/I40/Redaktion/DE/Downloads/Publikation/din-spec-rami40.html.(Accessed June 2019).

［28］ Victor Bandur,et al.,Code-generating VDM for embedded devices,in：John Fitzgerald,Peter W. V. Tran-Jørgensen,Tomohiro Oda (Eds.),Proceedings of the 15th Overture Workshop, Newcastle University,2017,pp. 1-15,Computing Science. Technical Report Series. CS-TR-1513.

第 8 章　使用 SEA_ML++ 开发基于智能体的赛博物理系统

Moharram Challenger[a]，Baris Tekin Tezel[b,c]，Vasco Amaral[d]，
Miguel Goulão[d]，Geylani Kardas[b]

a 比利时安特卫普，安特卫普大学和弗兰德斯制造研究院

b 土耳其伊兹密尔，爱琴海大学国际计算机学院

c 土耳其伊兹密尔，度库兹埃路尔大学

d 葡萄牙里斯本，里斯本大学

8.1　概　述

Russell 和 Norvig[1] 将智能体作为能够通过传感器感知其环境，并通过作动器作用于该环境的各种事物。此外，智能体（agent）位于特定的环境中能够在该环境中灵活自主地行动，以满足其设计目标[2]。这些自主的、反应式的和主动的智能体还具有一定社会能力，可与其他智能体和人类交互，从而解决自己的问题。它们也可能以合作的方式行动，并与其他智能体协同解决公共的问题。

为了执行它们的任务并彼此交互，智能体的组成称为多智能体系统（Multiagent System，MAS）。MAS 是一个由问题解决实体（智能体）组成的松耦合网络，这些实体（智能体）应用运作，寻找那些超越每个单个实体（智能体）个体能力或知识范围问题的答案。

智能体和 MAS 具有移动性、智能性、分布性、自治性和动态性等能力，可用于不同的应用中，从软件密集型应用，如电子易货贸易[3,4] 和股票交易系统[5]，再到系统层级应用，如智能废物收集[6]。MAS 还可与其他范式一同使用，如基于模型的系统工程（Model-based System Engineering，MBSE），以应对赛博物理系统（Cyber-physical Systems，CPS）的挑战，包括资源限制、不确定性以及分布式。因此，可将用于各种业务领域的 CPS 基本组件设计和构建成为相互交互的自治智能体。在此应用 MBSE 是为了利用抽象层级来最小化系统的复杂性并促进智能体的设计。最后，它为各种 MAS 执行平台提供一种便捷的方法来实现和执行这些系统[7-9]。

本章将讨论如何在 CPS 的建模和开发中使用智能体和 MAS。为此，我们将演

示如何使用领域特定建模语言(Domain-specific Modelling Language,DSML),即SEA_ML++,从而支持智能体的模型驱动工程及其规划机制和智能体协同,构建所需要的CPS。SEA_ML++可表示MAS的不同方面,如环境、交互、智能体内部特征、组织、计划和角色[10]。通过这种方式,它可指定复杂动态系统(如CPS)的各个方面。为了演示所提出的开发方法,基于SEA_ML++设计并实现一个名为多智能体垃圾收集的案例研究。

本章的组织结构如下:8.2节和8.3节分别讨论背景和相关工作;8.4节介绍SEA_ML++;8.5节讨论基于智能体的CPS建模和开发方法;8.6节使用SEA_ML++设计和开发一个多智能体垃圾收集系统,以演示所提出的方法;最后,本章在8.7节中得出结论。

8.2 背 景

赛博物理系统(CPS)由紧密的集成、协作的计算和物理元素组成,通过聚焦于高度不确定性的环境的交互(如人员的交互或设备的使用损耗),代表嵌入式系统向更高复杂层级的演进。在这些系统中,嵌入式计算机与网络监视(通过传感器)、控制(通过作动器)物理流程,通常具有反馈回路,物理流程和计算相互影响。系统的计算部分起着至关重要的作用,需要开发能够在有限的资源(包括计算资源、内存资源、通信资源等)[12]条件下处理不确定情况的方式(大部分是实时的)。然而,考虑到组件的异构性以及与物理环境交互的系统行为的多样性,这些系统的设计和开发任务将是复杂的、耗时的和昂贵的。

一般而言,解决工程系统复杂性的方法之一是摒弃多余的细节,并在系统的抽象模型/表示之上,我们可以在其中做一些在原始系统[13]很难或有时不可能完成的任务(例如分析、理解和开发)。针对系统的建模代表这一系统所感兴趣的特性并可应用于各种目的。对于像CPS这样的复杂系统,可以有不同的模型(具有特定的范式或形式化),其中每个模型代表系统的一个方面。这种方法称为多范式建模[14]。建模方法可用于不同的目的,例如模型驱动工程,是一种软件和系统开发范式,强调在整个系统开发生命周期(System Development Life Cycle,SDLC)中的建模原则和最佳实践的应用。

在MDE方法中,DSML使用针对特定应用领域(例如MAS或并发程序[15])定制的符号和构造。DSML的最终用户拥有所观察到的问题领域的知识,但他们通常缺乏编程经验。DSML提高抽象层级、表达性和易用性。DSML的主要制品是模型,而不是软件代码,通常以可视化规范的形式存在。DSML的图形化句法提供一些优势,比如在某些领域(例如物联网领域[16-18])建模时更易于设计。

DSML 的开发通常是由语言模型定义驱动的。也就是说,为了反映目标领域(语言模型),需要定义来自领域的概念和抽象。然后需要定义语言概念之间的关系,它们都构成建模语言的抽象句法。通常,语言模型是使用元模型来定义的。语言模型的附加部分是定义那些不能仅使用元模型定义的语义约束。领域抽象和关系需要在具体的句法中表示,并作为最终用户建模环境中的建模块(blocking)。如果使用专用软件,则可自动生成建模环境;否则必须手动提供建模编辑器。然后需定义模型转换方式,以便调用领域框架,领域框架作为一个平台提供在特定环境中实现DSML 语义的函数。通常,语义是由转换语义给出的。

8.3　相关工作

本节将讨论 MAS DSML 和基于智能体的 CPS 开发研究的相关工作。

Agent - DSL[19]应用元模型来呈现智能体特征建模,如知识、交互和自主。如在参考文献[20]和[21]中引入的智能体建模语言句法定义的考虑,而不是运行语言语义。像参考文献[22]和[23]的研究也通过在不同抽象的 MAS 元模型上引入一系列转换来研讨智能体系统的 MDE。尽管这些转换可能指导构建某种语义,但相关研究描述的是 MAS 开发方法,而不是指定完整的 DSML。此外,还有 MAS 元模型建议(例如参考文献[24]和[25]),MAS DSML 的抽象句法可源自这些建议。在参考文献[26]中,为基于 EMF①的 MAS 提供 DSML。该语言依据一种称为 Prometheus的特定 MAS 方法论对智能体建模支持。同样,SEA_L[27]和 JADEL[28]是两个智能体 DSL,均提供基于 Xtext 规范的文本句法。Sredejovic 等[29]引入另一种的智能体DSL,称为ALAS,允许软件开发人员创建具有基于非公理逻辑的推理系统的智能体。参考文献[20]的工作旨在创建一种基于 UML 的智能体建模语言,称为 MAS -ML,该语言能够图形化地对各种类型的智能体内部架构建模。然而,该语言的当前版本不支持任何代码生成,这也阻碍了智能体系统建模的执行。DSML4BDI[9]是另一种提出创建符合信念-愿望-意图(Belief-Desire-Intention,简称 BDI)架构的智能体的 DSML。除了对智能体的内部结构、信念、目标、事件和知识库进行建模外,DSML4BDI 还特别允许对复杂的逻辑表达式建模,这些逻辑表达式可能用于任何智能体的规划或规则中。除了提供基于元模型的抽象句法外,SEA_ML++[10,30]还提供了一种成熟的建模语言,包括根据著名的 BDI 和反应式智能体原则进行智能体的

---

① Eclipse 建模框架,http://www.eclipse.org/modeling/emf/。

MDE 所需的所有句法和语义构建。SEA_ML++支持通过一系列模型到模型和模型到代码的转换来执行建模的智能体,从而构建智能体之间的交互。

在 Road2CPS 欧盟支持行动计划中[①],提出 CPS 未来部署的路线图和建议[31]。同样,在 CPSoS 欧盟支持行动计划中[②],定义 CPSoS 工程和运行带来的挑战[32,33],并提出关于 CPSoS 的研究和创新议程。在参考文献[34]中,作者报告 CPS 最新软件工程研究。此外,在参考文献[35]和[36]中,作者论述赛博物理系统的多范式建模方面。最后,在参考文献[37]中,作者提出用于设计 CPS 的 DSL。然而,这些研究中没有一项涉及使用智能体和多智能体系统构建这些系统,如提供自主性、反应性和(或)主动性。

参考文献[38]中的研究解决 CPS 中自主对象的建模方法和工具。作者提出一个名为 CPS - Agent 的框架,用于在考虑时空特征和与物理环境交互的情况下的对象建模。他们提出一个基于角色的策略制定,使 CPS - Agent 的工作模式更加清晰。在 CPS - Agent 之间的网络通信方面,基于 FIPA - ACL 规范定制一组通信原语。

在参考文献[39]中,作者讨论智能停车系统的基于智能体的 CPS 的开发。他们认为,在 CPS 范围内结合 MAS,通过自主的、协同的和主动的实体,确保智能的灵活性、模块化、适应性和去中心化。他们还提及智能停车系统可适应其他类型的车辆停放,并在停车位和驾驶人员/车辆数量方面进行扩展。作者主要关注软件智能体如何使用适当的技术与物理资产控制器的互连。

参考文献[40]的作者解决 MAS 面对 CPS 的挑战。他们指出 CPS 应用领域包括三个主要特征——智能性、自主性和实时行为,MAS 可用于实现此类系统。他们认为 MAS 解决了前两个特征,但没有遵守严格的实时性的限制。MAS 缺乏实时满足性的主要原因在于当前的理论、标准和技术实现。特别是,认为当前内部智能体的调度程序、通信中间件和协商协议是抑制实时符合性的协同因素。

最近在参考文献[41]和[42]中,一组研究人员(在欧洲研究项目的范围内[③])研究智能体在解决赛博物理生产系统中的问题,通过提出一种智能体架构(呈现的一种分布式智能)来对 CPS 进行分布式分析,并弥补多阶段制造中的缺陷,聚焦于制造中的质量控制。

尽管上述研究均已提出智能体范式在 CPS 中值得关注的应用,但都没有解决这些系统的 MDE 问题,既没有提高 CPS 设计所需的抽象层级,也没有利用智能体特征促进 CPS 的构建。CPS 实现与智能体能力的丰富将改进此类系统的执行,这也可能带来 CPS 在各种应用领域的广泛使用,如从智能制造到自适应系统。然而,与传统

---

① http://www.road2cps.eu/。

② https://www.cpsos.eu/。

③ http://go0dman-project.eu/。

的 CPS 开发方式相比,具有智能体能力的 CPS 的设计和实现自然变得更加困难,因为除了已经存在的 CPS 开发挑战(如 CPS 组件的复杂性和互操作性)之外,开发人员还可能面临新的挑战,特别是来自新 CPS 中构建的智能体的自主和主动行为。基于智能体的 CPS 的 MDE 可能有助于最大限度地减少这些挑战,从而提供一种更方便的开发方式。在此背景下,本章将研究如何使用 DSML 来支持 CPS 的 MDE,这在现有的基于智能体的 CPS 开发方法中尚属缺失。

8.4 SEA_ML++

本节详细介绍 SEA_ML++语言及其组件,包括其抽象句法、图形化具体句法以及转换。

SEA_ML++是 SEA_ML[43]和 SEA_L[27,44]语言的扩展版本,通过系统评估智能体建模组件[7,30],并应用符号原理[45]的物理特性来改进 MAS 建模中所使用的图形化句法[10]。在参考文献[46]中首次介绍创建这种 DSML 的最初思想,在参考文献[24]中介绍它的元模型和具体语法。

8.4.1 抽象句法

SEA_ML++语言的抽象句法是由一个元模型构成的,该元模型被划分为不同的视角,每个视角描述 MAS 的不同方面。重要的视角是 MAS/组织、智能体内部、计划、角色、交互、环境和本体。它们以前是由 SEA_ML 语言[43]的抽象句法中的部分元模型定义的。然而,所有这些部分元模型都得到改进,并组合成 SEA_ML++的元模型。

SEA_ML++涵盖主要的智能体实体及其之间的关系,得到智能体研究界的广泛认同。此外,在 SEA_ML++的句法中还详细支持领域的更具体方面,如计划、角色和环境。SEA_ML++的总体概览及各视角之间的关系,如图 8.1 所示。

下面将简要讨论一下 SEA_ML++的所有视角:

1. MAS 视角

SEA_ML++的 MAS 视角与创建 MAS 作为元模型的整体方面有关,包含作为一个组织的复杂系统的主要的块。

2. 智能体内部视角

这个视角聚焦的是 MAS 组织中每个智能体的内部结构。通过这个视角,SEA_ML++的抽象句法同时支持反应式和 BDI 智能体。信念、计划和目标等元实体支持 BDI 智能体,行为元实体及其嵌套结构支持反应性智能体。

3. 计划视角

计划视角定义智能体计划的内部结构。当智能体实现计划时,它执行的是由原

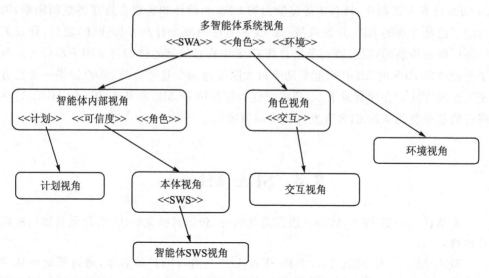

图 8.1　SEA_ML++的视角概览

子元素动作组成的任务。发送和接收实体是从动作扩展而来的。这些类型的操作链接到消息实体。

4. 角色视角

智能体可以扮演一些角色,使用本体并根据系统内的已知事实推断环境。角色的内容在角色视角中定义。

5. 交互视角

这个视角聚焦于 MAS 中智能体之间的通信和交互,并确定实体和关系,如交互、消息、MessageSequence。

6. 环境视角

环境视角聚焦于智能体和它们访问内容之间的关系。智能体所在的环境也包括所有非智能体实体,如资源(例如,数据库、网络设备)、事实和服务。

7. 本体视角

MAS 组织可使用本体进行推理。本体代表所有 MAS 成员的信息收集和推理的来源。通过本体视角将所有本体集和本体概念集合在一起。

8.4.2　图形化具体句法

图 8.2 所示为 SEA_ML++基于 Sirius 的 IDE(集成开发环境)的截图,开发人员可直观地创建符合 SEA_ML++规范的智能体系统模型,仅需从建模环境右侧的选项板中简单地拖拽所需项即可。

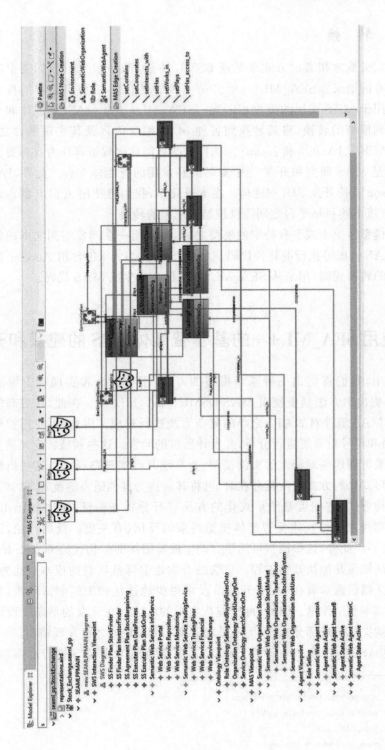

图8.2　SEA_ML++的 IDE

8.4.3 转 换

仅通过定义概念和表示方式来呈现 DSML 还是不够的[9,15]。我们需要准确地定义所需语言的语义。SEA_ML++语义是一种过渡语义,它将该语言的概念与其他已建立的用于 MAS 实现的概念相匹配。SEA_ML++为 MAS、智能体和交互模型提供模型到模型的转换,将其转换到各种 MAS 编程语言及其实现平台之中,如JADEX①、JACK②、JADE③ 和 Jason④。选择这些智能体编程语言作为目标智能体平台是因为其是 MAS 研究和开发[47]中知名的和常用的智能体平台。此外,JADEX、JACK 和 Jason 支持开发 BDI 智能体。在本研究中,我们将使用 ATL⑤ 翻译语言在SEA_ML++级上述目标平台之间提供模型到模型的转换。

在通过模型转换生成平台特定的模型之后,可应用一系列模型到文本的转换来为建模的 MAS 生成可执行的软件代码。为此,SEA_ML++包含用 Acceleo 编写的模型到文本的转换规则,用来从 SEA_ML++模型自动生成 MAS 代码。

8.5 使用 SEA_ML++的基于智能体 CPS 的建模和开发

在本节中,我们将提出一种基于模型的方法,用于设计和实现基于智能体的CPS。为此,提出的方法涵盖使用 MAS DSML、SEA_ML++。在此,在更高的抽象层级上使用 MAS 组件对如 CPS 之类的复杂系统进行建模。因此,可使用智能体和MAS 的术语和符号对系统进行分析,并设计所需的元素。这些领域特定元素及其彼此之间的关系可创建领域特定的实例模型,为系统开辟实现路径。当这些模型以一种结构化和形式化的方式持久化存在时,可将其转换为其他适当的范式,例如数学逻辑。通过这种方式,它们可基于形式化的方法进行分析和验证,例如,Satisfiability(SAT)求解器可用于寻找违反智能体模型约束的反例(有关更广泛的讨论,请参见参考文献[48])。此外,这些模型可用于自动生成智能体的架构代码和 CPS 的制品,从而减少语法错误并加快开发过程。更快的开发也会降低项目的成本。此外,更少的句法和语义错误意味着在 MAS 开发阶段可更少地迭代和缩短测试阶段,从而也在降低开发成本和工作量。因此,可检查待实现的 MAS,在开发的早期阶段即分析和设计阶段就提前发现部分错误,而不是在实现和测试阶段才能发现错误。

在本章中,SEA_ML++将作为 DSML,对基于智能体的 CPS 进行建模和开发。

---

① https://sourceforge.net/projects/jadex/。
② https://aosgrp.com/products/jack/。
③ https://jade.tilab.com/。
④ http://jason.sourceforge.net/wp/。
⑤ https://www.eclipse.org/atl/。

SEA_ML++使开发人员能够在平台无关的层级上对智能体系统进行建模,然后自动实现在目标 MAS 实现平台上执行建模 MAS 所需的代码和相关文档。为在 MAS 编程期间支持 CPS 专家应用,SEA_ML++涵盖智能体系统的所有方面,从单一智能体的内部视角到复杂的 MAS 组织。除此能力之外,SEA_ML++还支持模型驱动的设计以及处理 CPS 元素的自主智能体的实现。

基于 SEA_ML++,利用应用领域的术语和符号实现 CPS 的分析和建模(或设计)。这有助于最终用户在更高的抽象层级(独立于目标平台)上工作,并接近于专家领域。此外,SEA_ML++生成的特征为使用底层语言和技术,从软件系统的设计模型生成配置模板指定了技术路线。目前,SEA_ML++通过模型到模型的转换将与设计平台无关的实例模型转换为目标语言的实例模型,可生成适用于多种语言的架构代码。然后通过模型到代码的转换,将这些平台特定的模型转换为平台特定的代码。SEA_ML++的这种生成能力大大提高软件系统的开发效能。最后,通过 SEA_ML++中提供的约束检查,可考虑应用领域特定的句法和语义规则来控制实例模型。这些规则适用于语言的抽象句法和具体句法。这种能力有助于减少软件系统分析和设计期间的错误数量,并避免将错误推迟到开发和测试阶段。

虽然在此介绍的新开发方法论考虑采用 SEA_ML++,但它不同于以前为 SEA_ML 带来的开发方法[4,43],它是一个完整的基于智能体的 CPS 开发方法论,涵盖分析、设计和实现。分析和设计阶段包括两种类型的迭代。CPS 的实现和维护还考虑另一个迭代循环。除了修改模型之外,如果需要,则该方法论还支持自动生成代码中的更改。所提出的基于 SEA_ML++的 CPS 开发方法论包括几个相互跟随的步骤(见图 8.3):基于智能体的 CPS 分析、基于智能体的 CPS 建模、自动代码生成以及精确的基于智能体的 CPS 实现的最终代码生成。

基于所提出的方法论,基于智能体的 CPS 开发首先考虑 SEA_ML++的 MAS 视角对系统进行分析(见图 8.3)。这个视角包括 MAS 元素,如组织、环境、智能体及其角色。这个视角提供系统的"鹰眼"的视图,并塑造系统的高层级结构。结果是一个与部分平台无关的系统实例模型,覆盖开发的分析阶段,并提供系统的初步示意图。

在系统建模阶段,CPS 开发人员可使用 SEA_ML++的全功能图形编辑器,为正在开发的 CPS 详细设计智能体和 MAS,除了分析阶段使用的 MAS 视角外,还可包括 SEA_ML++句法的 7 个视角。这些视角涵盖 MAS 的所有方面。每个视角都有自己的使用面板,提供各种控制,引导设计师提供更准确的模型。通过为视角设计每个模型,额外的细节将添加到分析阶段提供的初始系统模型中。这些修改立即在所有其他视角的图中得到更新。由于其他视角可能对控制和新添加元素相关的某些特性有约束检查要求,所以我们将指示开发人员完成其他视角以覆盖错误和警告。这可能导致设计阶段的多轮迭代。该阶段的结果是针对所设计的 MAS 开发一个完整而准确的与平台无关的模型。

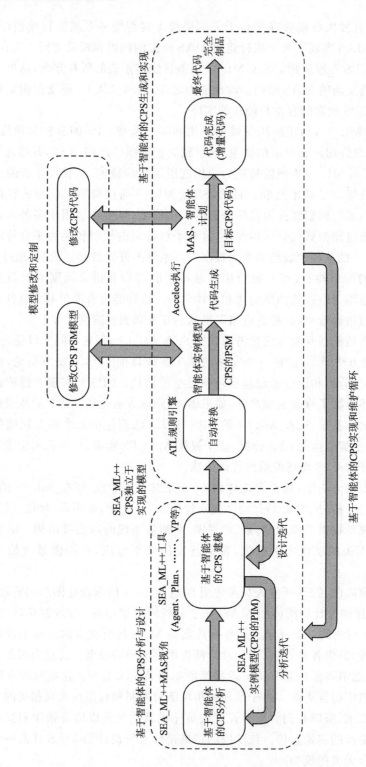

图8.3 基于智能体的CPS建模和使用SEA_ML++开发

使用 SEA_ML++的基于代理的 CPS 开发方法的下一步是自动模型转换。在前一步中创建的模型需要从平台无关的层级转换为平台特定的层级,例如,转换为本章案例研究中的 Jason 模型。这些转换称为 M2M 转换。

根据 OMG 的著名模型驱动架构(Model-driven Architecture,MDA)[①],SEA_ML++元模型可以认为是与平台无关的元模型(Platform Independent Metamodel,简称 PIMM),而 Jason 元模型可认为是平台特定的元模型(Platform-specific Metamodel,简称 PSMM)。通过 PIMM 和 PSMM 之间的模型转换,在 Jason 智能体执行平台上实现基于智能体的 CPS。这些转换是使用 ATL 语言实现的,生成中间模型,这些模型支持为智能体及其制品生成架构代码。CPS 开发人员不需要知晓如何使用 ATL 编写这些转换和底层模型转换机制的细节。在前面的建模步骤中创建模型之后,对开发人员需求的唯一动作是通过 SEA_ML++的图形化用户界面(Graphical User Interface,简称 GUI)提供的接口初始化这些转换的执行。

在完成模型转换后,开发人员在此阶段有两个选择:

① 他们可以直接继续开发流程,为已实现的平台无关 MAS 模型生成代码。

② 如果他们需要,那么他们可可视化地修改已实现的目标模型(例如 Jason 模型),进行细化或定制,从而在下一步代码生成中实现更完整的软件。在任何一种情况下,此步骤的输出都是几个系统模型,每个模型都特定于一个 MAS 执行平台(例如 Jason 平台)。

所提出方法的下一步是为实现的 CPS 的 MAS 生成代码。为此,开发人员将平台特定模型(符合 PSMM)转换成目标语言代码。在目标模型上自动执行 M2T 转换规则,并获得用于 MAS 实现的代码。在 SEA_ML++中,可从 SEA_ML++模型为 BDI 智能体语言(如 Jason)生成代码。基于开发人员的初始模型,生成的文件和代码在转换过程中也会在需要的位置相互链接。为了支持 SEA_ML++模型的解释,M2T 转换规则是用 Acceleo 编写的。Acceleo 是一种将模型转换为文本文件的语言,并使用元模型定义(Ecore 文件)和实例文件(XMI 格式)作为输入。关于 SEA_ML++和目标 PSMM 之间的映射和模型转换规则如何实现,以及如何从 PSMM 生成代码的更多详细信息,可在参考文献[4]中找到。

作为最后一步,开发人员需要将他(或她)的补充代码,也就是将增量代码添加到生成的架构代码中,使系统拥有完整的功能。然而,一些智能体开发语言,如 JACK,具有图形化编辑器,开发人员可在其中编辑 MAS 代码的结构。从上一步生成的代码可编辑和定制,以添加更多特定于平台的细节,这有助于获得更详细的智能体和制品,然后将增加增量代码得到最终码。

需要注意的是,尽管上述所有步骤都由 SEA_ML++支持自动完成,但在任何阶段,如果开发人员希望修改或定制生成的智能体和制品,他(或她)都可以干预这一开发过程。

---

① https://www.omg.org/mda/。

8.6 多智能体垃圾收集 CPS 的开发

在本节中,将考虑基于智能体垃圾收集系统的设计和实现。该 CPS 将在 Jason 智能体平台上执行。Jason 为 BDI 智能体和 MAS 的发展提供一个平台。它是一个基于 Java 的解释器,用于 BDI 智能体的类似 Prolog 的逻辑编程语言的扩展版本,称为 Agent Speak。

下面各小节将详细介绍如何根据 8.5 节中介绍的 MDE 流程来设计和实现所需的 CPS,然后演示建模的多智能体垃圾收集 CPS 的执行。

8.6.1 系统设计

本小节中,我们将讨论多智能体垃圾收集 CPS 的设计,采用 SEA_ML++语言从系统的不同视角提供 MAS 模型进行系统设计。

基于智能体的垃圾收集 CPS 由不同类型和不同数量的智能体组成,它们相互协作从环境中收集垃圾。系统设计阶段考虑 SEA_ML++语言的不同视角。MAS 和组织视角提供系统的概览,如图 8.4 所示。考虑到系统的一般结构,垃圾收集 CPS 由两个部分的组织组成,一个包含另一个,称为 MAS 组织,包括垃圾查找器智能体和垃圾焚烧器智能体,以及垃圾收集器智能体所在的收集组织。应该注意的是,本文概述中给出的实体可以视为原型,在实际系统实现中可能有许多这些实体的实例。

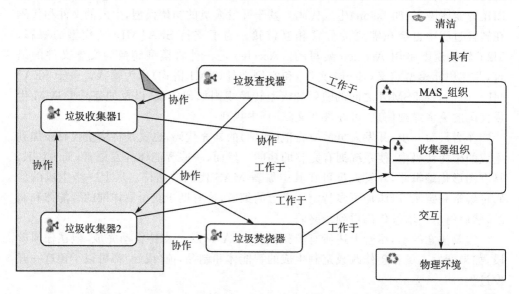

图 8.4 在 SEA_ML++ 编辑器中设计多智能体垃圾收集 CPS 的概览

例如,在这个系统上可能有许多类型为垃圾收集器的智能体,实际上,在实际实现中,它们可能不止一个。

在这个多智能体 CPS 中,垃圾查找器智能体处理垃圾收集器智能体之间的交互。该智能体负责在环境中查找可用的垃圾,并分配适当的垃圾收集器智能体来收集它们。垃圾查找智能体与所有候选的垃圾收集器智能体交互,分配收集垃圾任务,并将此任务通知垃圾焚烧智能体。

垃圾收集器智能体代表所设计 CPS 的主要实体。这些智能体接收垃圾位置,并携带这些垃圾到垃圾焚烧器智能体处消除它们。

垃圾焚烧器智能体负责消除送到它那里的垃圾。

图 8.5 所示为 SEA_ML++的智能体内部视角的实例模型,演示垃圾收集器智能体收集垃圾的一般内部流程。

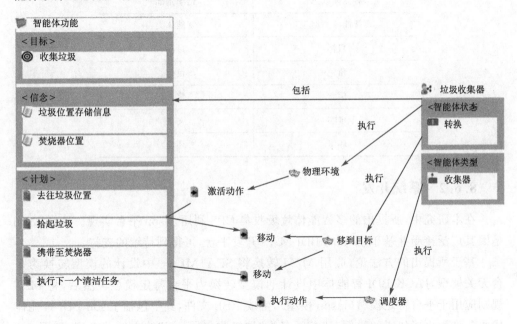

图 8.5　垃圾收集器智能体的智能体内部图

垃圾收集器智能体仅有一个目标,称为"收集垃圾"。为了实现这一目标,智能体有 2 种不同的信念和 4 种不同的计划。考虑到这些信念,智能体使用其来得知必须收集的垃圾的位置和负责销毁垃圾的垃圾焚烧器智能体的位置。由于智能体使用 4 种不同的计划来实现目标,它可到达其所知道的垃圾位置,并将垃圾带到焚烧器智能体处而消除它。在执行这些计划时,它发挥着 3 个不同的作用。

如 8.5 节所讨论的,在实现阶段使用 CPS 设计提供的模型。为此,使用 SEA_ML++和 Jason 平台元素之间的概念映射,如表 8.1 所列。因此,可将 SEA_ML++模型实例转换为 Jason 平台模型,然后通过 8.5 节中讨论的一系列 M2M 和 M2T 转换为在 Jason 智能体执行平台内执行它们。需要指出的是,这些映射和转换都内置于 SEA_ML++,在后台使用和执行,不存在任何的人工干预,即 CPS 开发人员不需要处理它们。下一小节将详细讨论该实现。

表 8.1　SEA_ML++和 Jason 元素之间的概念映射

SEA_ML++概念	Jason 概念
MAS/组织	MAS
智能体	智能体
计划	计划
行为	动作
智能体状态	信念基础
智能体类型	智能体类
目标	目标
角色	目标
信念	信念
事实	文字
环境	环境

8.6.2　系统开发

在本研究中,所提出的多智能体垃圾收集 CPS 利用 Jason 平台实现。选择Jason是因其广泛接受并基于 Java 的 BDI MAS 开发平台,可得到持续的支持。

基于所提出的方法论,应用 M2M 转换将 SEA_ML++中设计的模型转换为平台无关模型,JACK BDI 智能体中设计的模型转换为平台特定模型。然后,将 M2T 规则应用于平台特定模型(Jason 模型),生成 ASL 文件,其中包括 Jason BDI 智能体代码。作为生成代码的示例,请参阅名为"垃圾收集器.asl"的文件的内容,如图 8.6 所示。这个文件由类似 Prolog 智能体代码组成。虽然为 MAS 生成的代码可直接在 Jason 环境的基于 Java 的解释器中执行,但一些作为具体案例的业务逻辑是缺失的。因此,额外的代码被添加到这些生成的代码中,称为增量代码,确保系统拥有一个完整的功能。

使用 SEA_ML++模型生成的源代码包括架构代码。生成机制使用句法正确的模板。此外,在语义控制阶段,模型由语言控制。与手工开发相比,其可防止代码中的许多语义错误。因此,假定代码在这个层级上不存在任何的句法错误。然而,必须手动添加增量代码来创建行为逻辑,它们可能包括一些句法或语义错误。系统的 MAS 和 CPS(环境)部分的代码都需手工完成。感兴趣的读者可在参考文献[7]和

[4]中找到关于评估 SEA_ML++代码生成性能和手工代码完成程度的广泛讨论。从这些实证研究中可看出,仅通过在 SEA_ML++中建模就有可能生成超过 80%的 MAS 软件。

在图 8.6 中,生成第 24~35 行代码并添加增量代码。其创建开始下一个清洁任务智能体计划的行为逻辑。当我们检查相关的代码片段时,将看到垃圾收集器智能体根据自己的信念库搜索垃圾的位置,然后运行计划来到达垃圾的位置。接着垃圾收集器智能体将执行相关计划,分别拾取垃圾并携带垃圾到焚烧器智能体。类似地,生成其他智能体计划,并添加一些增量代码,给出功能完整的行为逻辑。

```
1  // Agent garbageCollector in project garbageWord
2
3  /* Initial beliefs and rules */
4
5  /* Initial goals */
6
7  /* Plans */
8
9  +garbage(X,Y)[burnerLocation(X1,Y1),source(Ag)] : not .desire(takeNextCleaningMission) <-
10     +burnerLoc(X1,Y1);
11     .print("Garbage has been detected in ",X," and ",Y," coordinates.");
12     .send(Ag, askOne, garbageAsigned(X,Y),Reply,3000);
13     !makeDecision(Reply,garbage(X,Y)).
14
15
16 +!makeDecision(Reply,garbage(X,Y)): Reply == false <-.print("I will start my next cleaning mission.");
17   !takeNextCleaningMission.
18
19
20 -!makeDecision(Reply,garbage(X,Y)): true <- .print("Abort the cleaning mission"); .abolish(garbage(X,Y)).
21
22 +!takeNextCleaningMission
23    <-
24     ?garbage(Xg,Yg);
25     ?pos(X,Y);
26     -+pos(last,X,Y);
27     !goToGarbage(Xg,Yg);
28     !pickGarbage(Xg,Yg);
29     ?burnerLoc(Xb,Yb);
30     !carryToBurner(Xb,Yb);
31     .print("The cleaning task has been completed.");
32     .print("Move to previous position.")
33     ?pos(last,Xo,Yo);
34     goTo(Xo,Yo);
35     -+pos(Xo,Yo).
36
37 +pickedGarbage(X,Y):true <- delGarbage(X,Y); pickGarbage.
38 -pickedGarbage(X,Y):true <- dropGarbage.
39
40 +!goToGarbage(X,Y)<-.print("going to the garabage in ",X," and",Y,"coordinates."); goTo(X,Y);-+pos(X,Y).
41 +!goToGarbage(X,Y).
42
43 +!pickGarbage(X,Y):garbage(X,Y)<-.print("I pick the garbage");
44              ?burnerLoc(X1,Y1).abolish(garbage(X,Y));+pickedGarbage(X,Y).
45 +!carryToBurner(X,Y):pickedGarbage(X1,Y1)<-?burnerLoc(Xb,Yb);.print("I carry the garbage");goTo(Xb,Yb); -+pos(X,Y);
46   .send(garbageBurner,achieve,burnGarbage(pickedGarbage(X1,Y1))); -pickedGarbage(X1,Y1).
47
48 +?add_proposal(X): X==false.
49 +?add_proposal(X): not X==false <- .fail.
```

图 8.6　垃圾收集器 ASL 文件

另一个例子,生成图 8.7 第 12~19 行代码并添加增量代码。这些代码构成下一个垃圾计划的行为逻辑。在此,环境中随机生成的垃圾的位置既发送到焚烧器智能体,也发送到环境中的所有垃圾收集器智能体。

```
1  // Agent garbageFinder in project garbageWord
2
3  /* Initial beliefs and rules */
4
5  /* Initial goals */
6
7  !nextGarbage.
8
9  /* Plans */
10
11 +!nextGarbage : true <-
12     .random(R1); X = math.round(20*R1);
13     .random(R2);  Y = math.round((20*R2));
14     .print("I find a garbage located in ",X," and ",Y);
15     +garbage(X,Y);
16     .send(garbageBurner,askOne,pos(Xb,Yb),pos(Xb,Yb));
17     .send([garbageCollector1,garbageCollector2],tell,garbage(X,Y)[burnerLocation(Xb,Yb)]);
18     .wait(1000);
19     !!nextGarbage.
20
21 +garbage(X,Y) : true <- addGarbage(X,Y).
22 -garbage(X,Y) : true <- delGarbage(X,Y).
23
24 +burnedGarbage(X,Y)[assigned(Ag),source(garbageBurner)]<--garbage(X,Y);-garbageAsigned(X,Y,_);
25 .print("Garbage located in ",X," and ",Y," has been cleaned by ",Ag).
26
27 +?garbageAsigned(X,Y)[source(Ag)]: not garbageAsigned(X,Y,_) <- +garbageAsigned(X,Y,Ag).
```

图 8.7　垃圾查找器的 ASL 文件

8.6.3　演示证明

为了演示证明已实现的系统,本小节展示由垃圾收集器、垃圾焚烧器和垃圾查找器智能体组成系统的执行。

图 8.8 所示为系统启动运行时的用户界面,在此,用户仅能看到智能体和栅格模型上的垃圾的图形化表示。

当系统在 Jason 平台内执行时,垃圾查找器智能体就将寻找到垃圾,并将其位置发送给其他所有智能体。通过这种方式,垃圾收集器智能体与接到相关垃圾收集任务的垃圾查找器智能体进行联系。然后,由垃圾查找器指定其中一个没有任何其他任务占用的对象来收集相关的垃圾。接受任务的垃圾收集器智能体拾取垃圾并将其带到垃圾焚烧器智能体。就此垃圾焚烧器智能体将会消除垃圾。任务完成后,垃圾收集器智能体返回到任务前位置等待新任务。上述过程如图 8.9~图 8.11 所示,为执行环境 GUI 的界面图。

图 8.12 给出系统整个执行过程的控制台输出的一个摘要信息,可以看到,使用 SEA_ML++ 建模的所有智能体垃圾收集 CPS 都在 Jason 平台内初始化,成功执行其计划,并提供所需要的智能体进行交互。

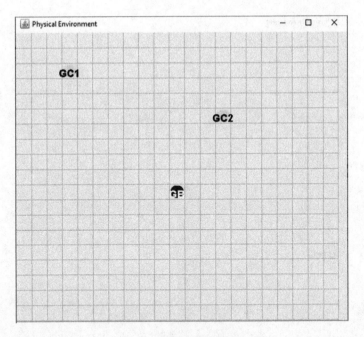

图 8.8　系统用户界面图

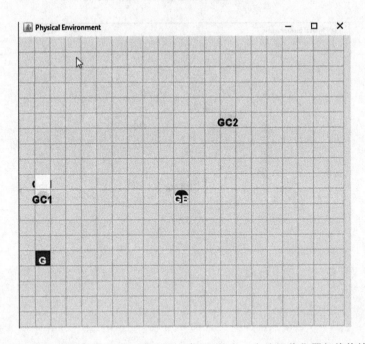

图 8.9　垃圾查找器智能体在环境中发现垃圾,其中一个垃圾收集器智能体拾取它

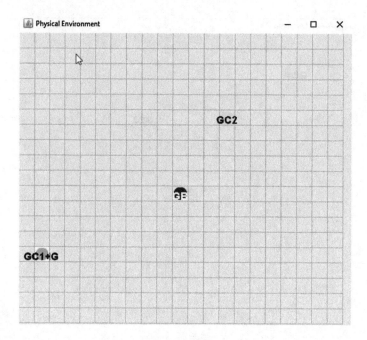

图 8.10　垃圾收集器智能体 1 拾取垃圾

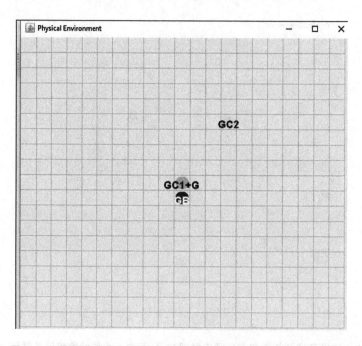

图 8.11　垃圾收集器智能体 1 将拾取的垃圾带到垃圾焚烧器智能体

图 8.12　显示智能体初始化和交互控制台输出的界面图

8.7　总　结

在本章中,我们讨论使用智能体和 MAS 开展 CPS 建模和开发,为此我们应用生成智能体建模语言 SEA_ML++。该 DSML 可支持 CPS 设计师使用 MAS/组织、智能体内部、计划、交互、环境等各种视角,针对不同的方面开展建模。

197

此外,我们还介绍了 MDE 方法论,在此,SEA_ML++用于设计基于智能体的 CPS,并在各种智能体执行平台上实现这些系统。为了更好地使用这一方法论,我们考虑多智能体垃圾收集 CPS 的开发。所进行的研究演示如何根据 SEA_ML++的各种视角设计 CPS,然后在 Jason BDI 智能体平台上实现和执行。

SEA_ML++的使用,将改进基于智能体的 CPS 的设计和实现方式。基于所进行的案例研究,可推断 MAS DSML 的图形化句法,有助于设计由各种交互智能体组成的 CPS。在实现和部署系统之前,可根据不同的视角针对基于智能体的 CPS 的结构进行建模。开发人员也可从可视化的建模环境中获益,在设计的早期阶段检查已建模的系统,可尽量减少实现过程中的错误。我们还表明 SEA_ML++语言的语义转换功能能够支持基于智能体 CPS 所需的源代码的自动生成。因此,本章介绍的 MDE 方法论的应用可有效地缩短系统开发流程。

未来,除 Jason 之外,对于 SEA_ML++平台的支持还可以通过新的智能体执行环境得以扩展。因此,SEA_ML++模型可用于各种平台上实现基于智能体的 CPS。然而,仅为这些平台创建新的转换不足以实现这一目的。在考虑到主要的 CPS 组件,包括传感器、作动器、网络和其他物理组件的多样性时,可能也需要更新和扩展该语言的句法和语义定义。

致　谢

本研究是由土耳其科学技术研究理事会(TUBITAK)和葡萄牙科学技术基金会(FCT)资助的双边项目,资助项目为 FCT/MCTES TUBITAK/0008/2014 和 FCT/MCTES PEst UID/CEC/04516/2013。作者特意感谢欧洲科学技术合作(COST)行动网络机制和 COST 行动计划 IC1404:赛博物理系统多范式建模(MPM4CPS)的支持。COST 由欧盟框架计划 Horizon 2020 提供支持。

参考文献

[1] S. Russell,P. Norvig,Artificial Intelligence—A Modern Approach,3rd ed. ,Pearson,2016.

[2] M. Wooldridge,N. R. Jennings,Intelligent agents:theory and practice,Knowledge Engineering Review 10 (2)(1995)115-152.

[3] S. Demirkol,S. Getir,M. Challenger,G. Kardas,Development of an agent based E-barter system,in: 2011 International Symposium on Innovations in Intelligent Systems and Applications,IEEE,2011,pp. 193-198.

[4] M. Challenger,B. T. Tezel,O. F. Alaca,B. Tekinerdogan,G. Kardas,Development of semantic web-enabled BDI multi-agent systems using SEA_ML:an electronic bartering case study,

Applied Sciences 8 (5)(2018)688.

[5] G. Kardas, M. Challenger, S. Yildirim, A. Yamuc, Design and implementation of a multiagent stock trading system, Software, Practice & Experience 42(10)(2012)1247-1273.

[6] E. D. Likotiko, D. Nyambo, J. Mwangoka, Multi-agent based IoT smart waste monitoring and collection architecture, arXiv: 1711.03966.

[7] M. Challenger, G. Kardas, B. Tekinerdogan, A systematic approach to evaluating domain-specific modeling language environments for multi-agent systems, Software Quality Journal 24(3)(2016)755-795.

[8] V. Mascardi, D. Weyns, A. Ricci, C. B. Earle, A. Casals, M. Challenger, A. Chopra, A. Ciortea, L. A. Dennis, Á. F. Díaz, et al., Engineering multi-agent systems: state of affairs and the road ahead, ACM SIGSOFT Software Engineering Notes 44(1)(2019)18-28.

[9] G. Kardas, B. T. Tezel, M. Challenger, Domain-specific modelling language for belief-desire-intention software agents, IET Software 12(4)(2018)356-364.

[10] T. Miranda, M. Challenger, B. T. Tezel, O. F. Alaca, A. Barišić, V. Amaral, M. Goulao, G. Kardas, Improving the usability of a MAS DSML, in: International Workshop on Engineering Multi-Agent Systems, in: Lecture Notes in Artificial Intelligence, vol. 11375, Springer, Cham, 2019, pp. 55-75.

[11] J. M. Bradley, E. M. Atkins, Optimization and control of cyber-physical vehicle systems, Sensors 15 (9) (2015) 23020-23049.

[12] R. Fujimoto, C. Bock, W. Chen, E. Page, J. H. Panchal, Research Challenges in Modeling and Simulation for Engineering Complex Systems, Springer, 2017.

[13] M. Brambilla, J. Cabot, M. Wimmer, Model-Driven Software Engineering in Practice, Morgan & Claypool Publishers, 2017.

[14] M. Amrani, D. Blouin, R. Heinrich, A. Rensink, H. Vangheluwe, A. Wortmann, Towards a formal specification of multi-paradigm modelling, in: 2019 ACM/IEEE 22nd International Conference on Model Driven Engineering Languages and Systems Companion(MODELS-C), IEEE, 2019, pp. 419-424.

[15] E. Azadi Marand, E. Azadi Marand, M. Challenger, DSML4CP: a domain-specific modeling language for concurrent programming, Computer Languages, Systems and Structures 44 (2015) 319-341.

[16] C. Durmaz, M. Challenger, O. Dagdeviren, G. Kardas, Modelling Contiki-based IoT systems, in: OASIcs—OpenAccess Series in Informatics, vol. 56, Schloss Dagstuhl-Leibniz-Zentrum fuer Informatik, 2017, pp. 5: 1-5: 13.

[17] S. Arslan, M. Challenger, O. Dagdeviren, Wireless sensor network based fire detection system for libraries, in: Computer Science and Engineering (UBMK), 2017 International Conference on, IEEE, 2017, pp. 271-276.

[18] L. Ozgur, V. K. Akram, M. Challenger, O. Dagdeviren, An IoT based smart thermostat, in: 2018 5th International Conference on Electrical and Electronic Engineering (ICEEE), IEEE, 2018, pp. 252-256.

[19] U. Kulesza, A. Garcia, C. Lucena, P. Alencar, A generative approach for multi-agent system development, in: International Workshop on Software Engineering for Large-Scale Multi-agent Systems, 2004, pp. 52-69.

[20] E. J. T. Gonçalves, M. I. Cortés, G. A. L. Campos, Y. S. Lopes, E. S. Freire, V. T. da Silva, K. S. F. de Oliveira, M. A. de Oliveira, MAS-ML 2.0: supporting the modelling of multi-agent systems with different agent architectures, The Journal of Systems and Software 108 (2015)77-109.

[21] B. T. Tezel, M. Challenger, G. Kardas, A metamodel for Jason BDI agents, in: 5th Symposium on Languages, Applications and Technologies(SLATE'16), Schloss Dagstuhl-Leibniz-Zentrum fuer Informatik, 2016, pp. 1-9.

[22] C. Hahn, C. Madrigal-Mora, K. Fischer, A platform-independent metamodel for multiagent systems, Autonomous agents and Multi-Agent Systems 18(2)(2009)239-266.

[23] G. Kardas, A. Goknil, O. Dikenelli, N. Y. Topaloglu, Model driven development of semantic web enabled multi-agent systems, International Journal of Cooperative Information Systems 18 (02)(2009) 261-308.

[24] M. Challenger, S. Getir, S. Demirkol, G. Kardas, A domain specific metamodel for semantic web enabled multi-agent systems, in: International Conference on Advanced Information Systems Engineering, Springer, Berlin, Heidelberg, 2011, pp. 177-186.

[25] I. Garcia-Magarino, Towards the integration of the agent-oriented modeling diversity with a powertype-based language, Computer Standards & Interfaces 36 (6)(2014)941-952.

[26] J. M. Gascueña, E. Navarro, A. Fernández-Caballero, Model-driven engineering techniques for the development of multi-agent systems, Engineering Applications of Artificial Intelligence 25 (1)(2012)159-173.

[27] S. Demirkol, M. Challenger, S. Getir, T. Kosar, G. Kardas, M. Mernik, A DSL for the development of software agents working within a semantic web environment, Computer Science and Information Systems 10(4)(2013)1525-1556.

[28] F. Bergenti, E. Iotti, S. Monica, A. Poggi, Agent-oriented model-driven development for JADE with the JADEL programming language, Computer Languages, Systems and Structures 50 (2017) 142-158.

[29] D. Sredojević, M. Vidaković, M. Ivanović, ALAS: agent-oriented domain-specific language for the development of intelligent distributed non-axiomatic reasoning agents, Enterprise Information Systems 12 (8-9)(2018)1058-1082.

[30] J. Silva, A. Barišić, V. Amaral, M. Goulão, B. T. Tezel, O. F. Alaca, M. Challenger, G. Kardas, Comparing the usability of two multi-agents systems DSLs: SEA_ML++ and DSML4MAS study design, in: 3rd International Workshop on Human Factors in Modeling (HuFaMo' 18) held under ACM/IEEE 21st International Conference on Model Driven Engineering Languages and Systems(MODELS), 2018, pp. 1-8.

[31] M. Reimann, C. Ruckriegel, S. Mortimer, S. Bageritz, M. Henshaw, C. E. Siemieniuch, M. A. Sinclair, P. J. Palmer, J. Fitzgerald, C. Ingram, et al. ,Road2CPS priorities and recommen-

dations for research and innovation in cyber-physical systems, Steinbeis-edition, 2017.

[32] S. Engell, R. Paulen, M. A. Reniers, C. Sonntag, H. Thompson, Core research and innovation areas in cyber-physical systems of systems, in: International Workshop on Design, Modeling, and Evaluation of Cyber Physical Systems, Springer, 2015, pp. 40-55.

[33] H. Thompson, R. Paulen, M. Reniers, C. Sonntag, S. Engell, Analysis of the state-of-the-art and future challenges in cyber-physical systems of systems, EC FP7 project 611115.

[34] T. Bures, D. Weyns, B. Schmerl, J. Fitzgerald, A. Aniculaesei, C. Berger, J. Cambeiro, J. Carlson, S. A. Chowdhury, M. Daun, et al., Software engineering for smart cyber-physical systems (SEsCPS 2018)-workshop report, ACM SIGSOFT Software Engineering Notes 44(4) (2019)11-13.

[35] H. Vangheluwe, Multi-paradigm modelling of cyber-physical systems, in: SEsCPS@ ICSE, 2018, p. 1.

[36] D. Morozov, M. Lezoche, H. Panetto, Multi-paradigm modelling of cyber-physical systems, IFAC PapersOnLine 51(11)(2018)1385-1390.

[37] F. van den Berg, V. Garousi, B. Tekinerdogan, B. R. Haverkort, Designing cyber-physical systems with aDSL: a domain-specific language and tool support, in: 2018 13th Annual Conference on System of Systems Engineering(SoSE), IEEE, 2018, pp. 225-232.

[38] Y. Hu, X. Zhou, Cps-agent oriented construction and implementation for cyber physical systems, IEEE Access 6 (2018) 57631-57642.

[39] L. Sakurada, J. Barbosa, P. Leitão, G. Alves, A. P. Borges, P. Botelho, Development of agent-based CPS for smart parking systems, in: IECON 2019-45th Annual Conference of the IEEE Industrial Electronics Society, vol. 1, IEEE, 2019, pp. 2964-2969.

[40] D. Calvaresi, M. Marinoni, A. Sturm, M. Schumacher, G. Buttazzo, The challenge of real-time multi-agent systems for enabling IoT and CPS, in: International conference on web intelligence, 2017, pp. 356-364.

[41] Jonas Queiroz, Paulo Leitão, José Barbosa, Eugénio Oliveira, Distributing intelligence among cloud, fog and edge in industrial cyber-physical systems, in: Proceedings of the 16th International Conference on Informatics in Control, Automation and Robotics vol. 1: ICINCO, INSTICC, SciTePress, 2019, pp. 447-454.

[42] J. Queiroz, P. Leitão, J. Barbosa, E. Oliveira, Agent-based approach for decentralized data analysis in industrial cyber-physical systems, in: International Conference on Industrial Applications of Holonic and Multi-Agent Systems, Springer, 2019, pp. 130-144.

[43] M. Challenger, S. Demirkol, S. Getir, M. Mernik, G. Kardas, T. Kosar, On the use of a domain-specific modeling language in the development of multiagent systems, Engineering Applications of Artificial Intelligence 28 (2014) 111-141.

[44] S. Demirkol, M. Challenger, S. Getir, T. Kosar, G. Kardas, M. Mernik, SEA_L: a domain-specific language for semantic web enabled multi-agent systems, in: 2012 Federated Conference on Computer Science and Information Systems(FedCSIS), IEEE, 2012, pp. 1373-1380.

[45] D. Moody, The "physics" of notations: toward a scientific basis for constructing visual nota-

tions in software engineering, IEEE Transactions on Software Engineering 35（6）（2009）
756-779.

[46] G. Kardas, Z. Demirezen, M. Challenger, Towards a DSML for semantic web enabled multi-
agent systems, in: Proceedings of the International Workshop on Formalization of Modeling
Languages, 2010, pp. 1-5.

[47] K. Kravari, N. Bassiliades, A survey of agent platforms, Journal of Artificial Societies and
Social Simulation 18(1)(2015)1-18.

[48] S. Getir, M. Challenger, G. Kardas, The formal semantics of a domain-specific modeling
language for semantic web enabled multi-agent systems, International Journal of Cooperative
Information Systems 23（3）(2014)1-53.

第 9 章　CREST——用于混合 CPS 建模的 DSML[★]

Stefan Klikovits，Didier Buchs

瑞士卡鲁格，日内瓦大学

9.1　概　述

近数十年来，包括赛博物理系统(CPS)在内，关于系统的任何有价值特征的建模均已发展成为一种标准的系统工程方法。从这个意义上来看，模型以各种形式被使用，并且可根据模型在工程流程中的特定作用和出现的时机，我们有可能将使用一些特定的术语来表示这一流程，如模型驱动开发(Model-Driven Development，MDD)、模型驱动工程(Model-Driven Engineering，MDE)以及基于模型的工程(Model-Based Engineering，MBE)[1]。所有这些子学科都共享一个事实，即系统模型为开发流程提供重要的帮助，从而支持前期的分析、测试、仿真以及验证。可以这么说，模型最重要的特征是其对"真实系统"的抽象，从而忽略那些并不重要的特征。例如，当研究一盏灯在普通家庭中的照明能力时，通常可以忽略诸如空气湿度、温度、海拔高度以及传输介质的精确化学成分等因素。尽管这些因素(理论上)确实会影响传输介质(即灯与被照明物体之间的空气)、光的传播而可能改变照明，但在大多数情况下，这种影响微不足道[①]，因此该系统的模型应该聚焦在灯的模型(例如它的照明角度)和物体的位置(例如它的大小以及距离)上。

然而，这种抽象也反映在所创建的模型类型中。在最基本的分类中，有可能区分在离散时间点观察到的系统改变以及连续变化的系统。在前者中，人们观察到变化通常是发生在特定时间点的事件。离散事件模型通常是针对具有一组清晰可识别的系统状态及其之间转换的系统所创建的。例如，许多的电气设备、机器和软件系统的

[★]　该项目由 FNRS STRATOS(用于软件分析和测试的基于策略的术语重写，亦即 Strategy based Term Rewriting for Analysis and Testing Of Software)、Hasler 基金会、1604 CPS-Move 以及 COST IC1404：MPM4CPS 资助。

[①]　然而，我们可以想象极端的情况，此时这些因素将发挥重要作用并显著影响测量结果。例如，高能粒子物理学中的示例，其中"环成像的切伦科夫探测器"(Ring-imaging Cherenkov detectors，RICH)通过分析特殊气体混合物中的光子速度来测量亚原子粒子。

功能都可以用这种方式直观地表达出来。在观察电风扇时,通常具有几个预定义的设置(例如:关闭、速度 1、速度 2),这些设置定义了风机的转速。当用户将开关转到另一种状态时,其动作将会触发一个离散事件,系统会对新的开关设置做出反应。系统的行为将再次保持稳定,直到观察到另一个事件,系统再次切换到另一种状态。

另一方面,大多数自然现象和物理流程的模型可表示一个系统的连续变化。例如,当把一壶水放在厨房的炉子上时,水的温度逐渐升高,直到水沸腾并蒸发。这样的系统必须使用常微分方程(Ordinary Differential Equation,ODE)或偏微分方程(Partial Differential Equation,PDE)来定义,因其通常不可能定义为表示系统状态的离散状态以及转换。

虽然连续型模型特别适合表示物理过程,而离散系统适于捕捉数字式系统的行为,但 CPS 的兴起出现了在同一系统中表达这两种概念的需要。例如,当对办公室的电加热器使用过程进行建模时,加热器的功能可以建模为离散状态机。然而,加热器的输出并不是离散地切换,而是在打开状态下逐渐增加,在关闭状态下逐渐减少。这是由于加热器的内部加热棒需要一定的时间来加热或冷却。因此,在系统的每个离散状态下,都需要一个连续函数(例如一个 ODE)来计算输出。

系统行为描述需要离散和连续的概念,通常将这样的系统称为混合系统。在 9.2 节中,我们将分析混合系统建模的现状,并介绍为支持混合系统而开发的各种形式化方法;在 9.3~9.5 节中,我们将介绍 CREST——一种用于混合系统建模、仿真和验证的领域特定建模语言(Domain-Specific Modelling Language,DSML)。

9.2 混合的形式化方法

离散事件系统(Discrete Event Systems,DEVS)和连续(即微分方程)系统组合的要求,我们早已得知,并在各种出版物(如参考文献[2]～[4])与书籍(如参考文献[5])中有所描述。特别是,后者将用于分析多种形式化方法与离散事件、离散时间以及微分方程组的结合。

混合系统建模最通用的形式之一是混合自动机(Hybrid Automata,HA)[6]。HA 是常规经典的自动机(例如有限状态机(Finite-State Machine,FSM)[7])的扩展,它对一组连续变量进行建模。在自动机的每个状态中,使用常微分方程(ODE)来描述变量的变化。使用跳跃表达式进行转换的标记,并用作守护条件和离散值的变化。守护条件限定何时可执行这一条件,并且值的变化允许通过转换对变量值进行离散化的更新(例如值的翻倍)。

图 9.1 所示为使用常用标记形式的混合自动机 HA 的示例。系统是简化的加热器行为的模型。它由两个状态(也称为位置,location)组成,并使用两个转换将其连接(译者注:在 Petri 网等中又将位置、转换称为库所和迁移)。整个系统中使用一

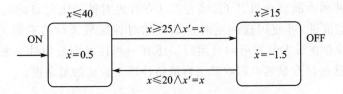

x 表示温度值；$\dot{x}$ 表示 x 的变化速率；x' 表示 x 转换后的值

图 9.1　一个非常简单的混合自动机加热器模型的示例

个连续变量 x 来表示加热器所处房间的温度。如果设备处于 ON 位置，室温 x 以 0.5 ℃的速度上升；当设备处于 OFF 位置时，室温 x 以 1.5 ℃的速度下降。通常，我们将这些变化率定义为"点"变量（例如 $\dot{x}$），并写在对应的位置上。另外，使用不变量标记位置，从而限定自动机在某个状态下所经历的时间。在示例中，我们看到加热器只能在室温达到 40 ℃之前保持开状态，而达到这一点，自动机必须执行转换。如上所述，转换使用跳转表达式标记。例如，转换到 OFF 的跳跃表达式表明，它只能在温度至少为 25 ℃（$x \geqslant 25$）时使用，并且温度值不会因转换而改变（即 $x'=x$）。

1. 语义——可（May）转换和须（Must）转换

HA 指定的方式将支持两种不同的语义，并由此特别影响模型的行为。更常见的是可（may）语义，表达只要满足所在位置的不变量，HA 就可以停留在任一位置。任何启用的转换都可以进行，但不一定必须进行。在上述的示例中，我们看到系统可以一直保持在 ON 位置，直到 x 达到 40。但当 $x = 25$ 时，启用转换到 OFF。其结果是，存在无限多的系统配置可进行转换，因为任何 $20 \leqslant x \leqslant 40$ 都是其中的一种配置。

很明显，这一语义非常强大，但也导致很多的复杂性，带来许多验证问题（例如可达性、活动状态）无法判定。然而，一些子类，如线性和矩形 HA，是可分析的，亟待研究它们的可判定性和不可判定性之间的界限[9-11]。

另一方面，一些 HA 模型和工具提供可选的须（must）语义的使用[12]。在转换启用后，这些状态表必须立即转换。在该示例中，一旦室温达到或超过 20 ℃，加热器必须立即切换到 OFF 状态。显然，可使用这一语义和须-约束来简化系统并减少验证工作，因为系统切换位置的可能的系统状态数量会减到一个。

2. 定时自动机

我们充分研究的一个 HA 的子类是定时自动机（Timed Automaton，TA）[13,14]的形式化方法。一个 TA 也是一个 HA，其中所有连续变量 c（称为时钟）的速率为 $\dot{c}=1$，并且初始化值为 0。此外，转换可以保持时钟值不变（$c'=c$），或者将时钟值重置为零（$c'=0$）。这种简化使得 TA 可达性问题[15]是可判定的。

我们已提出各种的扩展，稍微增加了 TA 的功能，而不会使 TA 像 HA 那样通用。举几个例子，我们可以看秒表自动机[16]，当时钟前进时也可以暂停（即 $\dot{c}=0 \lor \dot{c}=1$），从而中断自动机的运行[17]，在此定义不同的中断等级，每一等级只允许存在一个活动时钟和沙漏自动机[18](译者注：具有有界时钟的定时自动机，以恒定的速率向后和向前推进，可使用任何定时自动机的时钟区域来构造有限的无定时的图形)，其中时钟存在最大值并可向后运行。还有一些技术则使用独立发展的时钟[19]来描述 TA，这些修改显然也影响其语言的特性以及验证的复杂度。

9.2.1　定时和混合自动机工具

由于 TA 和混合系统(Hybrid Systems，HS)的广泛流行及其强大的表达能力，从而带来了各种工具和语言的发展，并允许对连续-时间-离散-状态(continuous-time-discrete-state)的系统进行规范、分析、仿真和验证。著名的代表是 TA 的 UPPAAL[20]、Kronos[21]，HS 的 Simulink/Stateflow[22]、Modelica[23]、HyVisual[24]。

其中最常用的是 Simulink。Simulink 是一个用于动态系统建模和分析的图形化编程环境。该工具由 Stateflow 扩展，它是一个插件，允许基于非确定性 Harel 状态图[25]来定义离散自动机。通过结合，Simulink/Stateflow 可用来对 HA 进行建模。该工具的语言支持响应式和并行建模，并允许使用数据封装进行系统组合。

HyVisual 是一个基于 Ptolemy II 多形式化仿真和验证的 HA 应用平台。它允许定义具有因果影响的 HA，通过其形式化语义让人相信可利用其进行仿真和验证。然而，专有的图形化建模环境对于新手来说很难理解，同时对于高级用户来说也是一个冗长乏味的负担，正如参考文献[26]中所指出的那样。

Modelica 是支持多领域系统规范的文本语言规范，支持复杂系统的非因果定义。Modelica 纯粹是一种语言规范，不提供任何参考实现或形式化语义。它依赖于其他实体来创建语言的实现，由此创建了一系列支持和实现的不同工具(例如 OpenModelica[27]、Dymola[28])。参考文献[26]中有用于仿真和验证的各种流行的 HA 工具的全面对比和讨论。

9.2.2　离散形式化的混合扩展

对连续行为的需要，也将导致对其他现有的、离散的形式化的调整，并提供此种能力。例如，离散事件系统规范(Discrete Event System Specification，DEVS)[29]已经扩展到混合 DEVS，它允许状态变量的持续演进。然而，该特征的引入已经证明存在着严重的缺陷，并使 DEVS 变得更加复杂。例如，一种方法是使用量化状态系统(Quantised State System，QSS)[30,31]法，对连续行为进行离散化。另一种解决方案是使用外部数据结构来计算提供封装的 DEVS 模型的连续行为。然而，后一种解决方案还需要适应 DEVS 仿真算法，如参考文献[32]中所述。在 PowerDEVS[33]中已实现对前一种 QSS 方法的工具支持，这是一种用于对 DEVS 和 QSS 系统建模的图形化工具，后者支持看似连续的演进。

Petri 网[34]是一系列形式化的方法，允许在复杂系统中有效地表示并发流程。在 Petri 网领域，使用所谓的高层 Petri 网(High-Level Petri Net，HLPN)对复杂数据结构的编码和修改的历史悠久。在 HLPN 中,转换使用守护条件进行扩展,守护条件在转换触发之前评估值并断言条件。由此带来 Petri 网的引入和调整以支持时间的概念。时间以多种形式添加到其中[35],例如,时间 Petri 网,其中转换的触发仅限于某些时间点;定时 Petri 网,其中时间是可以在转换守护条件中评估的令牌参数;具有时间窗口的 Petri 网,其中转换只能在特定时间范围内触发。

人们也将 Petri 网扩展为连续 Petri 网[36,37],其中一个转换消耗并产生无限小的令牌。因此,实际的行为只能在随着时间的推移而观察网络时才能评估,而转换实际上视为以给定速率离开和进入位置的令牌流。具有时间的离散 Petri 网与连续 Petri 网的合并产生了混合 Petri 网[38,39]。这种形式化方式十分直观,可与混合自动机相媲美。事实上,这些形式化之间存在转换关系,这样混合 Petri 网的仿真和验证可从现有的 HA 工具[40]中受益。

9.3　使用 CREST 开展领域特定的混合建模

各种各样的系统和现有众多形式化方法带来许多其他形式化方法和语言的调整,从而支持混合的概念。例如,Zélus[41] 将连续变量演进与同步语言 Lustre[42] 合并,AADL 的行为附件[43] 将基于自动机的行为引入架构描述语言。

通常,系统建模主要由大规模和复杂的系统的创建者所使用。航空、运输和重工业等"经典"CPS 领域的利益相关方很早就意识到这些建模语言和工具的潜力,并成功地使用它们来控制、仿真和验证他们所创建的系统。虽然他们的方法为经济实力雄厚的机构提供了巨大的利益,但对于小型和定制系统(如家庭自动化和物联网系统)的创造者往往缺乏使用这些工具的知识和资源。

在本章的其余部分,我们将讨论使用 CREST[56] 的混合系统建模。CREST 是一个专门针对小型 CPS 开发的 DSML,例如智能家居、办公和楼宇自动化、自动园艺系统等。该语言的目标受众者包括建模新手以及建模与仿真(M&S)领域的非专业化的使用者,他们希望利用建模和验证来为工作增值。

初步分析[56]表明,这种系统主要表现出 3 种类型的行为:

① 系统内物理资源(例如,光、热、电)和数据信号(例如,"开/关"开关、控制命令)的连续流;② 基于状态的 CPS 组件和设备的行为;③ 全局系统状态随时间的演进。

对具有代表性案例研究系统进行更详细的评估后,我们将发现混合建模语言应支持的 6 个关键方面,从而确保这些系统能够有效地建模[45]。

1. 反应性

CPS 的目标是对组件和系统建模,使其能对环境中的变化做出反应。例如,当太阳下山时,家庭自动化系统应该适应并作为另一个光源。

2. 并行性

虽然在基于计算机的系统中,顺序执行是一种选择,但物理过程是并行推进的,因此需要适当的方法来表示并行。例如,保险丝断了,所有电器都会同时关闭。

3. 同步性

尽管随着时间的推移,CPS 中的大多数变化都是可见的,但它们的影响是立竿见影的。例如,一盏灯立即照亮一个房间(实际上)。对于我们的目标应用,实际的时间延迟可以忽略不计。即使是节能灯,其亮度随着时间的推移而增加,也会立即开始转换到打开状态和光的耗散。同步方面要求在系统值发生变化时,对建模的系统进行同步和检查,对整个系统进行同步并检查组件之间可能发生的变化。

4. 本地性

尽管需要交换数据和资源,但 CPS 组件的状态和数据通常应该保持在本地。例如,我们可以想到一种节能灯,它的状态、寿命和功耗是本地特性,独立于其他组件。交互通过定义明确的接口进行,即电源插头和开关。

5. 时间连续性

大多数 CPS 都以某种方式处理时间方面的问题。植物每天需要一定的光照,用电量是随时间变化来测量的等。所选择的形式化方法应该允许对连续时间进行建模,因此可以是任意细(粗)的时间步长。时间概念还必须支持组件之间的持续影响(例如,泵向水箱注入水)。

6. 非确定性

当涉及到真实世界的应用时,系统的演进并不总是可预测的。例如,一个灯泡可能会因为似乎随机出现的功率峰值而坏掉。应该可对下一个状态的未知场景予以建模。

开发 CREST 是为满足上述需求,同时保持目标领域的简单性、可用性和适用性。由此产生的直观的图形语言易于掌握,但表达能力足以支持复杂的建模和验证任务。CREST 建立在现有的 CPS 建模技术的基础上,并结合来自各种建模范式和形式化方法的特征。在这种程度上,熟悉这个问题的读者将识别混合自动机、架构描述语言和同步语言的特征。此外,CREST 提供了形式化的句法和语义,允许使用众所周知的技术(如模型检查)来定义明确的仿真和验证。

本节的其余部分将以非正式的方式介绍 CREST 的图形句法和语义。感兴趣的读者可以在参考文献[56]中找到正式的结构以及关于扩展的讨论。

9.3.1 CREST 句法

CREST 的图形化的句法,称为 CREST 图(diagram),目的在于促进系统中架构和行为的易读性。本小节的其余部分将使用生长灯的具体示例来介绍 CREST 的各个概念。生长灯是一种用于植物种植的装置。当开机时，它会消耗电能来产生光和热。当使用主开关打开时，灯模块始终处于活动状态。加热模块可以使用一个额外的开关打开或关闭。图 9.2 显示生长灯的完整 CREST 图。

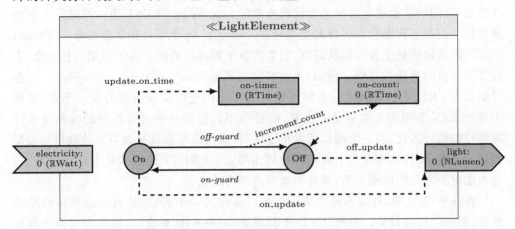

注意：此图使用函数名称标识更新，但省略了其实现方式，通常，
实现作为数学描述或源代码并与图一同提供。

图 9.2　用于生长灯实体的光元素

CREST 将组件和系统作为实体建模。根据本地性方面，CREST 实体定义其范围（由黑色边框直观地描述）。范围限制组件使用自身的信息并创建内聚性。实体的通信接口绘制在这个范围的边缘，而内部结构和行为则放置于内部。

数据在 CREST 中由端口（port）来表示，这些端口进一步用于对系统内部的资源建模。有 3 种类型的端口：输入端口、输出端口、本地端口。每个端口都用其表示的一个特定资源来标注。资源是由值域和单位组成的值类型。例如，生长灯指定瓦特或流明等单位。域是可能的单个变量值的集合，例如自然数$\mathbb{N}$，有理数$\mathbb{R}$，或一组离散值，例如{on,off}（例如，用来定义一个开关）。除了资源类型外，每个端口还将表明其初始资源值（或仿真期间的当前值）。

1. 离散行为

每个 CREST 实体使用一组状态和守护的转换来定义有限状态机（FSM），以指定其行为。转换定义从一种状态到另一种状态（例如 off → on）的可能的离散进展。转换守护函数分析实体及其直接子实体的端口，并返回一个布尔值，该值描述自动机是否可以推进到不同的状态。CREST 的转换语义指明，如果启用转换，就必须进行转换。这与前面介绍的 HA 的 must-semantics 类似。注意，出于易读性的原因，复杂的转换守护没有直接写入到 CREST 图中。相反，将守护条件标注为在运行时执行的函数名。在这种情况下，详细的功能采用源代码清单或数学公式的形式，并与图一同提供。

2. 连续行为

CREST 中的连续行为是使用更新（update,-➤）表示的。更新负责持续改变实体的端口值。每次更新都是针对所更新的特定状态和目标端口所定义的。与守护条件类似，它们的功能通常也定义为代码或数学公式，并与 CREST 图一同提供。图本身使用它们的名称来标识各自的更新函数。理论上，每个端口和状态都有一次更新，当实体的自动机处于各自的状态时，它会持续更新端口的值。为了避免信息冗余，不改变端口值的更新将省略。例如，光元素定义了 update_on_time、off_update。这些更新负责 CREST 的连续性。它们可能与 HA 中的连续变量演进有关。但是，更新不是使用 ODE 指定连续变量的速率，而是基于其他端口的值和经历的时间量来计算端口的值。因此，当一个端口值发生变化时，系统必须测试是否有其他端口也需要更新。因此，该特性可满足上面定义的同步要求。CREST 的形式化方法语义断言，它考虑更新之间的依赖关系，并且不会创建循环定义。

在许多 CPS 中，资源不断地从一个端口流向另一个端口，或者无论实体的状态如何，都必须传播其值。因此，CREST 提供影响（——➤）的概念，它恰好定义两个端口之间的关系。光元素没有指定任何影响，但可以在下面介绍的生长灯系统中找到一个例子。例如，生长灯的 fahrenheit_to_celsius 影响负责连续读取室温输入并将其写入加法器的温度输入值。此外，影响可以在写入源值之前有选择地改变源值。在本例中，fahrenheit_to_celsius 将华氏度的值转换为摄氏度的值，以匹配加法器输入端口的资源规范。

最后，CREST 定义第三种资源流：动作（···➤）。动作链接到转换，可以在触发转换时改变端口值。它们可以与 HA 中离散转换期间的值更新进行比较。由于动作是瞬时的，它们与影响相似，也是与时间无关的。光模块定义了一个动作（increment_count），当触发从 Off 到 On 的转换时执行。它会计算开启灯的次数。注意，影响和动作实际上是句法糖（译者注：也称为句法糖衣，是由英国计算机科学家彼得·约翰·兰达（Peter J. Landin）发明的一个概念，指计算机语言中所增加的某种语法，其对语言的功能并没有影响，但通常能够增强程序的可读性），可以使用额外的状态和更新来表示。但该语言中增加它们是为了提高可用性。

3. 实体组合

CREST 系统的组合遵循严格的层次结构的概念，其中只有一个根实体，所有其他实体都作为子实体置于根实体内的嵌套树状结构中。图 9.3 所示为生长灯（GrowLamp）的示例，它嵌入了作为子实体的 LightElement[①]（简化版本）和 HeatElement。这种严格的层次结构加强本地化实体视图，因为每个组件都将封装其内部子实体的结构，因此从外部将其视为黑盒。这有助于组合，因为可将实体视为连贯一致的实例，而不考虑内部。

---

① 注意，对于 GrowLamp，灯光模块的端口和转换防护装置已被重命名，以避免歧义。

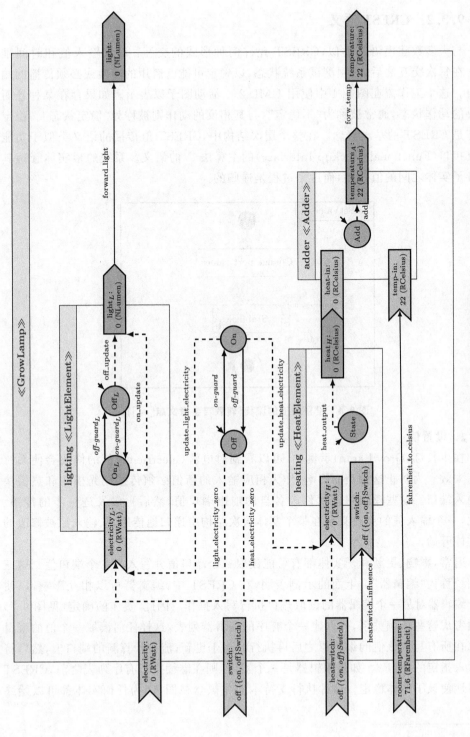

图9.3 具有子实体的生长灯实体 (转载自参考文献 [44])

9.3.2 CREST 语义

与大多数建模语言类似,CREST 允许两种形式的交互:设置输入值和时间推进。在每次交互之后,必须测试系统状态,以确定可能已启用的转换或必须传播的端口值。这个工作流在图 9.4 中使用 UML 2.5 活动图予以表示。如果存在某种悬而未决的动作状态,通常被称为"不稳定",与其相反的动作则被称为"稳定状态"。稳定状态是 CREST 的基本概念。在整个层次结构中,CREST 值传播的语义类似于功能样机接口(Functional Mockup Interface)的主算法[46]的语义。系统的根实体管理其直接子实体之间的值传播,而这个过程是递归的。

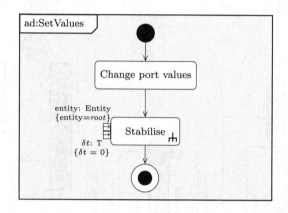

图 9.4　设置数值的流程(转载自参考文献[44])

1. 设置值

在生长灯(GrowLamp)示例中,可以看到对电流(electricity)值的修改会使系统状态失效。为防止这种负面影响,作为相应输入的新值必须传播到光模块和热模块的输入端口。这些模块将依次修改各自的输出端口值,然后再触发进一步的传播。因此,一个输入值的更改必须在整个实体层次结构中递归地传播,从输入已被修改的根实体开始。

通常,影响、更新和子实体都有可能读取一个端口值并写入另一个端口值。这三个词统称为"编辑器"。上面的示例表明,在 CREST 中,编辑器可以相互影响,以便一个编辑器对另一个编辑器的读取端口执行写入操作。因此,实体的确定(见图 9.5)必须考虑这些依赖关系,并创建一个有序的编辑器列表,这样任何读取一个值的编辑器都在所有写入该值的编辑器之后再执行。对于更新,流程计算新的端口值,然后将其写入指定的端口①。如果编辑器是一个实体,则在继续执行有序列表之前,CREST 递归地使该子实体稳定。这种执行支持本地化黑盒视图,因为任何实体都可以始终

---

① 由于更新流程的活动图十分简单,因此将其省略。

假设其子实体以正确的顺序得以稳定。此外,测试输入值的改变仅依赖其改变进行重新计算,遵循反应性原则——我们将其指定为需求。这种执行指令的创建与 Kahn 流程网络和同步语言(如 Esterel 和 Lustre)有关,它们的操作类似。

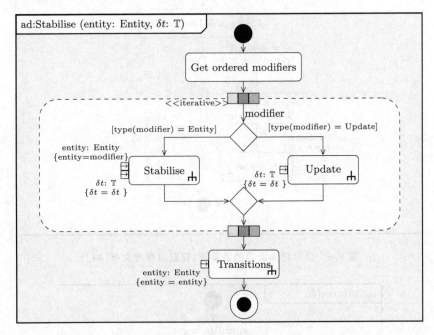

图 9.5 将稳定流程概念化为活动图(转载自参考文献[44])

执行所有编辑器之后,将搜索实体的 FSM,以查找从当前状态启用的转换。如果启用了转换,则 CREST 将执行它。随后,启动另一轮稳定,以触发与新的 FSM 状态相关的所有更新。这个稳定阶段将再次寻找启用的转换,并在适用情况下触发其中一个,这一过程如图 9.6 所示。

2. 推进时间

时间推进后的稳定状态(见图 9.7)与端口值修改后的稳定状态略有不同。在 CREST 的语义中,使用 δt 参数表示。δt 表示自上次执行更新以来所经历的时间,可用于对连续时间的推进进行建模。实际上,设定值后的稳定过程也使用此参数,只是将其设置为 $\delta t = 0$。

从理论上讲,时间推进应该以无穷小的时间步长执行,以断言所有端口总是最新的。实际上,只需断言在触发转换之前更新所有端口值。因此,有必要发现下一个转换的时间 ntt,它表示在启用系统中的任何转换之前必须经历的时间长度。CREST 的形式化方法语义并未指明发现 ntt 精确度的功能。CREST 的工具实现(参阅 9.4 节)使用一种分析系统中所有编辑器依赖关系而可能影响转换守护结果的方法。然后,它构成了表示该功能的约束集合,并使用定理证明和可满足性模型理论(satisfiability modulo theories,SMT)求解器来找到解决方案,约束集的最小解对应于下一个转换

213

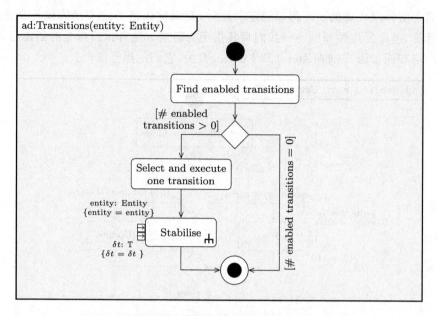

图 9.6　显示转换流程的活动图(转载自参考文献[44])

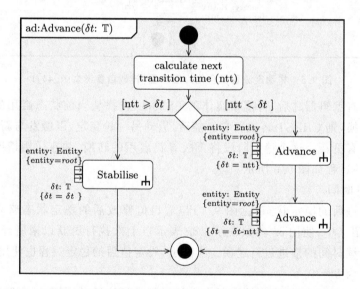

图 9.7　表明时间推进流程中两种可能的活动图(转载自参考文献[44])

时间 ntt。①

如图 9.7 所示,根据 ntt 值的不同,可能出现两种情况:

---

① 也可以采用其他方法,例如基于搜索的算法或数值求解器,这在大多数现代模型仿真工具中很常见,如 Simulink、Ptolemy Ⅱ 等。

① ntt≥δt。CREST 提高 δt 并触发到稳定状态,以便执行所有编辑器并更新所有端口值。

② ntt<δt。CREST 将提前分为两个步骤:在第一阶段,系统提高 ntt 时间单位,即推进到启用转换,触发更新和转换,然后稳定;接下来,CREST 在剩余时间 δt - ntt 进行递归。

这些时间语义允许仿真和验证,并集成任意细(粗)粒度的时间推进,同时断言没有错过"感兴趣的"时间点。这对于不需要人工基准时钟的精确仿真赛博物理系统至关重要。基于时间的转换启用对于纯粹的反应性系统增加连续行为。相比之下,其他同步语言(如 Lustre)依赖于外部时钟提供系统同步的时序信号(ticks)。

9.3.3　验　证

HA 的验证并非易事,取决于 HA 的确切类型和模型本身,高复杂有时甚至是不可行的。使用 must - semantics(如 CREST)可稍微降低这种复杂性,但仍然会导致系统需要大量的计算资源来执行验证工作。

一种非常常见的形式化验证方法是模型检查。在这一学科中,系统转换为一组可达的系统状态。然后,系统特性的验证(例如:可达性、活动状态)通过搜索这个所谓的状态空间来实现这些特性的个体(或组)状态。因为有意义的系统的状态空间,通常包含非常多的状态(通常是 10^{30} 或更多),难以枚举、存储在计算机内存中,从而带来了复杂性。

模型检查已经演进成为事实上的标准,其中状态空间通常在 Kripke 结构[47]中编码——这是一种转换自动机的形式,其中每个状态都用系统特性标识——并使用参考文献[48]和线性时序逻辑(Linear Temporal Logic,LTL)参考文献[49]中的公式对测试的公式进行编码。

然而,在 HA 和连续时间系统的案例中,如 CREST 模型,一个问题是在这些结构中对时间信息编码。因此,Kripke 结构和逻辑公式都得到了扩展,使得它们的计时对应物(计时 Kripke 结构和计时计算树逻辑(Computation Tree Logic,CTL; Timed Computation Tree Logic,TCTL))可以用于 HA 的验证。

这意味着 TCTL 允许对事件可能发生的时间点的精确信息进行规范。例如,下面的短语不能在 CTL 中指定,但需要 TCTL:在任何情况下,我的闹钟将在接下来的一个小时内响起,除非我关掉它。

$$A(\text{alarm rings}) \quad U \leq 60 \text{ min} \quad (\text{turn off})$$

TCTL 的扩展是"≤60 min"间隔的规范,它表示何时必须遇到关闭事件。

关于 HA 的 TCTL 模型检测的详细讨论超出本章的范围。有兴趣的读者可参阅参考文献[50]和[51]等专门出版物。

9.4 实　现

尽管 CREST 图易于理解和表达,但 CREST 是使用经典编程语言实现的。事实上,CREST 类似于 SystemC[52],作为内部 DSML 开发和发布的,并使用 Python 作为宿主语言。

选择 Python 作为目标语言的 3 个原因如下:

① Python 的发行版和软件包安装,允许轻松访问和扩展,也可预装在大多数现代操作系统上。

② 易于学习且非常灵活,有许多可用的库以及一个庞大的社区。

③ 作为一种解释型语言,Python 为类实例化过程的修改和功能的动态修改提供原生的反射机制,允许对用户隐藏 CREST 细节,同时仍然允许使用默认的 Python 运行时。

如前所述,CREST 是作为一组 Python 库开发和发布的,可以包含在任何标准的 Python 程序中。然而,有一些使用 Python 现代基本浏览器 Jupyter[①] 运行时的 API,允许更多的交互式开发和执行。一些集成的特征包括基于代码的 CREST 图的本地绘图和数据分析库的集成,如 NumPy 和 Pandas[②]。程序清单 9.1 提供了一个小型示例系统,展示了使用 CREST 的 Python 实现对生长灯的光元素建模。

程序清单 9.1　LightElement 实体的定义

```
import crestdsl.model as crest

# use CREST's domain types to specify the domain
watt = crest.Resource(unit="Watt", domain=crest.REAL)
lumen = crest.Resource(unit="Lumen", domain=crest.INTEGER)

class LightElement(crest.Entity):
    # port definitions with resources and an initial value
    electricity = crest.Input(resource=watt, value=0)
    light = crest.Output(resource=lumen, value=0)

    # automaton states - specify one as the current (initial) state
    on = crest.State()
    off = current = crest.State()
```

① https://jupyter.org/。
② https://www.numpy.org/；https://pandas.pydata.org。

216

```
16      # transitions and guards (as lambdas)
17      off_to_on = crest.Transition(source=off, target=on,
18          guard=(lambda self: self.electricity.value >= 100))
19      on_to_off = crest.Transition(source=on, target=off, \
20          guard=(lambda self: self.electricity.value < 100))
21
22      # updates are annotations
23      @crest.update(state=on, target=light)
24      def set_light_on(self, dt=0):
25          return 800
26
27      @crest.update(state=off, target=light)
28      def set_light_off(self, dt=0):
29          return 0
30
31  my_lamp_obj = LightElement()
```

如程序清单 9.1 所示，CREST 模型规范的重点在于简单性。将实体定义为继承于库的 Entity 的常规 Python 类。此外，还为每个单独的模型概念（Input、State、Update 等）以及 Python 的方法编辑器的实现提供了一个类，以进一步提高可用性（例如，@influence、@transition）。

所有实体端口都被指定为类的特性或修正方法。CREST 库的实现用以负责对象实例化期间信息的正确实例化和传播。特别注意的是最大化地兼容 Python 自然开发的最佳实践。因此，可以继承之前定义的 Entity 类，并像在任何其他 Python 程序中一样使用 __init__-constructors。

以类似的方式创建 CREST 的仿真和验证库。例如，程序清单 9.2 所示为 Simulator 类的使用示例。类似地，对于时间依赖的模型，仿真器提供一种 advance(dt)方法（见图 9.7）。

程序清单 9.2 用于 Simulator 库的示例

```
1  from crestdsl.simulator.simulator import Simulator
2
3  sim = Simulator(my_lamp_obj)
4  sim.stabilise()
5  sim.plot() # shows default behaviour
6
7  my_lamp_obj.electricity.value = 100  # add power
8  sim.stabilise()  # stabilise
9  sim.plot() # state is ON and there is light
```

图 9.8 所示为执行上述代码后 CREST 仿真器的输出。仿真器绘图方法创建一个交互式的 CREST 图，可以进行分析和探索。注意在第一个图（见图 9.8 中输出的第一个图）中，自动机处于关闭状态，但在将电力输入端口的值设置为 100 W 并且系统稳定后，系统切换到打开状态并在其输出处产生光（见图 9.8 中输出的第二个图）。

217

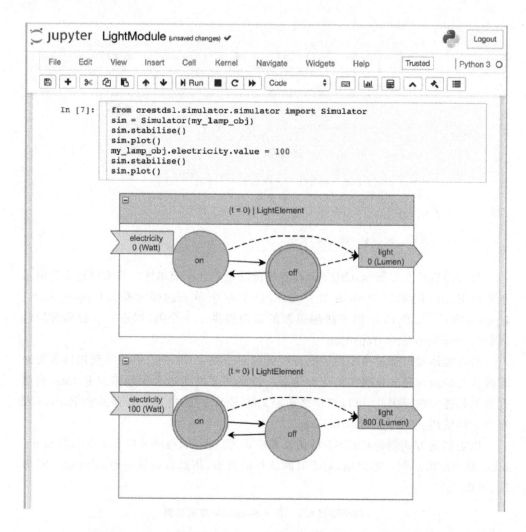

图 9.8　Jupyter 运行时 CREST 仿真界面和交互式图形化功能的截图

9.5　讨　论

　　CREST 形式化方法和 DSML 为在小型 CPS 中创建资源流模型提供了一种简单的方法。虽然该项目仍在开发中,并正在等待正式的可用性的评估,但很明显,该语言有助于创建系统模型。我们的信心建立在整个语言开发过程中的用户报告之上。最近,我们邀请了两名本科生在未提供任何正式培训的情况下使用该语言。我们的目标是(非正式地)评估开发方法的直观性。

　　学生们的任务是围绕该项目开展各种工作,例如系统模型的开发(例如,智能家居设置和办公自动化系统)以及 DSML 用户界面库的扩展。即使学生们没有在正式的实验环境中工作,我们也可以报告积极的结果。第一个学生(工程)在 3 个月的课程中,根据系统描述和在线文档成功地实现所有 3 个案例研究的系统,他成功地创造出具有相互依赖实体的复杂组件结构,甚至为复杂的工程问题提供解决方案,例如热水锅炉内加热过程的线性化模型。他还开发出一个参数化的模型实体库,以便在未来的项目中重用。第二个学生(计算机科学)获得了 CREST 模型结构的知识,并帮助我们改进 CREST 的图形输出和追踪功能。他表明在 8 周的时间跨度内,精通编程的开发人员可以成为熟练的 CREST 使用者,并开发可以重新集成到库中的领域特定语言(DSL)扩展。

尽管具有这样令人放心的反馈,但还需要更正式的评估。因此,我们正在根据参考文献[53]和[54]等工作中发现的原则来开展 DSL 可用性研究。

我们还表明,CREST 可以成功地用作进一步研究的基础,例如作为机器学习应用的目标形式化方法。DSML 作为 Python 内嵌的基础促进了互操作性,并允许使用它自动计算影响函数,如参考文献[55]中所述。

9.6　总　结

本章回顾了混合系统建模的领域。混合系统将系统值的连续演进(如自然流程)与离散的、通常基于状态的行为描述(在电气和数字设备中常见)相结合。特别是对于赛博物理系统(CPS)的建模,由于这些内在对立的概念的混合,使用混合系统往往是无法避免的。CPS 建模最常见的形式之一是混合自动机,它将有限状态机与连续变量结合,其演进由微分方程定义,但也存在其他的形式,如量化状态系统和混合 Petri 网,已扩展到支持连续变量的演进。

本章的实践部分介绍 CREST,一种混合建模语言。CREST 是一种领域特定的图形化建模语言,聚焦于小型 CPS 中物理资源流的高效表示,如自动化园艺应用和智能家居。该语言的句法、语义和验证概念通过实际示例进行概述。最后,介绍 CREST 在 Python 语言中的实现,并提出一种高度实用的基于 DSL 的内部方法来开发建模语言和工具。

参考文献

[1] M. Brambilla, J. Cabot, M. Wimmer, Model-Driven Software Engineering in Practice, 1st edition, Morgan & Claypool Publishers, 2012.

[2] H. Witsenhausen, A class of hybrid-state continuous-time dynamic systems, IEEE Transactions

on Automatic Control 11(2)(1966) 161-167,doi: 10/bc93wv.

[3] L. Tavernini,Differential automata and their discrete simulators,Nonlinear Analysis: Theory, Methods&. Applications 11 (6) (1987) 665-683,doi: 10/csqvmt.

[4] M. Branicky,V. Borkar,S. Mitter,A unified framework for hybrid control: model and optimal control theory,IEEE Transactions on Automatic Control 43 (1) (Jan. 1998) 31-45, doi: 10/c64n32.

[5] B. P. Zeigler, T. G. Kim, H. Praehofer, Theory of Modeling and Simulation, 2nd edition, Academic Press,Inc. ,Orlando,FL,USA,2000.

[6] J. -F. Raskin,An introduction to hybrid automata,in: Handbook of Networked and Embedded Control Systems,Springer,2005,pp. 491-517.

[7] A. Gill,Introduction to the Theory of Finite-State Machines,McGraw-Hill Electronic Sciences Series,McGraw-Hill,1962.

[8] T. A. Henzinger,P. W. Kopke,A. Puri,P. Varaiya,What's decidable about hybrid automata?, Journal of Computer and System Sciences 57 (1)(1998) 94-124.

[9] A. Puri,P. Varaiya,Decidability of hybrid systems with rectangular differential inclusions,in: G. Goos,J. Hartmanis,D. L. Dill (Eds.),Computer Aided Verification,vol. 818,Springer, Berlin,Heidelberg,1994,pp. 95-104,https: //doi. org/10. 1007/3-540-58179-0_46.

[10] R. Alur,Formal verification of hybrid systems,in: 2011 Proceedings of the Ninth ACM International Conference on Embedded Software (EMSOFT),ACM Press,2011,p. 273,https: // doi. org/10. 1145/ 2038642. 2038685.

[11] R. Alur,T. A. Henzinger,P. -H. Ho,Automatic symbolic verification of embedded systems, IEEE Transactions on Software Engineering 22 (3) (1996) 181-201,doi: 10/ds232r.

[12] G. Frehse,Scalable Verification of Hybrid Systems,Habilitation à diriger des recherches, Univ. Grenoble Alpes,May 2016.

[13] R. Alur,D. L. Dill,A theory of timed automata,Theoretical Computer Science 126 (1994) 183-235.

[14] J. Bengtsson,W. Yi,Timed automata: semantics,algorithms and tools,in: Advanced Course on Petri 网,Springer,2003,pp. 87-124.

[15] S. Tripakis,T. Dang,Modeling,verification,and testing using timed and hybrid automata,in: Model-Based Design for Embedded Systems,vol. 20091230,CRC Press,2009,pp. 383-436, https: //doi. org/10. 1201/9781420067859-c13.

[16] F. Cassez,K. Larsen,The impressive power of stopwatches,in: International Conference on Concurrency Theory,Springer,2000,pp. 138-152.

[17] B. Bérard,S. Haddad,Interrupt timed automata,in: International Conference on Foundations of Software Science and Computational Structures,Springer,2009,pp. 197-211.

[18] Y. Osada,T. French,M. Reynolds,H. Smallbone,Hourglass automata,Electronic Proceedings in Theoretical Computer Science 161 (2014) 175-188, https: //doi. org/10. 4204/ EPTCS. 161. 16.

[19] S. Akshay,B. Bollig,P. Gastin,M. Mukund,K. N. Kumar,Distributed timed automata with

independently evolving clocks, in: International Conference on Concurrency Theory, Springer, 2008, pp. 82-97.

[20] K. G. Larsen, P. Pettersson, W. Yi, UPPAAL in a nutshell, International Journal on Software Tools for Technology Transfer 1 (1-2) (1997) 134-152.

[21] S. Yovine, KRONOS: a verification tool for real-time systems, International Journal on Software Tools for Technology Transfer 1 (1-2) (1997) 123-133.

[22] A. Rajhans, S. Avadhanula, A. Chutinan, P. J. Mosterman, F. Zhang, Graphical modeling of hybrid dynamics with Simulink and Stateflow, in: Proceedings of the 21st International Conference on Hybrid Systems: Computation and Control (Part of CPS Week), HSCC'18, ACM, New York, NY, USA, 2018, pp. 247-252, https://doi.org/10.1145/3178126.3178152, http://doi.acm.org/10.1145/3178126.3178152.

[23] P. Fritzson, V. Engelson, Modelica—a unified object-oriented language for system modeling and simulation, in: European Conference on Object-Oriented Programming, Springer, 1998, pp. 67-90.

[24] C. Brooks, A. Cataldo, E. A. Lee, J. Liu, X. Liu, S. Neuendorffer, H. Zheng, HyVisual: a hybrid system visual modeler, University of California, Berkeley, Technical Memorandum UCB/ERL M 5.

[25] D. Harel, Statecharts: a visual formalism for complex systems, Science of Computer Programming 8 (3) (1987) 231-274, doi: 10/b97n8k.

[26] L. P. Carloni, R. Passerone, A. Pinto, A. L. Angiovanni-Vincentelli, Languages and tools for hybrid systems design, Foundations and Trends in Electronic Design Automation 1 (1/2) (2006) 1-193, doi: 10/cxjxnq.

[27] P. Fritzson, P. Aronsson, A. Pop, H. Lundvall, K. Nystrom, L. Saldamli, D. Broman, A. Sandholm, Openmodelica-a free open-source environment for system modeling, simulation, and teaching, in: Computer Aided Control System Design, 2006 IEEE International Conference on Control Applications, 2006 IEEE International Symposium on Intelligent Control, 2006 IEEE, IEEE, 2006, pp. 1588-1595.

[28] D. Brück, H. Elmqvist, S. E. Mattsson, H. Olsson, Dymola for multi-engineering modeling and simulation, in: Proceedings of Modelica, 2002, 2002, pp. 1-6.

[29] B. P. Zeigler, Theory of Modelling and Simulation, A Wiley-Interscience Publication, John Wiley, 1976.

[30] B. P. Zeigler, J. S. Lee, Theory of quantized systems: formal basis for DEVS/HLA distributed simulation environment, in: Enabling Technology for Simulation Science II, 1998, pp. 49-59.

[31] E. Kofman, S. Junco, Quantized-state systems: a DEVS approach for continuous system simulation, Transactions of the Society for Computer Simulation International 18 (3) (2001) 123-132.

[32] H. P. Dacharry, N. Giambiasi, Formal verification with timed automata and devs models: a case study, in: Proc. of Argentine Symposium on Software Engineering, 2005, pp. 251-265.

[33] F. Bergero, E. Kofman, PowerDEVS: a tool for hybrid system modeling and real-time simul-

ation, SIMULATION 87 (1-2) (2011) 113-132, doi: 10/bwzxtb.

[34] C. Petri, Kommunikation mit Automaten, Ph. D. thesis, Rheinisch-Westfälisches Institut für Instrumentelle Mathematik 2. Universität, Bonn, 1962.

[35] L. Popova-Zeugmann, Time and Petri Nets, Springer, 2013.

[36] L. Recalde, S. Haddad, M. Silva, Continuous Petri Nets: expressive power and decidability issues, in: K. S. Namjoshi, T. Yoneda, T. Higashino, Y. Okamura (Eds.), Automated Technology for Verification and Analysis, Springer, Berlin, Heidelberg, 2007, pp. 362-377.

[37] H. Alla, R. David, Continuous and hybrid Petri Nets, Journal of Circuits, Systems, and Computers 8 (01) (1998) 159-188.

[38] R. David, H. Alla, On hybrid Petri Nets, Discrete Event Dynamic Systems 11 (1-2) (2001) 9-40, doi: 10/dp9ks6.

[39] R. David, H. Alla, Discrete, Continuous, and Hybrid Petri Nets, 2nd edition, Springer Publishing Company, Incorporated, 2010.

[40] L. Ghomri, H. Alla, Z. Sari, Structural and hierarchical translation of hybrid Petri Nets in hybrid automata, in: IMACS05, 2005, p. 6.

[41] T. Bourke, M. Pouzet, Zélus: a synchronous language with ODEs, in: 16th International Conference on Hybrid Systems: Computation and Control, Philadelphia, USA, 2013, pp. 113-118.

[42] N. Halbwachs, P. Caspi, P. Raymond, D. Pilaud, The synchronous dataflow programming language LUSTRE, in: Proc. of the IEEE, 1991, pp. 1305-1320.

[43] R. B. Franca, J. P. Bodeveix, M. Filali, J. F. Rolland, D. Chemouil, D. Thomas, The AADL behaviour annex-experiments and roadmap, in: 12th IEEE International Conference on Engineering Complex Computer Systems, 2007, pp. 377-382.

[44] S. Klikovits, A domain-specific language approach to hybrid CPS modelling, Ph. D. thesis, University of Geneva, Switzerland, 2019, https://doi.org/10.13097/archive-ouverte/unige: 121355, https://archive-ouverte.unige.ch/unige: 121355.

[45] S. Klikovits, A. Linard, D. Buchs, CREST-a DSL for reactive cyber-physical systems, in: F. Khendek, R. Gotzhein (Eds.), 10th System Analysis and Modeling Conference (SAM2018). Languages, Methods, and Tools for Systems Engineering, in: Lecture Notes in Computer Science, vol. 11150, Springer, 2018, pp. 29-45, https://doi.org/10.1007/978-3-030-01042-3_3.

[46] D. Broman, C. Brooks, L. Greenberg, E. A. Lee, M. Masin, S. Tripakis, M. Wetter, Determinate composition of FMUs for co-simulation, in: 2013 Proc. Int. Conf. Embed. Software, EMSOFT 2013 (Emsoft), https://doi.org/10.1109/EMSOFT.2013.6658580.

[47] M. Browne, E. Clarke, O. Grümberg, Characterizing finite Kripke structures in propositional temporal logic, Theoretical Computer Science 59 (1) (1988) 115-131, doi: 10/br8284.

[48] E. M. Clarke, E. A. Emerson, Design and synthesis of synchronization skeletons using branching time temporal logic, in: Workshop on Logic of Programs, Springer, 1981, pp. 52-71.

[49] A. Pnueli, The temporal logic of programs, in: 18th Annual Symposium on Foundations of Computer Science (SFCS 1977), 1977, pp. 46-57, https://doi.org/10.1109/SFCS.1977.32.

[50] T. A. Henzinger, X. Nicollin, J. Sifakis, S. Yovine, Symbolic model checking for real-time

systems,Information and Computation 111 (2) (1994) 193-244.

[51] D. Lepri,E. Ábrahám,P. C. Ölveczky,Sound and complete timed CTL model checking of timed Kripke structures and real-time rewrite theories,Science of Computer Programming 99 (2015) 128-192,doi: 10/f6zwpd.

[52] D. C. Black,J. Donovan,B. Bunton,A. Keist,SystemC: From the Ground Up,Springer-Verlag New York,Inc.,Secaucus,NJ,USA,2010.

[53] A. Bariic,V. Amaral,M. Goulao,Usability evaluation of domain-specific languages,in: 2012 Eighth International Conference on the Quality of Information and Communications Technology,IEEE,2012,pp. 342-347.

[54] A. Barisic,V. Amaral,M. Goulāo,Usability driven DSL development with USE-ME,Computer Languages,Systems and Structures 51 (2018) 118-157,https://doi.org/10.1016/j.cl.2017.06.005.

[55] S. Klikovits,A. Coet,D. Buchs,ML4CREST: machine learning for CPS models,in: 2nd International Workshop on Model-Driven Engineering for the Internet-of-Things (MDE4IoT) at MODELS'18,in: CEUR Workshop Proceedings,vol. 2245,2018,pp. 515-520,http://ceur-ws.org/Vol-2245/ mde4iot_paper_4.pdf.

[56] S. Klikovits,D. Buchs,Pragmatic reuse for DSML development,Software and Systems Modeling (SoSyM) (2020),https://doi.org/10.1007/s10270-020-00831-4.

第三部分
案例研究

第 10 章　应用 MPM 方法开发基于物联网和无线传感器网络的 CPS——智能火灾探测案例研究[★]

Moharram Challenger[a]，Raheleh Eslampanah[a]，Burak Karaduman[b]，
Joachim Denil[a]，Hans Vangheluwe[a]

a 比利时安特卫普，安特卫普大学和弗兰德斯制造研究院
b 土耳其伊兹密尔，爱琴海大学国际计算机学院

学习目标

在阅读本章之后,我们希望您能够:

● 得出基于物联网和 WSN 的 CPS 系统的需求和设计;
● 了解如何使用多范式建模(MPM)开发 CPS;
● 使用形式化转换图形和流程模型(FTG＋PM),针对 CPS 系统转换流和流程模型开展建模。

10.1　概　述

本章将讨论火灾探测系统对应的赛博物理系统(CPS)的设计和开发,该系统由物联网(IoT)系统和无线传感器网络(WSN)组成。在此提出的 CPS 涵盖系统的通信方面(在 WSN 节点、物联网元素与跨平台之间),物理世界和系统施动者参与的交互控制方面(使用传感器和作动器),以及嵌入式计算(通过传感器、边缘(Edge)以及网关的嵌入式软件)。

目前有许多工具、技术和方法可用于预防、探测和自动灭火。近年来,人们越来越多地将自动化机制和智能建筑技术用于防范火灾的蔓延。其中,有应用 WSN[1-3] 和 IoT[4-6] 技术针对 CPS[7] 而提出的智能解决方案,如室内或室外区域的火灾探测系统。

WSN 设备的开发具有许多特性,如 RPL(低功耗设备路由协议),支持 IPv6,能

[★] 本项工作是安特卫普大学的 CoSys-Lab 和 AnSyMo 研究团队、爱琴海大学的 Ege-SERLab 和伊兹密尔经济大学的 TESLA 电子实验室协同的成果。

够随时加入传感器网络,并使用 IEEE 802.15.4 协议作为中继器扩展网络,因而是具有可扩展的系统。物联网系统可与 WSN 集成而构建 CPS,并发挥其优势。然而,CPS 聚焦于系统的控制和人员在环(也称:人在回路)。在本章中将研讨应用该方法开发火灾探测 CPS 系统。通过这种方式,将 WSN 的可扩展性(网状网络)、灵活性(随进随出的连接)和低功耗性(使用 802.15.4 协议)与物联网系统的普遍性、便利性和成本效益相结合,构建所需的 CPS。

考虑到 CPS 的结构和特点,提出的 CPS 势必具有许多异构的组件,从而导致意外的复杂性。因此,多范式建模方法[8]用于解决 CPS 的各个部分以及 CPS 开发的各个不同阶段的建模,在适当的抽象层级上对子系统及其行为进行显性化的建模。对于智能火灾探测案例的研究,这些建模范式包括用于分析的用例图、用于设计的块定义图、用于行为建模的状态机以及用于交互的组件图等。

为了呈现系统的整体开发流程共同使用的多范式模型,在此使用 FTG+PM 框架[9,10],并描述所有涉及的制品和模型的转换。由此,系统开发的数据流和控制流将在 PM(流程模型)中出现。此外,通过对 FTG(形式化转换图形)的分析,发现关键的手动转换由(半)自动化实现,从而表明系统开发中可能的改进方向。

本章将详细介绍基于 MPM(多范式建模)的 CPS(由 WSN 和物联网系统组成)的火灾探测用例工程。其中,10.2 和 10.3 节,讨论系统的分析和设计,引出系统需求,并根据这些需求提供设计的制品;10.4 节介绍所设计系统的建模和仿真;10.5 节阐述建议的 CPS 的实现和评估;10.6 节讨论系统的形式化转换图形和详细的开发流程;10.7 节给出本章的总结;10.8 节给出进一步阅读的一些资料的建议。

10.2　需求获取

利用 UML 和 SysML 原理[11]实现火灾探测系统的分析和设计,系统和施动者之间的交互由用例图表示。此外,用例是由列出的条件语句所指定。由于本系统是为公共图书馆设计的,所以将从图书馆主管部门和工作人员提供的总体描述中提取系统需求。

智能火灾探测系统应该在不同地点(在该例子中是图书馆)温度上升时发出警报。该系统考虑了局部(特定地点)的温度值、建筑物/房间的总体温度和预测信息,以便能够对比温度数据。局部温度是由 WSN 源节点/智能微粒(译者注:原文为 Mote,或称 smart dust,智能尘埃,是指传感器节点具有微处理器和通信模块,支持简单的数据处理和编程功能,为物联网前端应用程序设计提供软硬件基础平台)采集局部温度,建筑温度是由 Wi-Fi 模块测量建筑物/房间公共区域的温度。

出于安全考虑,该系统应能在没有互联网连接的情况下保持运作。此外,该系统应与图书馆传统的 IT 系统集成。该系统还必须通知相关施动者,包括"图书管理员""安保人员""访客",以采取不同的行动,如引导访客移动到安全的地点,并在发生火灾时呼叫消防部门。因此,假设系统具有来自施动者的弱实时的反馈。

系统告警/状态可切换为"蓝""黄""红",从而区分出系统的不同状态。例如,当局部温度与建筑物/室内温度相差 5~10 ℃时,激活黄色告警;而当局部温度与室内温度相差 10 ℃或以上时,设置为红色告警。图 10.1 和图 10.2 所示为系统在黄色和红色告警场景下的用例图。由于蓝色警报是一个稳定状态,不存在危险,所以施动者在这个状态下没有任何角色。

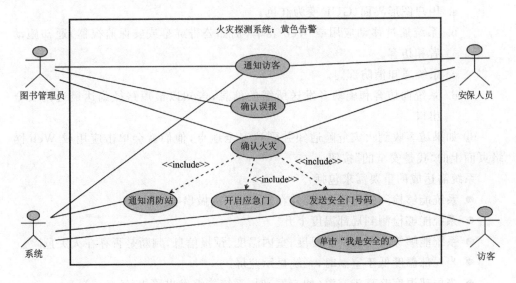

图 10.1 黄色告警场景的用例图

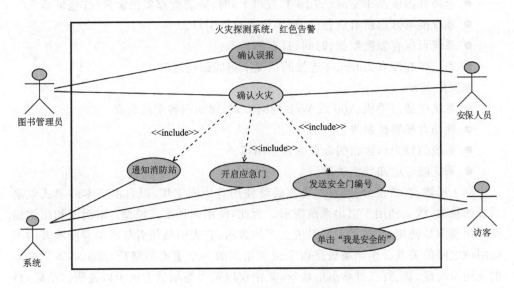

图 10.2 红色告警场景的用例图

作为典型案例,黄色告警对应的正常场景流程如下:

① 系统检测到温度上升并达到黄色告警的边界(如温差为 5 ℃)。

② 图形用户界面(GUI)屏幕变成黄色,这意味着局部温度高于室温并还在升高。

③ 系统通知图书管理员和安保人员,确认可能的危险或检查误报。

④ 在误报状态下关闭告警,系统恢复到安全状态(蓝色状态)。

⑤ 如果其中一名施动者证实发生了火灾,则

    a. 用户图形界面(GUI)变为红色。

    b. 系统通过移动应用或 Web 表单(例如公告屏幕或安保监视器)通知施动者和访客。

    c. 系统通知消防部门。

    d. 系统向访客和施动者发送所需的信息,告知以最短路径到达最近的安全出口。

⑥ 如果访客收到火灾危险通知并到达安全地点,他们就会单击应用或 Web 网络页面上的"我是安全的"按钮。

系统需达成的重要需求包括:

● 系统能够检测到温度上升,并在最多 4 s 内做出响应。

● 系统能够检测到局部温度上升。

● 系统能够综合考虑局部温度、室内温度、预报信息,判断是否存在火灾危险。

● 当局部温度低于室温时,系统显示蓝屏。

● 当局部温度略高于室温(如 5 ℃)时,系统能够发出警告(黄色屏幕)。

● 当局部温度高于室温(如 10 ℃或以上)时,系统能够发出警告(红色屏幕)。

● 系统能够开启所有应急门,提供快速疏散引导。

● 系统可保存温度数据、时间、日期等日志。

● 系统可在没有 Internet 连接的情况下仍能保持运转。

如发生火灾:

● 系统可通过手机 App 或 Web 网络方式,通知到各个施动者。

● 施动者能够控制告警。

● 系统能够为访客指明最近的紧急出口。

● 系统能够通知到消防部门。

综上所述,在系统分析阶段,将与最终使用者协同工作,以自由文本的形式收集系统的描述,该文档用于引出系统需求。为此,使用两种形式模型:用例图和用例场景。用例图是使用者/施动者与系统交互的表示,它表明使用者与施动者所涉及的不同用例之间的关系。用例场景是指定覆盖用例的一个重要的路径/流。本研究中分别使用系统蓝、黄、红三种状态的场景,其中仅以黄告警场景为例予以说明。最后,自由文本的系统描述、用例图和用例场景之间的转换工作由手动完成。

10.3　系统设计

本节介绍系统设计,包括架构设计和详细设计。

10.3.1　架构设计

在火灾探测用例中,物联网和 WSN 范式用于物理环境中采集建筑物/房间以及局部点位的温度值,并将其发送到日志管理器,如图 10.3 所示。日志管理器处理数据并向各个施动者发送消息用以确定火灾状态(系统是否处于黄色)。在得到确定后,将所需的指示发送到访客的智能手机上,引导人们离开建筑物。日志管理器还可向相应的门锁发送命令(例如,通往紧急出口的路径)使其处于开启状态。该系统还可获得火灾探测流程中需考虑的天气预报信息,这对于了解室外环境十分有用。在此提供的系统概览如图 10.3 所示。

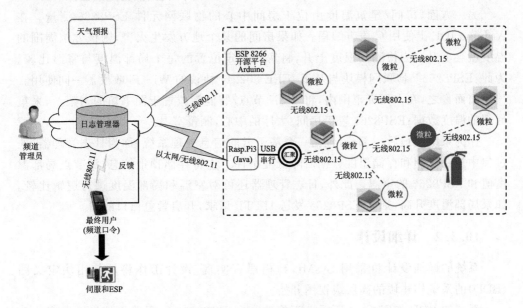

图 10.3　火灾探测系统架构

考虑 WSN 部分,系统采用 IRIS[①]/TmoteSky[②] 智能微尘对局部温度进行测量,并具备低功耗 IEEE 802.15.4 无线模块。TmoteSky 采用 CC2420 天线板和 MSP430 微处理器,IRIS 采用 AVR 微处理器和 AT86RF 天线芯片。

---

① https://www. memsic. com/userfiles/files/User-Manuals/iris-oem-edition-hardware-ref-manual-74300549-02. pdf。

② https://www. advanticsys. com/shop/mtmcm5000msp-p-14. html。

这些智能微粒(简称微粒)由电池供电,并具有高能效的微处理器和低能量消耗的传输协议,这些组件在电池供电下长时间工作。因此,该网络可在不需要外部电源的情况下长时间工作。网络采用 IEEE 802.15.4 协议,使用网状结构进行消息传递,通过相邻节点的转发,将消息送到汇聚节点。因此,它可在没有 Internet 连接以及初始(预配置的)拓扑(所谓的随进随出,ad hoc)的情况下仍能保持工作,并确保 WSN 的可扩展性。

汇聚节点可以将采集到的局部温度值发送到网关,并转发到日志管理器。日志管理器部署在云中,并且可使用 Internet 连接。日志管理器也可在网关上,这种情况下,不需要连接 Internet。本研究将采用网关方法,尽管互联网连接也可用于收集天气预报信息。

为了实现网关,将要使用 RaspberryPi 以及运行其上的 Java 应用。Java 应用的设计目的是读取串口数据,将传入的数据发送到日志管理器系统,使用 API 从网站收集预测信息,并向智能手机发送有关火灾危险的通知。此外,Java 程序有一个 GUI,根据局部温度和室温的对比结果,屏幕分别显示为黄色、蓝色或红色。

另一方面,房间/建筑温度由位于房间中心的物联网元件 ESP8266 测量。在 Arduino IDE 上使用 C 语言编程。如果房间的某个地方发生火警,则该方位周围的温度就会上升。为检测到温度上升,将房间特定位置的每个局部温度与室温比较。为此,ESP8266[①] 物联网模块与基于 IEEE 802.11 协议的 Wi-Fi 收发器一同使用。

简而言之,在本研究范围内,将 WSN 节点/智能微粒置于图书馆的书架上,采集局部的温度数据;ESP8266 置于房间/大厅的中心,测量室温。

作为系统的最后一部分,包括一个基于云的信息处理系统,称为日志管理器,通过集中控制机制和存储温度数据而降低复杂性。它将存储预报信息、源节点局部温度值和 ESP8266 的室温。此外,日志管理器还可对室温和局部温度进行逻辑比较。如果局部温度升高,则向 ESP8266 发送 HTTP 请求,开启紧急出口的门。

10.3.2 详细设计

系统的详细设计将采用 SysML 建模语言实现,设计工作将从使用块定义图 (BDD)的系统构建块的高层级视图开始。

系统的 BDD 如图 10.4 所示。汇聚节点和 ESP8266 元素采集的局部温度值和室温温度值,存储在一个名为"日志管理"(Log Manager)的云系统中。关于火灾危险的通知,由 Java 应用使用 PushBullet API 发送到智能手机。[②] 日志管理器可使用 HTTP 请求开启紧急门。Java 应用和日志管理器在 RaspberryPi 上运行,RaspberryPi 也是 WSN 部分的网关。日志管理器可在线访问存储的数据,并以图形方式给出报告。

---

① https://www.espressif.com/en/products/hardware/esp8266ex/overview。

② https://www.pushbullet.com。

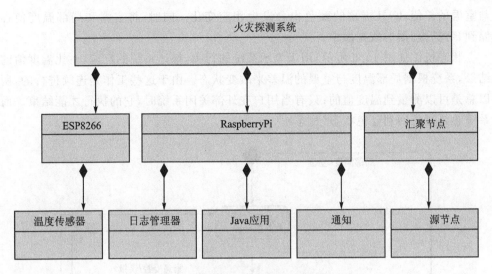

图 10.4　图书馆火灾探测系统块定义图

从图 10.4 中可以看出,火灾探测系统的所有元素都包含在系统本身之中,每个元素都由一个组合关系连接到系统块上,每个元素在系统中具有唯一的角色。ESP8266 具有一个 LM35 温度传感器,RaspberryPi 包含日志管理器、Java 应用和通知元素。由于汇聚节点由许多源节点组合,所以它也是使用与源节点组合关系进行设计的。

Java 应用的内部块图(iBD)如图 10.5 所示,描述组件的数据流。Java 应用中的主类将比较从 ESP8266 与汇聚节点采集的室温和局部温度值。此外,根据局部温度

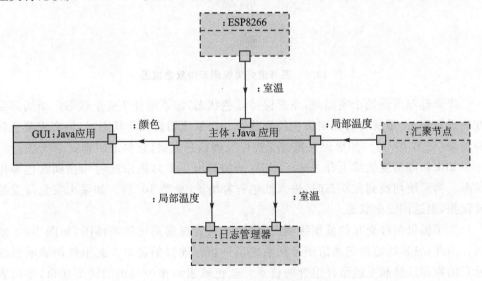

图 10.5　Java 应用程序的内部块图

与室温的差值,GUI屏幕的颜色也会发生相应变化。同时,将室温和局部温度值存储到日志管理器的数据库中。

状态机图如图10.6所示,用于表示系统的行为,描述系统的反应,对比温度值的结果,系统根据局部温度与室温的温差来改变状态。由于这些工作是连续进行的,所以总是可以测量到温度值的;只有当用户在外部关闭系统时,它的执行才能结束。而系统总是复位回到蓝色状态(稳态)。

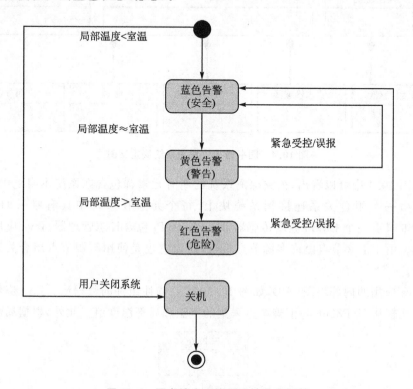

图 10.6　图书馆火灾探测系统状态机图

当局部温度值低于室温时,系统保持蓝色状态,即系统处于安全状态。当局部温度接近室温时,系统将切换到黄色警报状态。当系统切换到此状态时,将实现黄色告警场景(见图10.1)。如果火灾警告受控以及确认是误报,它将返回到安全状态。

如果局部温度继续上升并高于室温(例如高出 5 ℃),则系统将切换到红色警报状态。当系统切换到此状态时,进入红色告警场景(见图10.2)。如果火灾危险受控或误报,则返回安全状态。

为了提供组件交互的低层级视图,将设计火灾探测系统的组件图,如图10.7所示。由此,可显性地指定通信设备和系统组件相互连接的接口。此组件图表明系统元素的物理连接和系统组件组合的技术。蓝色球表示作为提供的输出接口,半圆表示系统所需的输入接口。在这种情况下,系统提供输入用来对室温进行采样。室温可通过 LM35 温度传感器表面接收。温度传感器的内部结构是一个接口,用于将物理现象转换为可解释的数字数据。因此,温度数据使用传感器组件接收,该数据由温度传感器的特定引脚输出。

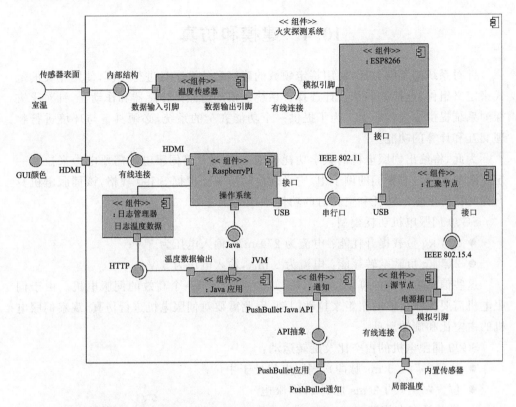

图 10.7　图书馆火灾探测系统组件图(见彩图)

温度传感器的输出引脚通过导线连接到 ESP8266 的模拟引脚。这样,就将温度数据传送到 ESP8266。使用符合 IEEE 802.11 标准的接口和物理天线,室温传输到 RaspberryPi。

由于 RaspberryPi 还被当作系统 WSN 部分的网关,因此它通过串口接收本地温度。日志管理器元素与 RaspberryPi 相关联,它既可接收数据,也可使用 Raspberry-Pi 功能发送 HTTP 请求。

Java 应用在 RaspberryPi 上运行,用于处理 RaspberryPi 端的任务。例如,它通过 PushBullet 应用将通知发送到图书馆访客的智能手机上。

GUI(图形用户界面)的颜色通过局部温度和室温的对比结果而改变,颜色数据通过 HDMI 连接进行。

总之,在设计阶段,使用以下范式:块定义图、内部块图、状态机图和组件图。为此,使用系统分析阶段的范式和制品。例如,针对使用场景提供状态机图。值得注意的是,转换是手动完成的。从这些设计模型中可为系统选择元素,设计有线或无线的网络设置,并且可在设计阶段验证这些设置和元素。

10.4　建模和仿真

针对系统的不同方面,使用特定领域的建模和仿真工具进行建模,使用相关的范式来定义组件、连接并确认设计选择。系统建模的起点是传感器和作动器,针对火灾探测系统提供输入和输出。为了提供一个功能齐全的系统,必须具备与环境进行物理交互和计算的功能。

为此,将给出伺服电机的数学功耗模型。SG90[①]等伺服电机需要电力来拉动一定距离的重量。在我们的例子中,它必须拉动门锁。根据 SG90 规格,该伺服电机具有即时提升重量的功耗和空转时的功耗,如下所示。

SG90 伺服电机功耗模型:

● 2.5 kg 负载提升耗能:电流为 270 mA,输入电压为 5 V;

● 2.5 kg 负载空转耗能:电流为 6 mA,输入电压为 5 V。

这些信息可用于计算系统的功耗,并为系统选择一个高效的伺服电机。由于伺服电机需要提供足够的扭矩来拉动门锁,因此需要对伺服电机进行仿真,观察伺服电机的占空比和旋转运动。

SG90 伺服电机的占空比及旋转运动:

● 位置"0"(1.5 ms 脉冲),伺服电机处于中位;

● 位置"90"(约 2 ms 脉冲),伺服电机总是向右旋转;

● 位置"－90"(约 1 ms 脉冲),伺服电机总是向左旋转。

伺服电机的旋转行为是通过按给定的间隔发送脉冲来仿真的。脉冲产生元素用于创建脉宽调制信号。根据上述规范,在 Proteus 仿真器[②]中对伺服电机进行仿真,如图 10.8 所示。

在本案例的研究中,对伺服电机电源的供电没有限制,因此功耗并不重要。即

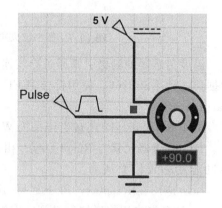

图 10.8　伺服电机的仿真

使建筑物的电力关闭,也可以利用电池电源自动释放门锁。但是,伺服电机仍然必须

---

① http://www.ee.ic.ac.uk/pcheung/teaching/DE1_EE/stores/sg90_datasheet.pdf。

② https://www.labcenter.com。

产生足够的扭矩(T)来拉动门锁。因此,考虑所选伺服电机的规格非常重要。SG90 的需求如下,从而生产足够的扭矩(T)。

$$T_{\text{nominal}} = 2.5 \text{ kg/cm}$$

这里,

$$V_{\text{supply}} = 5 \text{ V}$$

$$I_{\text{supply}} = 270 \text{ mA}$$

以上公式表明,SG90 必须由至少能提供 1.35 W 功率的电源供电。因此,在实现火灾探测系统时,使用 1.5 W 的电源。由于提出了功率的需求,SG90 伺服电机能够产生足够的转矩。公称扭矩值表明,当伺服电机与重物之间存在 1 cm 间距时,伺服电机可以拉动 2.5 kg 的重物。在本案例中,在距离伺服电机 1 cm 处放置了一个 500 g 的门锁,因此可成功拉开门锁。

此用例中,在对所需组件进行建模后,使用 Cooja 仿真框架[①]对单跳拓扑和多跳拓扑开展 WSN 的仿真,分别如图 10.9 和图 10.10 所示。这有助于我们分析消息路由和网络瓶颈等特性。这种分析在自组网中非常重要,因为节点之间并不能传递消息,例如,当相邻节点远离节点的传输范围时。创建单跳和多跳网络,并在 Cooja 中测试汇聚节点和源节点的微粒。

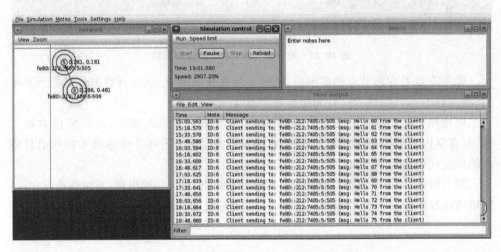

图 10.9　单跳 WSN 中源节点向汇聚节点发送数据

图 10.9 显示了两个传感器节点之间建立的网络。在单跳网络中,如果没有障碍物造成传输距离的衰减,则节点可在 120 m 范围内向服务器发送和接收数据。但在室内区域,有许多障碍物,传输范围将缩小到 50 m。从这个意义上说,多跳拓扑可增大覆盖范围,该方案更为可取。

---

① https://github.com/contiki-os/contiki/wiki/An-Introduction-to-Cooja。

多跳网络中的源节点可使用覆盖距离内的相邻节点传输数据包。因此,数据包通过节点逐个跳跃发送到接收器节点。图 10.10 显示了一种拓扑结构,其中节点 4通过选择其相邻节点之一(节点 2 或节点 3)将其数据包传输到接收器节点(节点 1)。

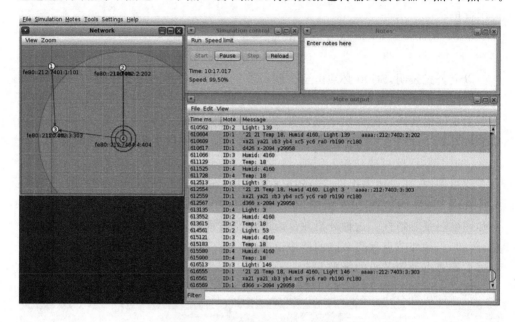

图 10.10　在多跳 WSN 中数据传输成功

如果节点不在源节点的范围内,并且它具有相邻节点,则它将数据包传输到其相邻/中继器节点,如此循环,直到服务器节点收到数据包。

可使用 Cooja 仿真单跳和多跳网络,由于本案例覆盖范围广,决定使用多跳网络,其在室内环境中特别有用。此外,在系统实现之前,还将对传感器采样和消息路由的原型代码进行仿真。

综上所述,为了对火灾探测系统进行建模和仿真,针对伺服电机(系统作动器之一)使用功耗方程进行建模。此外,还使用 Cooja 对系统的网络方面进行建模和仿真。

10.5　实　现

该系统是基于前几节中提到的需求、模型和仿真结果而实现的,分别对系统的硬件、网络、软件和日志管理器予以实现。

10.5.1　硬件设置

ESP8266 Wi-Fi 收发器和 LM35 温度传感器的接线原理图如图 10.11 所示。在本研究案例中,LM35 的输入电压为 3.3 V,电流消耗为 56 μA。LM35 通过其表面感应热量,然后将热量转化为内阻,温度每上升 1 ℃,LM35 的输出电压就会升高 10 mV。LM35 的输出引脚连接到 ESP8266 的 ADC 输入引脚。通过这种方式,ESP8266 对室温进行采样。

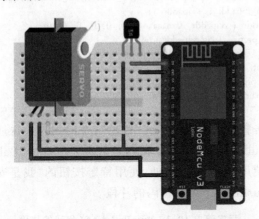

图 10.11　ESP8266 与温度传感器 LM－35 的接线

此外,另一台 ESP8266 使用脉宽调制技术控制伺服电机。图 10.11 所示为伺服电机和 LM35 如何连接到单个 ESP8266。但在实现中,伺服电机和 LM35 连接到不同的 ESP8266,因为具有 LM35 温度的 ESP8266 位于房间的中心,而带有伺服电机的 ESP8266 位于门上用来开启门锁。

此外,伺服电机由 5 V 馈电,以产生拉动门锁所需的扭矩。在房间没有充足电源供给的情况下,使用带有 LM35 传感器的 ESP8266 的深度睡眠模式。设备每分钟定期唤醒一次,对室温进行采样并将其发送到日志管理器。ESP8266 的程序是使用 C 语言和 Arduino IDE 实现的。

考虑 WSN,节点并不需要特定的硬件设置,而是采取随入随出的方式工作,并且它们具有内置的温度、湿度和光线传感器,它们只需要使用像 ContikiOS 这样的操作系统进行编程,这些问题将在下一小节中讨论。

10.5.2　软件开发

为了开发一个多跳网络,我们使用 ContikiOS RPL(译者注:RPL 有时也称为 Routing Protocol for Low-Power and Lossy Network,低功耗有损网络路由协议)库[12]。为汇聚节点和源节点开发两个微粒(传感器节点代码)。在汇聚节点中使用 RPL 库创建网络树,并将自身作为根节点对外发布。源节点接收这些消息并将它们广播到相邻节点。创建 RPL 网络树时,可以将数据包逐个节点跳跃送到汇聚节点。汇聚节点必须对节点树进行维护,以防止源节点的位置更改、添加新节点或从网络中删除节点。源节点软件对温度值进行采样并传输到汇聚节点。程序清单 10.1 所示为汇聚节点的 RPL 代码的片段。

程序清单 10.1 RPL 代码的片段

```
1  if ( root_if != NULL) {
2      rpl_dag_t *dag = rpl_set_root  (RPL_DEFAULT_INSTANCE,
3        ( uip_ip6addr_t *) ipaddr );
4      uip_ip6addr ( &ipaddr, 0xaaaa, 0, 0, 0, 0, 0, 0, 0);
5      rpl_set_prefix  (dag,&ipaddr, 64);
6      printf ("created a new RPL network");
7  } else   printf (" failed to create a new RPL Network");
8  if (ev == tcpip _event) tcpip_handler ();
9  else rpl_repair_root (RPL _DEFAULT _INSTANCE);
```

温度升高导致告警状态为"红色"或"黄色",并向用户发送通知消息。为实现这一应用,使用 PushBullet[①] Java API。在本案例研究中,PushBullet 用于在紧急情况下发送通知并接收使用者的反馈(例如,使用特定按钮的"我是安全的"消息)。程序清单 10.2 所示为 PushBullet API 代码的片段。

程序清单 10.2 PushBullet API 代码的片段

```
1  public static void sendNotification  (String token){
2      throws PushbulletException {
3      PushbulletClient   client = new PushbulletClient (api_key);
4      String result = client .sendNote (null, "Fire Detection",
5          "There is a FIRE!");
6  }
```

在 ESP8266 方面,设计基于伺服电机的 ESP8266 Web 服务器。将 Web 服务器编程为在 80 号端口上侦听传入的请求。当对"/open_door"的 URI 地址提出请求时,转动伺服电机拉动门锁。带有 LM35 传感器的 ESP8266 在深度睡眠模式下运行,每分钟都会被唤醒,对室温进行采样并将其发送到日志管理器。程序清单 10.3 所示为具有 LM35 传感器的 ESP8266 的代码片段。

程序清单 10.3 具有 LM35 传感器的 ESP8266 的代码片段

```
1   void setup () { connectWifi (); }
2   void loop () {
3       ESP.deepSleep(sleepTime*1000000, WAKE_RF_DEFAULT);
4       sendTeprature ();
5       ...
6   }
7   void sendTeperature () {
8       if ( client .connect( server , 98)) {
9           client . print (F("POST "));
10          client . print ("temp= "+(String) temp1_i+" ");
11      }
12  }
```

---

① https://github. com/salahsheikh/jpushbullet。

10.5.3 日志管理器

首先,将本地温度发送到汇聚节点。其次,汇聚节点将此数据再发送到网关 Java 应用。最后,网关将其发送到日志管理器进行存储、运算和事件处理。而 ESP8266 采集的室温则直接发送到日志管理器。

如果任何的局部温度值高于室温值,则日志管理器会向带有伺服电机的 ESP8266 发送 HTTP 请求,从而开启紧急门。它还会发送所需的通知。此外,日志 管理器可以图形方式生成带有日期和时间的日志报告。图 10.12 所示为火灾探测系 统创建的新通道,用于记录室温和局部温度值。

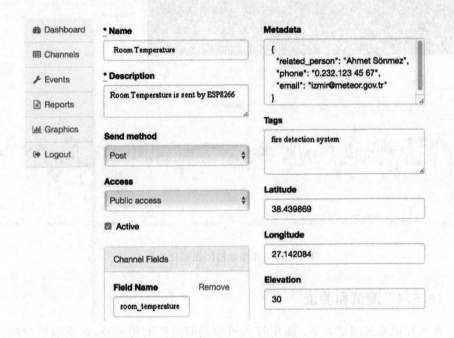

图 10.12 在日志管理器中为火灾探测系统创建新通道

日志管理器的设计目的是响应所获取的数据及其相关事件,由日志管理器中的 事件定义机制来实现的。对于每个事件,可采取一些操作,例如向一组人员发送 SMS 或电子邮件,和/或向另一个设备发出 HTTP 请求。图 10.13 所示为用于发出 HTTP 请求和事件创建的回调定义。

记录的温度数据可以图形方式查看,从而分析和发现异常,如图 10.14 所示。为 生成这一图形,需要在日志管理器中进行查询。

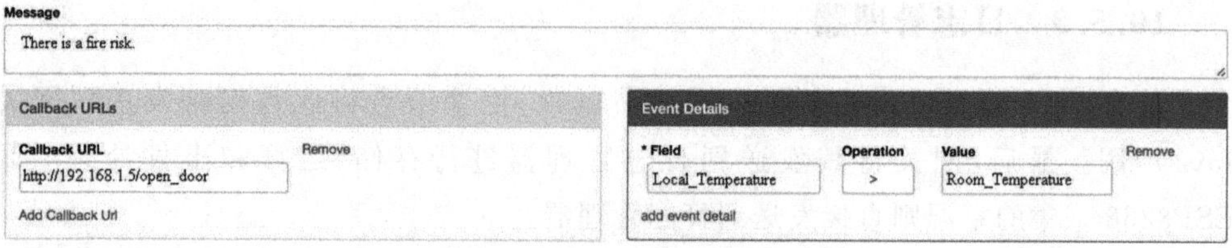

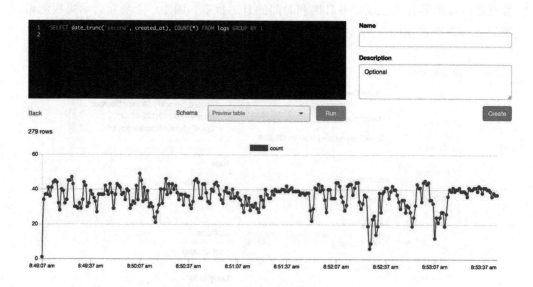

图 10.13　事件定义和回调定义

图 10.14　存储数据的图形化的表示

10.5.4　测试和验证

　　火灾探测系统测试如下：使用打火机加热节点温度传感器，观察响应时间。当环境温度上升到室温时，日志管理器会向用户发送通知。此外，日志管理器通过伺服电机向 ESP8266 发送 HTTP 请求。观察伺服电机的驱动情况，成功拉开门锁。同时，将 ESP8266 的传入请求打印到屏幕上。ESP8266 的输出是通过串行通信读取的。智能手机查看 PushBullet 的通知消息，如图 10.15 所示。

　　此外，还要查看日志管理器系统的日志，以验证每个节点是否发送了本地温度值。此外，带有 LM35 传感器值的 ESP8266 也被打印到屏幕上并由串行监视器观察。温度值与温度计比较，两者是相同的。

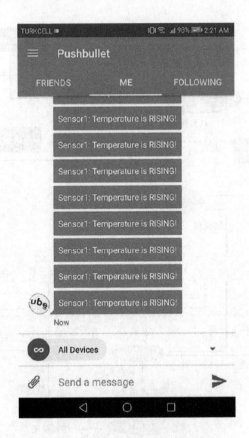

图 10.15　温度升高时的告警信息

10.6　FTG+PM 框架下的多范式开发流程

火灾探测系统是在发生火灾危险时可与各类人员和子系统进行交互的 CPS。本系统是依据所提出的需求来实现的。此外,还将使用 SysML 图以及其他一些建模语言来表示系统。在火灾探测系统的开发流程中,采用多种模式。因此,在该系统的实现中考虑多范式建模方法,并使用形式化转换图形和流程模型(FTG+PM)来描述所有涉及的形式和制品以及模型转换[13]。通过这种方式,系统详细信息在 PM 中显示为数据流和控制流。此外,FTG 模型向我们展示了形式化的转换方式。火灾探测系统的 FTG 和 PM 如图 10.16 和图 10.17 所示,并将在本节中进行详细的说明。

通常,PM 中的抽象层级从高到低依次降低。在顶层,开发过程从需求收集开始,并在集成测试成功时结束。在设计步骤之后,活动的数量随着抽象层级的降低而

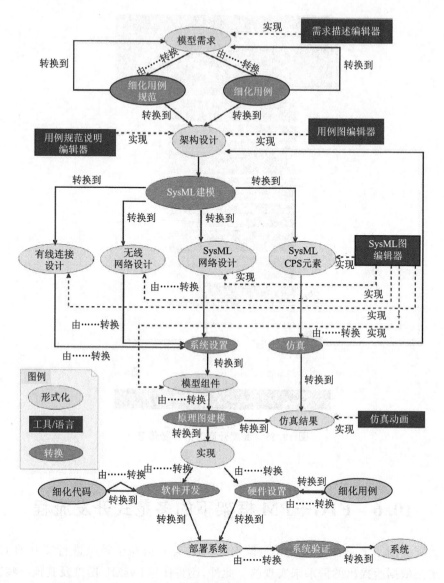

图 10.16 在 FTG＋PM 框架下的智能火灾探测系统的形式化表达

增加。在 FTG 中将这些步骤声明为转换定义,并在 PM 中实例化为活动。FTG 模型描述建模语言和可用于选定领域工程的转换。因此,领域专家可以遵循转换步骤和数据流,表示实例化的活动。制品是 PM 中活动的输入和/或输出。例如,任何以自由文本编写的需求都是此需求建模的来源。此外,根据建模需求的活动将导出两个制品,分别是用例规范和用例图。

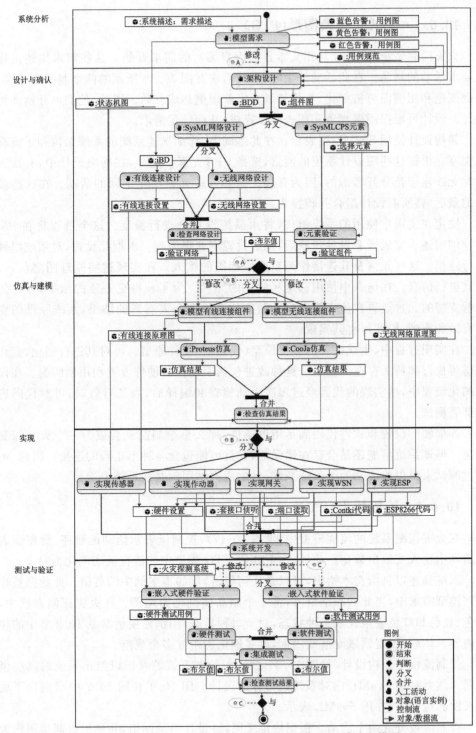

图 10.17 在 FTG＋PM 框架下的智能火灾探测系统流程模型

10.6.1　形式化转换图形(FTG)

火灾探测系统的 FTG 从用文本自然语言编写的需求开始。这些需求描述是建模需求活动的制品。在此活动结束时,系统需求在图 10.16 所示的两个制品中建模。用例规范和用例图可被细化,直到领域专家就用例达成一致。因此,他们可开始架构设计。设计可根据用例规范和图表得以完成,从而满足需求。

架构设计使用 SysML 图表示。在此基础上,详细描述系统的系统架构和子流程的交互。根据这些图设计系统的网络,选择 CPS 元素。此外,在网络设计中,有线连接和无线连接是分开考虑的,因为有线元素和无线元素用于不同的活动。在这些步骤的最后,将所有设计组合并转换为系统设置。

决定在实现中使用的系统组件,将由系统设置来进行验证。这个过程将在 PM 中详细阐述。完成所有设计步骤后,系统设置将变得清晰。根据此设置,对系统组件进行建模。这些元素及其连接作为系统原理图的输入。在实现这些原理图之前,可对其进行仿真。在仿真中使用选定和验证的元素。为了获得更一致的结果,可将仿真器支持的元素放置在仿真模型中。随着仿真得到令人满意的结果,系统原理图变得有效和清晰,因此可将其实现。

在实现过程中,生成搭配的软件原型(代码)和硬件原型。可对其进行细化,直到获得可执行和持久存在的结果。这种改进包括手动控制硬件设置和用例匹配。在代码细化流程中,所实现的代码经过多次手动检查和编译后,当其有效时,可对代码进行部署测试。

如果硬件设置和软件代码满足用例条件,那么整个制品就会成为一个火灾探测系统。但该系统可能还是会存在错误的,并且可能包含各种不正确的连接。因此,可通过测试来得以验证。为了验证系统,可生成测试用例并在系统上运行。

10.6.2　流程模型(PM)

在火灾探测系统的流程模型中(见图 10.17),控制流表示活动的顺序,数据流表示活动中输入或输出数据。此外,在 PM 中 FTG 模型中的语言被实例化为对象。

系统描述以自由文本给出,可以是任何母语,例如本案例中的英语。此数据被输入到模型需求中,当此活动结束时,将 4 个制品实例化为用例。在火灾探测系统中,蓝色、黄色和红色警报代表三种状态,对于每种状态,用例建模请参见 10.2 节中的相关内容。然后,根据领域专家或用例,可实例化一个或多个规范。

控制流位于架构设计(见图 10.3)之后,可绘制系统的草图以给出系统的高层级视图。然后利用 SysML 图对系统进行详细设计。图 10.4 和图 10.7 中实例化了块定义图和组件图,并用 SysML 表示。

控制流被分成两个活动。根据块定义图,可设计系统网络,并导出内部块图作为数据。在 iBD 中,领域专家可以决定哪个组件使用有线介质或无线介质发送数据。

在设计的最后,获得"有线连接"和"无线网络设计"数据。

根据组件图,可选择系统组件。例如,如果需要获取温度值,则需要在系统中使用温度传感器。然而,市场上有各种各样的温度传感器,它们工作在不同的温度范围内,精度也有所不同。可能有一个或多个候选传感器,并且需要验证可测量正确的温度值。在 AND(与)决策中,如果元素被验证并且设计是完整的,它们就可用于建模。模型有线连接组件是决定电线、引脚连接和引脚编号的操作。例如,领域专家决定是使用 I^{2}C 传感器的两个模拟引脚还是 3 个引脚(见图 10.11)。模型无线连接组件可以引导我们确定无线节点的数量,并将其放置在正确的位置,确定通信端口、地址和天线功率等。在这些活动之后,可对系统进行建模和仿真。

在本研究中,有线组件模型在 Proteus 中仿真,无线节点模型在 Cooja 中仿真,如 10.4 节所述。当两个仿真结果都令人满意时,系统的各个组件就开始实现。

在 WSN 和 ESP8266 的实现中采用 C 语言代码,在网关的实现中采用 Java 代码。传感器和作动器以物理电缆连接的形式实现(例如有线组件的模型)。将这些命名为硬件设置,这对应如 ESP8266 伺服电机、ESP8266 与 LM35 以及 TmoteSky 微粒内置温度传感器等组件。

在实现阶段结束后,将实现的软件代码注入硬件组件中,以便对系统进行部署。然而,这是一个未经测试的系统,可能存在软件问题(bug)、错误的连接或有具有缺陷的组件。

可将该系统分为嵌入式软件和嵌入式硬件两部分进行测试,并且都需要测试和验证。在验证活动中,生成测试用例。如果这些案例成功通过,那么系统就会被接受,流程也就顺利完成。

10.7　总　结

在本章中,基于物联网和 WSN 研讨火灾探测系统作为赛博物理系统的设计和开发过程。由于涉及各种技术以及可能使用的组件种类繁多,因此这类系统的开发很复杂。为了解决这种复杂性,在系统的设计和开发中使用了多范式建模(MPM)方法。

在火灾探测案例研究的范围内,使用 SysML 实现了火灾探测系统的分析和设计,该系统是面向公共图书馆而设计的。该系统的需求是从图书馆管理部门和工作人员提供的一般描述中提取得到的。

为了使用 MPM 方法来表示系统,使用了形式化转换图形和流程模型(FTG+PM)方法。PM 模型有助于提供系统开发的数据流和控制流,分析 FTG 发现关键的手动转换由(半)自动化方式来实现,表明了系统可能的改进方向。

10.8　文献和进一步阅读

在参考文献[14]的研究中,将同时使用 WSN 设备与 GPS 技术,从而发现火灾的位置。采集的数据直接发送到基站,Web 网络浏览器可访问这些实时数据。在参考文献[15]中,作者使用随进随出(ad hoc)和多跳网络(使用 TinyOS[15]),目的在于检测韩国山区的野火,并使用最短路径算法发送警报消息。在参考文献[16]中,WSN 设备及其烟雾、湿度和温度传感器采用 MICA-2 传感器微粒,在网状网络中通信以检测火灾。在参考文献[17]中,光电探测器和图像处理技术用于检测火灾。

为了发挥 WSN 的可扩展性、灵活性和低功耗特性,以及物联网系统的普遍性、便利性和成本效益的优势,参考文献[18]和[19]结合 WSN 和物联网技术[6,20,21],构建用于火灾探测的 CPS。

在参考文献[22]中,使用模型驱动方法开发智能火灾探测系统。为此,将参考文献[23]中的 Contiki 元模型扩展为包括 Wi-Fi 连接模块(如 ESP8266)、IoT 日志管理器和信息处理组件(如 RaspberryPi)的元素。基于这个新的元模型,开发了一个特定领域的建模环境[24],在该环境中使用了可视化的符号,并定义了静态语义(表示系统约束)。同样,在 TinyOS[26]和 RIOT[27]上应用模型驱动工程方法[25]开展 WSN 的开发,并对其进行分析[28]。

最后,从智能的角度来看,扩展这些智能系统的一个有趣的想法,是在物联网系统的开发中使用智能代理(agent)[29]和多智能体系统[30]。

致　谢

感谢 COST 行动计划网络机制和 IC1404 赛博物理系统多范式建模(MPM4CPS)的支持。COST 由欧盟框架计划"地平线 2020"提供支持。

参考文献

[1] K. Bouabdellah, H. Noureddine, S. Larbi, Using wireless sensor networks for reliable forest fires detection, Procedia Computer Science 19(2013) 794-801.

[2] S. H. Javadi, A. Mohammadi, Fire detection by fusing correlated measurements, Journal of Ambient Intelligence and Humanized Computing 10(4) (2019) 1443-1451.

[3] S. Arslan, M. Challenger, O. Dagdeviren, Wireless sensor network based fire detection system

for libraries,in：Computer Science and Engineering（UBMK），2017 International Conference on,IEEE,2017,pp. 271-276.

［4］ M. Wang,G. Zhang,C. Zhang,J. Zhang,C. Li,An IoT-based appliance control system for smart homes,in：2013 Fourth International Conference on Intelligent Control and Information Processing（ICICIP），2013,pp. 744-747.

［5］ D. Kang,M. Park,H. Kim,D. Kim,S. Kim,H. Son,S. Lee,Room temperature control and fire alarm/suppression IoT service using MQTT on AWS,in：2017 International Conference on Platform Technology and Service（PlatCon），2017,pp. 1-5.

［6］ L. Ozgur,V. K. Akram,M. Challenger,O. Dagdeviren,An IoT based smart thermostat,in：2018 5th International Conference on Electrical and Electronic Engineering（ICEEE），IEEE,2018,pp. 252-256.

［7］ R. F. Wills, A. Marshall,Development of a Cyber Physical System for Fire Safety,Springer,2016.

［8］ M. Amrani,D. Blouin,R. Heinrich,A. Rensink,H. Vangheluwe,A. Wortmann,Towards a formal specification of multi-paradigm modelling,in：2019 ACM/IEEE 22nd International Conference on Model Driven Engineering Languages and Systems Companion（MODELS-C），IEEE,2019,pp. 419-424.

［9］ L. Lúcio,S. Mustafiz,J. Denil,H. Vangheluwe,M. Jukss,FTG＋PM：an integrated frame-work for investigating model transformation chains,in：F. Khendek,M. Toeroe,A. Gherbi,R. Reed（Eds. ），SDL 2013：Model-Driven Dependability Engineering,Springer,Berlin,Heidel-berg,2013,pp. 182-202.

［10］ M. Challenger,K. Vanherpen,J. Denil, H. Vangheluwe,FTG＋PM：describing engineering processes in multi-paradigm modelling,in：Paulo Carreira,Vasco Amaral,Hans Vangheluwe（Eds. ），Foundations of Multi-Paradigm Modelling for Cyber-Physical Systems,Springer,2020,pp. 259-271,Ch. 9.

［11］ S. Friedenthal,A. Moore,R. Steiner,A Practical Guide to SysML：the Systems Modeling Language,Morgan Kaufmann,2014.

［12］ B. Pavković,F. Theoleyre,A. Duda,Multipath opportunistic RPL routing over IEEE 802. 15. 4,in：Proceedings of the 14th ACM International Conference on Modeling,Analysis and Simul-ation of Wireless and Mobile Systems,2011,pp. 179-186.

［13］ I. Dávid,J. Denil,K. Gadeyne,H. Vangheluwe,Engineering process transformation to manage(in)consistency,in：1st International Workshop on Collaborative Modelling in MDE（COMMitMDE 2016），2016,pp. 7-16.

［14］ D. M. Doolin,N. Sitar,Wireless sensors for wildfire monitoring,in：Smart Structures and Materials 2005：Sensors and Smart Structures Technologies for Civil,Mechanical,and Aero-space Systems,vol. 5765,International Society for Optics and Photonics,2005,pp. 477-485.

［15］ B. Son,Y. -s. Her,J. -G. Kim,A design and implementation of forest-fires surveillance system based on wireless sensor networks for South Korea mountains,International Journal of Computer Science and Network Security（IJCSNS）6（9）（2006）124-130.

[16] Z. Chaczko, F. Ahmad, Wireless sensor network 30based system for fire endangered areas, in: Information Technology and Applications, 2005. ICITA 2005. Third International Conference on, vol. 2, IEEE, 2005, pp. 203-207.

[17] P. Cheong, K.-F. Chang, Y.-H. Lai, S.-K. Ho, I.-K. Sou, K.-W. Tam, A ZigBee-based wireless sensor network node for ultraviolet detection of flame, IEEE Transactions on Industrial Electronics 58(11) (2011) 5271-5277.

[18] B. Karaduman, M. Challenger, R. Eslampanah, ContikiOS based library fire detection system, in: 2018 5th International Conference on Electrical and Electronic Engineering (ICEEE), 2018, pp. 247-251.

[19] B. Karaduman, T. Asici, M. Challenger, R. Eslampanah, A cloud and Contiki based fire detection system using multi-hop wireless sensor networks, in: Proceedings of the Fourth International Conference on Engineering & MIS 2018, ICEMIS '18, ACM, New York, NY, USA, 2018, pp. 66:1-66:5.

[20] E. Türk, M. Challenger, An android-based IoT system for vehicle monitoring and diagnostic, in: 2018 26th Signal Processing and Communications Applications Conference (SIU), IEEE, 2018, pp. 1-4.

[21] N. Karimpour, B. Karaduman, A. Ural, M. Challengerl, O. Dagdeviren, IoT based hand hygiene compliance monitoring, in: 2019 International Symposium on Networks, Computers and Communications (ISNCC), IEEE, 2019, pp. 1-6.

[22] T. Z. Asici, B. Karaduman, R. Eslampanah, M. Challenger, J. Denil, H. Vangheluwe, Applying model driven engineering techniques to the development of Contiki-based IoT systems, in: 1st International Workshop on Software Engineering Research & Practices for the Internet of Things, Co-located with ICSE 2019, SERP4IoT'19, Montreal, QC, Canada, IEEE, 2019, pp. 25-32.

[23] C. Durmaz, M. Challenger, O. Dagdeviren, G. Kardas, Modelling Contiki-based IoT systems, in: OASIcs-OpenAccess Series in Informatics, vol. 56, Schloss Dagstuhl-Leibniz-Zentrum fuer Informatik, 2017, pp. 5:1-5:13.

[24] G. Kardas, Z. Demirezen, M. Challenger, Towards a DSML for semantic Web enabled multi-agent systems, in: Proceedings of the International Workshop on Formalization of Modeling Languages, 2010, pp. 1-5.

[25] E. A. Marand, E. A. Marand, M. Challenger, DSML4CP: a domain-specific modeling language for concurrent programming, Computer Languages, Systems and Structures 44 (2015) 319-341.

[26] H. M. Marah, R. Eslampanah, M. Challenger, DSML4TinyOS: code generation for wireless devices, in: 2nd International Workshop on Model-Driven Engineering forthe Internet-of-Things (MDE4IoT), 2018, pp. 509-514.

[27] B. Karaduman, M. Challenger, R. Eslampanah, J. Denil, H. Vangheluwe, Platform-specific modeling for RIOT based IoT systems, in: IEEE/ACM 42nd International Conference on Software Engineering Workshops (ICSEW'20), Virtual Event, Republic of Korea, June 2020,

pp. 639-646.

[28] B. Karaduman，M. Challenger，R. Eslampanah，J. Denil，H. Vangheluwe，Analyzing WSN-based IoT systems using MDE techniques and Petri-net models，in：4th International Work-shop onModelDriven Engineering for the Internet-of-Things（MDE4IoT），Co-Located With Software Technologies：Applications and Foundations（STAF 2020），Virtual Event，Norway，22-26 June 2020，pp. 35-46.

[29] B. T. Tezel，M. Challenger，G. Kardas，A metamodel for Jason BDI agents，in：5th Symposium on Languages，Applications and Technologies（SLATE'16），Schloss Dagstuhl-Leibniz-Zentrum fuer Informatik，2016，pp. 1-9.

[30] V. Mascardi，D. Weyns，A. Ricci，C. B. Earle，A. Casals，M. Challenger，A. Chopra，A. Ciortea，L. A. Dennis，Á. F. Díaz，et al.，Engineering multi-agent systems：state of affairs and the road ahead，ACM SIGSOFT Software Engineering Notes 44（1）（2019）18-28.

第 11 章　开发面向行业的跨领域的赛博物理系统学习规划

Anatolijs Zabasta[a], Nadezda Kunicina[a], Oksana Nikiforova[b], Joan Peuteman[c],

Alexander K. Fedotov[d], Alexander S. Fedotov[d], Andrii Hnatov[e]

 a 拉脱维亚里加,里加技术大学电气工程与电子研究院

 b 拉脱维亚里加,里加工业大学

 c 比利时布鲁日市,鲁汶大学

 d 白俄罗斯明斯克市,白俄罗斯国立大学物理系能源物理系

 e 乌克兰哈尔科夫,哈尔科夫国立汽车和公路大学

11.1　概　述

第四次工业革命(工业 4.0)[32]的影响并不仅限于工业生产过程。在传统行业之外,工业 4.0 相关技术的兴起也有大量的应用,包括日益增多的人们的日常生活领域。工业 4.0 相关技术的涌现由互联网、通信技术和处理器的(实时)计算能力的高可用性所驱动。以往,赛博物理系统(CPS 系统)和产品的原型主要针对物理对象,而今天,其中的软件中包含使用大规模处理器及其不断增强的计算能力。

为加快新 CPS 产品的开发并降低设计成本,关于控制流程的建模和仿真变得至关重要。这些建模和仿真方法同样有助于提高产品质量。更准确地说,在基于真实数据的虚拟环境中以更低的成本和更低的风险开发新颖的产品成为可能。因此,建模成为所有创新过程中不可或缺的一部分[1]。

CPS 世界的技术演进始终处于加速之中,而通常大学课程的调整是一个相当缓慢的过程,行业发展演进和学术界研究也并不总是相互关联的[2]。这意味着,对于未来的研究人员和 CPS 工程师而言,弥合行业需求和教育产出之间的差距始终是一个挑战。在此背景下,主要目标之一就是引入最新的课程,从而避免那些过时的课程和教学内容。同样重要的是,学生将获得面向研究和设计的技能[3],使他们在设计和引入 CPS 系统时能够应用到学术和技术的知识。

另外,寻求 CPS 教育课程的学生具有不同的教育背景和不同的专业知识,由于这种多样性,难以向这些学生讲授具有挑战性的 CPS 设计相关主题。同样重要的

是,确定哪些工具和方法可使 CPS 开发人员解决创建新系统[4] 所涉及的技术问题。CPS 工程需要的技能包括非常广泛的技术,即需要多学科方法,必须开发跨领域的学习规划。如要开发 CPS 规划的 SE(系统工程),就必须建立一系列满足这些需求的课程,有效地集成那些硬件、软件和系统工程的技术。

里加技术大学(The Riga Technical University,RTU)与 CPS MPM4CPS COST (欧洲科学技术合作)行动计划[5] 的多范式建模领域的其他成员合作,应用他们在行动中获得的知识、经验和方法,在伙伴国家(Partner Countries,PC,即非欧盟国家)的高等教育机构(Higher Educational Institutions,HEI)中创建以行业为重点的课程,从而证实行动中所开发的方式和方法的可行性。

在本项研究中,我们将讨论 COST 团队如何通过 ERASMUS+团队[6-8,29-31] 针对趋势、行业需求和现代教育实践的分析工作和方法,在白俄罗斯和乌克兰的 HEI 创建一个面向行业的 CPS 建模课程。我们将讨论白俄罗斯和乌克兰利益相关方就预期的 CPS 相关主题开展研究的结果。我们将讨论一个独特的经验,即 COST 参与者对白俄罗斯和乌克兰 HEI 的理念和理解的实现。与之前的项目一样,所有合作伙伴之间的经验交流是十分重要的[30]。

首先,基于合作伙伴大学和资方之间的长期合作(见 11.3 节),我们对白俄罗斯和乌克兰的就业市场进行简要评述。然后,我们回顾 COST 行动合作伙伴之间的调查,以便对合作伙伴认为与 CPS 特定领域不可或缺且最为相关的能力进行界定并分类[9](见 11.4 节)。

考虑到 COST 行动中所证实的技术和工具,我们召集一个由白俄罗斯高科技工业和研究机构以及乌克兰运输和采矿工业企业组成的联盟。我们认识到这些机构是 ERASMUS+ Physics(2015—2018)和 CybPhys(2019—2022)项目的利益相关方,以确定适合白俄罗斯和乌克兰就业市场需求的 CPS 专家的简要描述(见 11.5 节)。

基于两项调查的结果,一个由欧洲、白俄罗斯和乌克兰大学的学者和研究人员组成的工作组,提出了一些关于 CPS 建模的建议和课程清单。这些课程旨在对本科生和硕士生进行培养。我们将在新的 ERASMUS+项目“在赛博物理系统建模领域开发以实践为导向的和以学生为中心的教育”中证明这种方法和研究方式——“CybPhys”,使新开发的课程满足白俄罗斯和乌克兰就业市场的需求(见 11.6 节)。

在 11.7 节中,我们针对 COST 行动成员的最初观点和理解,与欧盟和 PC 大学就白俄罗斯和乌克兰高等教育机构的课程达成的相互认同的方法之间,进行相关性的对比和分析。

ERASMUS+项目“CybPhys”包含许多重要的创新。该联盟将创作一些电子书,使白俄罗斯和乌克兰的教学人员能够根据当地学生的需求调整新的和创新的 CPS 主题。其中的方法包括创建基于 Web 的联合电子图书馆,其中包含电子书、纲要以及其他教学与学习材料。

应用电子学习环境应对当今和未来的技术和教育需要。将在合作伙伴的共享实验室设施上创建共享建模和仿真环境（Sharing Modelling and Simulation Environment，SMSE）平台。通过新的计算机类的应用，SMSE 平台可访问虚拟实验室。

方法论和教育方法的学习与教学包括学习成果和基于 ICT 的实践，将支持 CPS 的建模教育。通过辅助自学并结合基于 ICT 的工具（如 wikis、GitBook 和 Prezi）来开发混合课程，从而各种各样的教育方法应运而生。

11.2　相关工作

在不同的环境中都需要提供及时、准确的知识，从员工新技术培训的行业需要开始，再到大学教育，急需开发日益灵活的教学课程。我们认为每个学习计划都可以认为是通过特定课程而提供特定的知识，这些知识应该对行业要求做出足够快的反应。软件工程学科是在新技术的演进和应用规模的急剧增长下发展起来的。2011 年，一群来自商界、政界和学术界等不同领域的代表，首次使用"工业 4.0"一词。工业 4.0 的主要目标是将信息技术和工业技术结合起来，可以定义为从电子和 IT 系统自动化向智能化的工厂和赛博物理系统（CPS）的进步。CPS 是由物理组件和数字组件组成的网络化交互系统。物理组件代表真实的物理系统对象和机械工具，数字（或虚拟）部分作为物理对象[35]的赛博映像。

就 CPS 是工业 4.0 的核心要素而言，这些系统的市场正在迅猛扩大，因此在计算机科学和工程领域专家的教育中发生了快速的变化。CPS 的导入、建模、设计、开发和部署所涉及的跨学科技能更加不可或缺。许多活动已关注到涉及赛博物理系统课程和教育的问题。对世界知名大学的学习规划简要概览表明，这场令人兴奋的技术革命也在影响系统工程教育的内容。针对不同等级的学位，提供了大量关于 CPS 不同方面的在线课程、选修课程和必修课程。请参阅参考文献[36]和[37]中的课程。

此外，多所大学提出将 CPS 的学习作为系统工程的学习规划的一部分，例如参考文献[38]～[42]。一些大学将 CPS 作为嵌入式系统课程[43-44]或机电系统课程[45-46]的一部分来开展学习，有的提供一组相关的课程供学生进行单独学习，其中包含必修课程列表，如 CPS 导论、CPS 设计、嵌入式网络、网络安全实践和 CPS 建模。

在互联网上寻找 CPS 学习规划时，一个更有趣的发现是范德比尔特大学提供的赛博物理系统工程硕士学位课程。该大学自己宣布，其"是 CPS 研究和教育的全球领导者，在该领域提供公认的处于领先地位的跨学科研究生课程"[47]。这个学习规划不是集中在学生的全面和整合教育，它有灵活的学术课程，由多个院系开展，并允许学生根据自己的专业兴趣和目标选择不同的课程。

尽管没有系统地提供 CPS 课程，也没有将其定义为其他学习规划的一部分，但在过去十年中，研究人员和教育工作者都大量发表他们关于 CPS 课程开发的发现。参考文献[48]～[51]的作者讨论过应该纳入 CPS 课程的基本内容。同时，参考文献[52]和[53]的作者在 CPS 方面提出新的系统工程师教育的主要观点,为实践实验室提供架构和框架,并鼓励"从做中学"的原则。调查的另一个例子集中于赛博物理系统工程师的能力并得出这样的结论,CPS 专家必须获得基本的跨学科工程资格,结合不同学科的技能和能力,包括社会和心理方面等。因此,为了制定和实现一个充分的学习规划,还应该考虑两个主要方面:① 识别和理解所需的多学科能力和资格的最基本集;② 现有工程课程中的关键差距的识别和分类[71,54]。参考文献[9]和[55]的作者进行了类似的研究,基于 CPS 工程师所需技能和能力的调查,开发了 CPS 学习规划。

ARTEMIS[12]已经成立了教育和培训(E&T)工作组[13],建立 E&T 的战略议程,考虑欧洲工业的需要。E&T 工作组希望针对欧洲在嵌入式系统(Embedded Systems,ES)领域和 CPS 领域的领导地位而实现一个自我持续创新的环境。参考文献[14]和[15]提供了关于欧洲领导力的电子元件和系统的欧盟政策,特别是提供了关于 CPS 的非常详尽和全面的分析。

为了让学生具备所需的行业能力[16],并在 CPS 相关的各个领域获得足够的知识,课程开发人员还必须考虑:① 复杂的工作环境;② 最新的技术;③ 工具和技能,使培养的学生满足行业的期望[17]。

对于软件工程师的教育,系统工程知识体(Systems Engineering Body of Knowledge,SWEBOK)[18] 可以帮助我们开发最先进的系统工程(System Engineering,SE)课程。面对市场需求并使课程与 SE 模式和标准保持一致是至关重要的。这包括 SE 知识体(SWEBOK)[18]、IEEECS 和 ACM SE2004 指南[19]、IEEE-CS、ACM SE2014 指南[20]、GSwE2009 指南(特别适用于研究生层次的课程)[21]。CPS 工程没有像软件工程那样的知识体系,定义 CPS 专家核心知识的一种可能性将是使用参考文献中的研究结果[22]。

嵌入式系统领域中机器与机器学习(machine to machine learning)的发展,以及通向 CPS 方法[24]的步骤,需要未来在计算机科学、电子、电气工程和通信的交叉集成领域来开发学习规划。自动化的 CPS 挑战问题也在参考文献[11]、[23]和[25]中有所描述。

CPS 建模和仿真课程的实际实现在参考文献[26]~[28]中讨论。在这项工作中[26],作者开发并提供一门关于 CPS 的课程,该课程依赖于支持 3D 可视化的交互式环境中体现简单的高层级建模和仿真语言。参考文献[27]中提出一种不同的方法。本章提出一种方法通过一组强调建模和验证的 CPS 课程模块,将 CPS 概念注入计算机科学课程。参考文献[28]中提出的课程将建模的理论基础与广泛的建模和仿真形式化方法相结合。

参考文献[27]和[28]都将为 IT 专业的学生提供高级的课程。然而,我们针对具有不同背景的学生开设不同主题的课程,如应用物理、电子工程、生物医学和交通运输等。参考文献[26]中讨论的方法似乎更为合适,但我们必须考虑到白俄罗斯和乌克兰的特殊的就业市场需要。

参考文献[31]讨论欧洲和乌克兰大学之间在交通节能技术(Energy-Saving Technologies,EST)领域的联合创新双学位硕士课程(Double Degree Master Program,DDMP)的开展情况。同时,实现 DDMP 的主要目标是:由于创新的节能和 EST 的增长,根据交通运输部门、经济和社会领域不断变化的需要,改进高等教育;提高毕业生就业竞争力,加强高校之间的生产性合作;减少能源消耗,并在交通运输部门使用"绿色"能源替代传统的能源。

在参考文献[56]~[61]等几篇论文中,系统工程课程的研究演进发展表明其中 CPS 的集成方面。一些作者分析 CPS 行业的现代趋势,总结它们带来的影响,并定义 CPS 工程师的需求[62-66]。总而言之,总可以找到作者证实或强调 CPS 集成课程的必要性的论文,确保软件工程师的学习规划更加全面、广泛和完整。其中一些示例或案例的研究证明如何实现这种集成,相关内容可参见参考文献[67]~[70]。

到目前为止,毫无疑问,在系统工程师的课程中,致力于 CPS 的研究课程的集成是至关重要的,以适应计算机系统的现代趋势。此外,聚焦 CPS 分离的数据流的内容,在教育中通常将其称为"中心式",不仅应该基于学术界定义的 CPS 基本原理,还应基于行业的需要。下一节将回顾白俄罗斯和乌克兰的就业市场,表明评述结果将如何影响 CPS 学习规划的发展,此时不仅要考虑 CPS 工程师的基础知识、能力和技能,还要考虑特定国家的具体情况。

11.3　白俄罗斯和乌克兰的就业市场现状

CPS 是大型复杂系统,其中物理元素(甚至其中的系统)与大量分布式和网络化的计算元素和人员用户交互并受其控制。一个国家发展程度越高,其基础设施也就越复杂,这些基础设施可以确保其正常运作,涉及公民的福祉。为了提供这种基础设施,需要 CPS 及其系统来确保整个经济及其各个要素的有效的运行——所有类型的工业、交通、能源、制造业、安保系统、物流网络、智能住宅等。数字技术的全球市场规模估计为 3 300 亿欧元,相当于约 5 000 万个就业岗位。欧洲的特点是在软件和服务领域具有强大的影响力,代表了 890 万个就业岗位(ECSEL 联合开展的多年度战略研究和创新议程(MASRIA 2017))。

11.3.1　白俄罗斯就业市场的需要

从这个意义上讲,白俄罗斯是一个相当发达的国家,上述系统在那里占多数,这可归于 CPS 的贡献。因此,有效和协调地组织这类 CPS 的工作,需要提供各自对应的监测与控制系统,在这些系统中,信息和通信技术(ICT)即使不是决定性的,但也起着主要的作用。创建和使用这种系统属于多学科的问题,因此需要工具和解决方案提供商、最终用户以及研究机构的合作,这些机构必须创建 CPS 并寻求共同认知的赛博物理系统的开发。为了规划和指导白俄罗斯经济稳定的提高,需要经专门培训的具有特定技能和能力的工作人员,他们应该能够开发、设计和控制这类系统。在这方面,白俄罗斯面临着非常重要和非常紧迫的问题——建立一种改进的教育制度,使这一领域的已知解决方案的用户和新的(未来的)CPS 控制与监测的开发人员都能做好准备。就此而言,在一个旨在开发 CPS 建模领域的现代教育环境的项目中,整合那些传统、技术以及教育大学是一个非常及时、有前途和正确的。为对于上述问题中建立有效的教育体系,白俄罗斯的教师、研究人员和工程师需要借鉴欧盟国家大学同事的经验。

对白俄罗斯就业市场的分析表明,白俄罗斯国立大学(BSU)、戈梅利国立大学(GSU)和莫济尔国立师范大学(MSPU)的毕业生将接受新专业的培训,在该项目中开发的一些方面的子项目,将首先满足白俄罗斯和乌克兰的信息与通信技术(ICT)高科技公司、高科技园区和生产性公司中设计中心以及研究/教育机构的需要。

11.3.2　乌克兰劳动力市场的需要

由于混合动力和纯电动运载器数量的不断增长,对于维护和维修工作事实上需要一个全新的方法来开发基础设施,这种方法应基于现代创新的节能(Energy-Saving,ES)和高能效(Energy-Efficient,EE)系统得以实现。

对现有的汽车专业硕士学位教育规划的监测表明,实际上乌克兰没有任何的技术教育机构提供交通运输、电动汽车节能(ES)和高效能(EE)技术的相关知识与技能。然而,一些欧盟大学已经研究与混合动力和纯电动运输车辆的开发和维护相关的新硕士课程,如西里西亚理工大学的"汽车生态与电子系统",华沙理工大学的"纯电动与混合动力汽车工程"等。

乌克兰东部地区是冶金和采矿工业中心,大学参与节能、环境保护和生态监测方面的研究活动。

目前,对节能技术领域专家的培训涵盖非常广泛的通用知识,因而这种对高度专业化工人的培训方式使得这些知识学习掌握非常不切实际,难以应用到当今公司的运营当中,这些公司在运输中使用了最新的 EE 技术,并从事混合动力和纯电动汽车(Electric Vehicles,EV)的制造、销售、维护。哈尔科夫国立汽车与公路大学(Kh-NAHU)和 Kryvyj Ryg 国立大学(KNU)的新培训项目要求必须积累非常广泛的重要学科和知识,才能在这些公司工作。为了规划和实现可持续发展的 EE 道路运输基础设施,需经专门培训的人员,他们应该能够开发和设计此类系统,以及不仅需要对混合动力和纯电动汽车,而且对这些基础设施的电气、电子和信息系统也要开展必要的维护和维修工作。

这种联合(对所有项目参与者)教育流程的实施,将能够获得 KhNAHU 和 RTU 两校间的 EV 和 EST 标准的(双校的、多校的)硕士文凭。

2018 年 12 月发布的乌克兰工业 4.0 国家战略草案指出,对于乌克兰国内市场而言,工业 4.0 将成为工业增长和国防增长的催化剂。切尔尼戈夫国立工业大学(CNTU)的工业电子方面的专家已接受 30 多年的培训。最近,就业市场需要具备工业 4.0 能力的专家。这可通过引入一个新的工业自动化(Industrial Automation,IA)硕士课程得以实现。学习 IA 的流程应基于实验室设备和特定软件提供的建模技术。IA 的教学需要有良好的数学基础并了解赛博物理系统仿真、面向模型的控制、电子组件设计等方面的最新进展。有 IA 培训经验的欧盟合作伙伴的参与,将促进此类教育规划的实现。将专家实习安排在 Chernihiv IT 集群的公司以及制造自动化生产线的区域性企业中。

11.4　COST 行动对欧洲 CPS 课程的投入

CPS 的 COST 行动计划的多范式建模(MPM4CPS)于 2014—2018 年间实施,其主要科学目标是:技术和工具的概念化用以提高互操作性、开发新的本体和形式方法来应对异构性、在公共 MPM4CPS 组织[5]下对来自多个应用领域的问题进行集成。这一行动还旨在为 MPM4CPS 的欧洲硕士和博士课程创建基础,旨在建立各自的学科发展路线图,开发相互认可的跨领域 CPS 专业学习规划。RTU 是行动组织成员之一。

此外,该行动还力求将 CPS 专家项目开发成适于教育目的的形式,将其分几个执行步骤;其中之一是在合作伙伴之间进行的调查,以确定合作伙伴认为与 CPS 特定领域相关的不可或缺且最相关的能力并对其分类。

在 COST 行动计划的范围内,该团队在成员中进行了一项调查,以确定他们认为与 CPS 特定领域最相关的能力并予以分类。这些能力适用于学术教育规划[9]。该调查包括一组问题,要求参与者根据他们的看法,使用李克特等级的从 1(不相关)到 5(非常相关)的结果,对以下每个主题与 MPM4CPS 的相关性进行评分,概括描述性统计(每个类别相关性分类的平均分数)。

针对结果进行两种不同颗粒度的分析。在更高的抽象层级(第一层级主题,在调查结构中提出的潜在 MPM4CPS 主题列表中),我们概述最相关的广泛主题。在更细粒度的层级上,我们还将观察到参与者对细粒度主题提供的分类分布的差异。例如,直接涉及 CPS 的子主题的模式接近于 5(非常相关),其平均值为 4.538 5。将对于 MPM、应用领域和软件工程的子主题认为是相关的,即接近 4。最后,设计和仿真的模态为 3(中间值),绝大多数答案提供在 3(模式)和"相关"之间。在更细粒度的层级上,一些主题的答案数量不同,表明并非所有参与者都足以熟悉所有的主题,以至于在回答有关每个主题的适当性[9]时感到得心应手。

总体而言,无论是对于更高的抽象层级还是更细粒度的主题,绝大多数意见的范围从非常肯定到中立,只有少数例外。我们在讨论 CPS 课程时,将这种排序视为相关的元素,而不是在 CPS 课程中刻意地包含或排除特定主题所定义的测度。

调查结果已用在了两个领域。第一,COST 行动计划中安排的调查方法成功地应用于白俄罗斯和乌克兰潜在用户的调查方面(见 11.5 节);第二,当我们讨论白俄罗斯和乌克兰合作伙伴的课程主题时,将调查结果作为参考。由于篇幅有限,我们不再提供更多数据,参见参考文献[9]。

11.5 识别行业的需要

11.5.1 关于 CPS 课程研究的方法

2018 年,里加技术大学(拉脱维亚)、塞浦路斯大学、鲁汶大学(比利时)与 6 所白俄罗斯大学和两个专业协会合作,成功完成"改进白俄罗斯大学物理科学领域硕士教育"(Physics)项目,该项目由 ERASMUS+ CBHE[10] 资助。3 所欧盟大学与 6 所白俄罗斯大学合作取得宝贵经验,其中在一所大学中进一步扩大合作,将 3 所乌克兰大学纳入联盟。因此,一个新的 ERASMUS+项目"在赛博物理系统建模领域开发以实践为导向的、以学生为中心的教育"——"CybPhys",于 2019 年开始,由 3 所欧盟大学(RTU、KU Leuven、UCY)、3 所白俄罗斯大学(BSU、GSU、MSPU)、RANI(纳米工业企业协会)和 3 所乌克兰大学(KhNAHU、KNU 和 CNTU)组成的联盟中实施。

这一项目广泛的目标是根据白俄罗斯和乌克兰大学在赛博物理系统建模和仿真领域的博洛尼亚进程的实践(译者注:博洛尼亚进程,Bologna Process,是 1999 年由 29 个欧洲国家在意大利博洛尼亚提出的欧洲高等教育改革计划,目标是整合欧盟大学的教育资源,实现欧洲高等教育和科学技术的一体化。任何一个签约国的大学毕业生都将获得其他签约国家的承认,可毫无障碍地申请硕士课程学习或者寻找就业机会,为欧洲一体化进程做出贡献),得以升级本科和硕士课程以及学习规划。这些课程是针对创新的物理、数学和工程科学以及高科技行业的主题。该项目的一个重要的聚焦,是通过联网活动利用信息与通信技术来满足就业市场的需要,并提高教育的质量和相关性。特定的项目目标是根据欧盟 ET2020 战略聚焦于针对 PC HEI 的进一步改革:

- 根据欧盟大学在高科技工业和科研机构 CPS 创新建模和仿真领域的实践,确保白俄罗斯和乌克兰 6 所大学的物理、数学和工程学院的本科和硕士课程与学习规划现代化。
- 基于现代化的本科和硕士的培训计划,提高 CPS 建模和仿真领域的教育质量,重点是使用创新的 ICT 环境来实现宣称目标。

- 针对白俄罗斯和乌克兰 CPS 建模和仿真领域的高等教育与博洛尼亚进程的主要工具和原则,提供相关性以及欧洲高等教育领域(European Higher Education Area,EHEA)文件,如 ISCED 2011、EHEA 资格框架、ECTS、EHEA 的质量保证标准等。

作为 COST 行动计划 MPM4CPS 的合作伙伴之一和 ERASMUS+项目的统筹者,RTU 与项目合作伙伴共同认识到——COST 和 ERASMUS+项目的协同作用,为开发和验证以就业市场为导向的培训计划提供极好的机会。因此,从 COST 行动计划中得出的结论和建议可能会在白俄罗斯和乌克兰的高等教育机构得到认可和验证。

所提供的方法旨在开发和验证适合白俄罗斯和乌克兰就业市场需要的 CPS 专家的子项目,其应该分为 4 个步骤:

- 在 COST 行动计划中创建的增值方法、技术和交付物;
- 分析 CPS 课程的进展,并映射到白俄罗斯和乌克兰就业市场的需要;
- 在 CybPhys 项目框架内验证 CPS 专家子项目,合作伙伴将在 2019—2022 年间实施该项目;
- 通过开发/保持新型培训计划的现代化,使白俄罗斯和乌克兰工业、科学和高等教育机构的利益相关方参与到 CPS 建模领域的教育改进之中。

项目合作伙伴在就业市场需要调查方面获得宝贵的经验,例如,2018 年,在准备未来 ERASMUS+ CybPhys 项目申请表框架下,安排对作为硕士毕业生用人单位的专业协会、研究机构和大学的预先调查。其目的在于实现向博洛尼亚教育原则过渡时,调研白俄罗斯和乌克兰就业市场在 CPS 建模领域的具体需要,见下文。

CybPhys 项目聚焦于课程的现代化,考虑就业市场需要分析结果以及白俄罗斯和乌克兰的非政府机构、设计中心、研究机构和高等教育机构的建议,并预测其在不久的将来的发展。为此,2018 年 12 月至 2019 年 1 月,我们安排对白俄罗斯和乌克兰的研究机构、专业协会、企业和高等教育机构的初步调查。此外,我们于 2017 年 11 月在白俄罗斯安排一项类似的调查。

从这项调查中获得的结果和数据旨在用于初步规划未来的模型和课程,为应用物理和工程专业领域的本科生和硕士生提供为期两年的培训周期。调查的问题是关于 CPS 建模中应用主题的需要。

考虑到白俄罗斯研究机构的国家特殊性,我们调整 COST MPM4CPS 中应用的民意调查方法和问卷。根据受访者的观点,我们评估每个可能的主题针对 CPS 领域专家培训的相关性,采用李克特等级的从 1(不适用)到 5(非常重要)的量值表示。

11.5.2 白俄罗斯研究机构调查分析

有 15 名受访者参与调查:5 人来自白俄罗斯国家科学院的研究机构,8 人来自高等教育机构及其研究机构,2 人来自民营企业。我们还想知道受访者在多大程度上拥有 CPS 工业项目和 CPS 建模的经验,15 人中有 11 人在物理流程和 CPS 计算机建模项目方面有工作经验。对于物理流程和 CPS 建模经验的调查问题，所有 8 人都回答"是"，而另有 5 人承认缺乏这方面的经验。

　　根据进一步的受访者的观点，确定的 7 个高层级的 CPS 领域专家培训的可能主题，如图 11.1 所示。

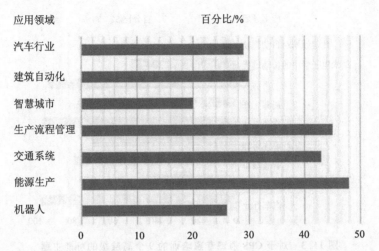

图 11.1　对于 CPS 领域专家培训的 7 个高层级的可能主题

　　在问卷中设计与仿真部分，受访者评估工业设计工具的相关性，如图 11.2 所示。请注意，大多数受访者都偏爱于使用 COMSOL 和 Wolfram System Modeler。

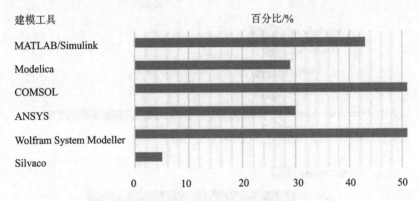

图 11.2　受访者评价工业设计工具相关性的直方图

由于篇幅所限，本文仅对这些示例予以分析。

11.5.3　乌克兰企业调查分析

　　从乌克兰方面来看，24 名受访者参与了调查，他们的专业活动包括：运输、车辆维护与维修、货物交付（14 人），汽车运输领域的教育与研究（7 人），软件开发（2 人），电气设备（1 人）。

24 人中有 10 人在物理流程和 CPS 计算机建模项目方面具有工作经验,24 人中有 6 人具有赛博物理系统建模的经验。

根据进一步受访者的观点,确定的 9 个高层级的 CPS 领域专家培训的可能的主题,如图 11.3 所示。

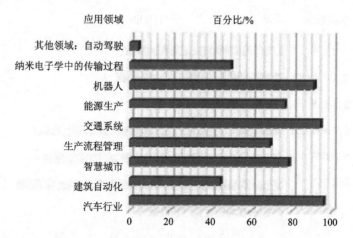

图 11.3 对于 CPS 领域专家培训的 9 个高层级的可能主题

在问卷中设计与仿真部分,受访者更偏爱于工业设计工具,几乎高于纯统计系统的两倍,如图 11.4 所示。

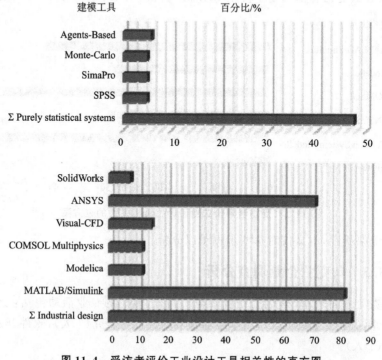

图 11.4 受访者评价工业设计工具相关性的直方图

值得注意的是,在"软件开发"部分,受访者最感兴趣的是"资源密集型建模""自动驾驶、控制系统"。在"学生培训的其他相关领域"部分,受访者的兴趣集中在:"自动驾驶交通工具(电动交通工具)""智能道路""交通基础设施"。因此,在乌克兰大学ERASMUS+项目"CybPhys"框架内开发的培训课程中,有必要考虑到所获得的数据。

11.5.4 研究机构调查结果

初步调查结果表明,CPS的应用、建模方法、工具和语言等领域,被认为是哪些在研究性公司寻找工作的毕业生更应具备的选项。事实上,三分之一的参与者对"您是否有物理过程和CPS建模的经验"这一问题给出了否定答案,这一事实表明,由于具有经验的受访者数量较少,因此需要谨慎评估答案。然而,这一事实反映了CPS相关工作经验的真实情况。

我们还发现欧盟和白俄罗斯受访者提供的评估有相似之处。如欧洲、白俄罗斯和乌克兰的受访者在对建模工具的排序中,Modelica和MATLAB的得分高于SPSS和SigmaPro。

根据乌克兰大学教育领域的具体情况,人们对汽车运输及其基础设施(自动驾驶、控制系统、智能道路等)领域感兴趣。由ERASMUS+ CybPhys项目提供的CPS工具和方法在教育领域的应用,将显著提高教育质量并在该领域培养高素质专家。而这反过来又将满足当前就业市场日益增长的需要。

11.6 白俄罗斯和乌克兰大学 CPS 课程的 COST 调查结果的验证

最近,由6所PC大学和3个欧盟国家组成的团队,开始在新的ERASMUS+项目"CybPhys"框架下工作,旨在为白俄罗斯和乌克兰的大学开发CPS行业的导向课程。该项目的目标是开发新的课程和教学工具(课程、虚拟实践、电子手册和书籍),提高计算机建模和仿真领域本科和硕士学生的培训水平,加速该领域知识和新教育技术的转移(包括ICT工具),加强科学人才联合培训的经验交流,培养具有新技能和能力的专家等。为加强合作伙伴的协同,我们建议:

- 为学生的教学和学习开发相互关联的教学工具系统:9本电子书(见表11.1)和专用课程(见表11.2)。
- 在购置软、硬件系统和新开发的教学工具的基础之上,通过虚拟实验室研讨系统的支持,巩固学生在相关课程中获得的理论知识和实践成果。
- 通过在白俄罗斯国立大学开发的共享建模和仿真环境(SMSE)平台框架下培训和远程线上学习(DEL)的方法,在合作伙伴的大学中使用联合开发的课程和研讨。

表 11.1　已开发的电子书一览表

序　号	电子书名称
1	*Bringing innovations to the market*（《将创新推向市场》）
2	*Mathematical Modelling of Mechatronic Systems*（《机电一体化系统的数学建模》）
3	*Model-oriented control in Intelligent Manufacturing Systems*（《智能制造系统中面向模型的控制》）
4	*Modern Mathematical Physics：Fundamentals and Application*（《现代数学物理：基础与应用》）
5	*High-Performance Scientific Computing and Data Analysis*（《高性能科学计算和数据分析》）
6	*Cyber-Physical Systems modelling and simulation*（《赛博物理系统建模与仿真》）
7	*Cyber-Physical Systems for Clean Transportation*（《清洁交通的赛博物理系统》）
8	*Control methods for critical infrastructures and Internet of Things（IoT）interdependencies analysis*（《关键基础设施的控制方法以及物联网(IoT)依赖性分析》）
9	*Computer modelling of physical processes（handbook for students and PhD students）*（《物理过程的计算机建模》(本科生和博士生手册)）

表 11.2　与表 11.1 电子书各个板块相关的课程列表

序　号	课程名称
1	IT 领域的业务和法律基础知识、将创新推向市场、ICT 领域的创业精神、项目管理、电子商务
2	机械系统动力学与稳定性、理论力学、摩擦的分析建模和磨损流程计算机建模、摩擦磨损流程的分析建模
3	数字化制造中的面向模型控制、自动化系统编程、动力电子组件设计与仿真、机器人物理流程建模与测量、生产环境仿真
4	数学物理方程、数学建模基础、数学物理方法、物理过流程的数学建模
5	超级计算机编程、数字仿真和数据分析的高性能计算、流体和气体动力学的数学建模、数据挖掘和采集、数据的接收和深入分析等
6	大数据和数据处理需要、赛博安保、电力系统、SCADA 系统、智能电网、仿真与建模、广域监测与控制、通信系统和赛博物理系统工具等
7	交通节能技术、混合动力与纯电动汽车结构、环保汽车电气系统、车辆规划科学研究方法、数学建模与优化方法等
8	计算机建模、物联网、操作系统等应用
9	物理系统、过程和现象的计算机建模、过程和系统分析与建模的现代集成包、面向对象编程、MATLAB、Simulink 和 Flash 用于物理研究问题的求解和计算机仿真等

由此，这些方法得以实现，SMSE 和 DEL 将允许创建一个联合教育系统，通过计算机建模技术兼容课程、教学(电子书、课程、虚拟研讨会、指导指南)以及技术(Moodle

平台、交互式 smartBoards、GoogleJam 屏幕）工具，为本科生和硕士生提供教学/学习服务。

已开发一套电子书、课程、研讨和指南，将提供面向高复杂性的基础学科和特殊学科领域的培训，在 CPS 建模/仿真的目标领域确保针对学士—硕士—博士整个链路学生提供一致性的训练。所提供的电子书、课程和虚拟实验室系统可按照条件分为以下 4 个板块：

- 针对工程和物理方面的专家掌握现代数据分析和计算的基础知识，将开发一个课程电子书，作为本科水平的基础准备（如电子书 4《现代数学物理：基础与应用》），为未来更专业的课程打下坚实的基础。这可以当作其他专门和高层级训练书籍的前提条件。
- 电子书 5《高性能科学计算和数据分析》将为用户提供使用超级计算机处理大数据和仿真的专业知识，这为深入理解高级计算技术奠定基础。基于本书提出特殊的培训，构建进阶课程 SPOC（Small Private Online course），作为硕士和博士阶段的培训。
- 基于电子书 2 和 3，以及电子书 6~9 的特殊培训课程，将帮助学生聚焦于不同领域的建模（这将取决于各自大学的市场需求以及培训整体情况）。选择从行业中发展最快的现代部分以及应用物理学与基础物理学中的主题。
- 电子书 1《将创新推向市场》使学生通过了解高科技产业创新创业的实现机制，充分发现他们的创造潜力。另一个目标是强化对初创项目的目标。

11.7　讨论与结论

COST 和 ERASMUS＋项目团队之间的合作为两个项目带来帮助。COST 团队分享了他们在趋势分析、行业需要以及获得最佳教育实践方面的经验。在 COST 项目中开发的方法已在 ERASMUS＋项目物理中进行测试和验证，类似的方法将用于新的 ERASMUS＋项目 CybPhys 中。

欧洲、白俄罗斯和乌克兰受访者提供的回答有重要的相似之处。如欧盟受访者和所谓伙伴国受访者提供的建模工具排序相当相似。而在比较欧盟和伙伴国家给出的回答中，重要的是关注受访者的不同经验和能力。同样重要的是要考虑欧盟与伙伴国家不同的社会经济环境。

问卷的分析显示，用人单位对开发和应用 CPS 所需的毕业生的知识与技能非常感兴趣。白俄罗斯和乌克兰受访者的回答存在一定的差异：所有白俄罗斯受访者都具有 CPS 建模的经验；而只有四分之一的乌克兰受访者具有这样的经历；白俄罗斯受访者主要代表科学院的研究机构，而乌克兰受访者主要代表运输、物流和采矿工业公司；白俄罗斯受访者主要对用于控制应用物理领域不同流程的 CPS 建模感兴趣，而乌克兰受访者主要对用于运输、能源生产和制造的控制流程 CPS 知识感兴趣。

由于白俄罗斯和乌克兰的受访者数量有限,联盟意识到对新课程 CPS 建模主题的调查存在着局限性。因此,计划在 CybPhys 项目的初始阶段进行进一步的调查。ERASMUS+项目 CybPhys 将通过开发电子书、电子图书馆、电子学习平台、共享建模和仿真环境平台以及面向 CPS 的课程,为白俄罗斯和乌克兰的高等教育系统带来新颖性。

尽管受访者的背景不同,就业市场也存在差异,但博洛尼亚进程鼓舞人心的原则与引入自学激励、混合课程以及基于 ICT 的学习与教学工具相结合仍是十分有用的。

致　谢

本书的出版由 COST 行动计划 IC1404"赛博物理系统的多范式建模"、ERASMUS+项目"改进白俄罗斯大学物理科学领域的硕士教育"(Physics)和 ERASMUS+项目"在赛博物理系统建模领域以实践为导向的学生教育"(CybPhys)提供支持。

参考文献

[1] A. Hnatov,S. Arhun,K. Tarasov,H. Hnatova,V. Mygal,A. Patl,ins,Researching the model of electric propulsion system for bus using Matlab Simulink,in: USB PROCEEDINGS of 2019 IEEE 60th International Scientific Conference on Power and Electrical Engineering of Riga Technical University(RTUCON),Latvia,Riga,7-9 October,2019,Riga Technical University,Riga,Latvia,ISBN 9781-5386-6902-0,2019,pp. ♯051-1-♯051-6.

[2] Yetis Hasan,Mehmet Baygin,Mehmet Karakose,An investigation for benefits of cyber-physical systems in higher education courses,in: 15th International Conference on Information Technology Based Higher Education and Training(ITHET),IEEE,2016,https://doi. org/10. 1109/ITHET. 2016. 7760734.

[3] J. Peuteman,A. Janssens,J. Boydens,D. Pissoort,Integrating research and design oriented skills in a learning trajectory for engineering students,in: Proceedings of the EDULEARN18 Conference,Palma,Mallorca,Spain,July 2-4,2018,pp. 877-886.

[4] L. Gitelman,M. Kozhevnikov,O. Ryzhuk,Advance management education for power-engineering and industry of the future,Sustainability 11(21)(2019)5930(pp. 1-22),https://doi. org/10. 3390/ su11215930.

[5] Multi-Paradigm Modelling for Cyber-Physical Systems(MPM4CPS)COST Action IC1404,

http://www.cost.eu/COST_Actions/ict/IC1404? parties.

[6] ERASMUS+ CBHE Capacity-building in the Field of Higher Education 2015 Call for Proposals Improvement of master-level education in the field of physical sciences in Belarusian universities, (Physics), http://physics.rtu.lv/. (Accessed November 2017).

[7] J. Peuteman, A. Janssens, R. De Craemer, J. Boydens, A. Zabasta, A. Fedotov, Integration of the European bachelor master degree concept at Belarusian universities for physics and engineering students, in: Proceedings of the XXVth International Conference Electronics-ET, Sozopol, Bulgaria, September 12-14, 2016.

[8] A. Zabašta, N. Kun,icina, J. Peuteman, R. De Craemer, A. Fedotov, Development of industry-oriented, student-centred master-level education in the field of physical sciences in Belarus, in: Proceedings of EDULEARN18 Conference, Palma, Mallorca, Spain, 2-4 July, 2018, pp. 3641-3648.

[9] A. Zabašta, P. Carreira, O. N,ikiforova, V. Amaral, N. Kun,icina, M. Goulão, U. Sukovskis, L. Ribickis, Developing a mutually-recognized cross-domain study program in cyber-physical systems, in: 2017 IEEE Global Engineering Education Conference (EDUCON 2017), Greece, Athens, 25-28 April, 2017, IEEE, Piscataway, 2017, pp. 791-799, available from: https://doi.org/10.1109/EDUCON.2017.7942937.

[10] S. Fedotov, A. Fedotov, A. Tolstik, A. Zabašta, A. Žiravecka, N. Kun,icina, L. Ribickis, Evaluation of market needs in Belarus for improvement of master-level education in the field of physical sciences, in: 2016 57th International Scientific Conference on Power and Electrical Engineering of Riga Technical University (RTUCON), Latvia, Riga, 13-14 October, 2016, IEEE, Piscataway, NJ, 2016, pp. 1-6, https://doi.org/10.1109/RTUCON.2016.7763148.

[11] Master's Program in Pervasive Computing and Communications for Sustainable Development (PERCCOM), http://www.lut.fi/web/en/admissions/masters-studies/msc-in-technology/informationtechnology/erasmus-mundus-programme-in-pervasive-computing-and-communications-for-sustainable-development.

[12] ARTEMIS Joint Undertaking (Advanced Research and Technology for Embedded Intelligence and Systems), www.artemis-ju.eu, ARTEMIS Strategic Research Agenda (SRA) (2011 and 2013).

[13] Artemis-IA, WG Education & Training, https://artemis-ia.eu/working-groups/wg-education-training.html.

[14] E. Schoitsch, A. Skavhaug, European perspectives on teaching, education and training for dependable embedded and cyber-physical systems, in: 2013 39th Euromicro Conference Series on Software Engineering and Advanced Applications.

[15] E. Schoitsch, Special Session TET-DEC (Teaching, Education and Training for Dependable Embedded and Cyber-Physical Systems), An E&T use case in a European project, in: 2015 41st Euromicro Conference on Software Engineering and Advanced Applications.

[16] H. Jaakkola, J. Henno, I. J. Rudas, IT curriculum as a complex emerging process, in: IEEE International Conference on 2006 ICCC Computational Cybernetics, IEEE, IEEE Society, 2006,

pp. 1-5, https://doi. org/10. 1109/ICCCYB. 2006. 305731.

[17] A. Alarifia, M. Zarour, N. Alomar, Z. Alshaikh, M. Alsaleh, SECDEP: software engineering curricula development and evaluation process using SWEBOK, Information and Software Technology 74(2016)114-126.

[18] P. Bourque, R. E. Fairley(Eds.), Guide to the Software Engineering Body of Knowledge, Version 3. 0, EEE Computer Society, 2014, www. swebok. org.

[19] R. J. LeBlanc, A. Sobel, J. L. Diaz-Herrera, T. B. Hilburn, et al. , Software Engineering 2004: Curriculum Guidelines for Undergraduate Degree Programs in Software Engineering, IEEE Computer Society, 2006.

[20] T. J. T. F. on Computing Curricula, Software Engineering 2014: Curriculum Guidelines for Undergraduate Degree Programs in Software Engineering, Technical Report, New York, NY, USA, 2015. [21] A. Pyster, Software Engineering 2009(GSwE2009): Curriculum Guidelines for Graduate Degree Programs in Software Engineering, Integrated Software & Systems Engineering Curriculum Project, Stevens Institute of Technology, 2009.

[22] Interim Report on 21st Century Cyber-Physical Systems Education, available at: https://www. nap. edu/read/21762/chapter/2, 2015.

[23] C. Scaffidi, What training is needed by practicing engineers who create cyberphysical systems?, in: Proceeding of 2015 41st Euromicro Conference on Software Engineering and Advanced Applications, pp. 298-305.

[24] C. A. Berkeley, LeeSeshia. org [Online]. Available: http://LeeSeshia. org, 2011.

[25] D. Vasko, et al. , Foundations for Innovation in Cyber-Physical Systems Workshop report, January 2013 Prepared by Energetics Incorporated Columbia, Maryland for the National Institute of Standards and Technology, p. 60.

[26] W. Taha, R. Cartwright, R. Philippsen, Y. Zeng, Developing a first course on cyber-physical systems, in: Workshop on Embedded and Cyber-Physical Systems Education WESE'14, New Delhi, India, October 12-17, 2014, 2014, pp. 1-8, https://doi. org/10. 1145/2829957. 2829964.

[27] K. Damevski, B. Altayeb, H. Chen, D. Walter, Teaching cyber-physical systems to computer scientists via modeling and verification, in: Proceeding of the 44th ACM Technical Symposium on Computer Science Education SIGCSE'13, Denver, Colorado, USA, March 6-9, 2013, pp. 567-572.

[28] Y. V. Tendeloo, H. Vangheluwe, Teaching the fundamentals of the modelling of cyber-physical systems, in: SpringSim-TMS/DEVS 2016, Pasadena, CA, USA, April 3-6, 2016, Society for Modeling & Simulation International (SCS), 2016, pp. 1-8.

[29] A. Zabasta, N. Kunicina, Y. Prylutskyy, J. Peuteman, A. K. Fedotov, A. S. Fedotov, Development of industry oriented curricular on cyber physical systems for Belarusian and Ukrainian universities, in: Proceedings of the 6th IEEE Workshop on Advances in Information, Electronic, and Electrical Engineering, AIEEE 2018, Vilnius, Lithuania, November 8-10, 2018.

[30] J. Peuteman, A. Janssens, R. De Craemer, H. Hallez, P. Coudeville, C. Cornelly, A. Maricau, A. Degraeve, G. Strypsteen, P. Rauwoens, A. Zabasta, Realizing an international student

exchange program for Belarusian engineering students to Belgium, in: Proceedings of the SEFI 2017 Annual Conference, September 18-21, 2017, Azores, Portugal, pp. 1142-1149.

[31] A. Gnatov, S. Argun, O. Ulyanets, Joint innovative double degree master program 《energy-saving technologies in transport》, in: 2017 IEEE First Ukraine Conference on Electrical and Computer Engineering (UKRCON), IEEE, 2017, pp. 1203-1207.

[32] H. Lasi, P. Fettke, H. G. Kemper, T. Feld, M. Hoffmann, Industry 4. 0, Business & Information Systems Engineering 2 (6) (2014) 239-242.

[33] O. N, ikiforova, V. Nikulsins, U. Sukovskis, Principles of model driven architecture for the task of study program development, in: Frontiers in Artificial Intelligence and Applications, vol. 155: Databases and Information Systems IV, 2008, pp. 291-304.

[34] Klaus Schwab, The Fourth Industrial Revolution, Encyclopaedia Britannica, https://www. britannica. com/topic/The-Fourth-Industrial-Revolution-2119734.

[35] K. Babris, O. Nikiforova, U. Sukovskis, Brief overview of modelling methods, life-cycle and application domains of cyber-physical systems, Applied Computer Systems 24 (1) (2019) 5-12, https://doi. org/10. 2478/acss-2019-0001.

[36] University of California, Santa Cruz, Cyber-Physical Systems: Modeling and Simulation, https://www. coursera. org/learn/cyber-physical-systems-1.

[37] University of Oslo, INF5910CPS-Cyber physical systems, https://www. uio. no/studier/emner/matnat/ifi/nedlagteemner/INF5910CPS/.

[38] Wayne State University, College of Engineering Cyber-Physical Systems, https://engineering. wayne. edu/cyber/curriculum. php.

[39] Universita Degli Studi Firenze, Curriculum "Resilient and Secure Cyber Physical Systems", https://www. informaticamagistrale. unifi. it/vp-153-curriculum-cyber-physical-systems. html? newlang=eng.

[40] Uni Freiburg, Concentration: Cyber-Physical Systems (CPS), https://www. informatik. unifreiburg. de/studies/furtherinformation/concentrationCPS.

[41] DePaul, College of Computing and digital media, Bachelor of Science, Cyber Physical Systems Engineering, https://www. cdm. depaul. edu/academics/Pages/BS-in-Cyber-Physical-Systems-Engineering. aspx.

[42] Indiana University, School of Informatics, Computing, and Engineering Bulletin, BS in Intelligent Systems Engineering, Computer Engineering/Cyber-Physical Systems Concentration, https://bulletin. iu. edu/iub/soic/2018-2019/undergraduate/degree-programs/bs-intellgient-systems-engineering/computer-engineering-cyber-physical-systems. shtml.

[43] University of Technology Eindhoven, Master Embedded Systems, Cyber-Physical Systems stream, https://educationguide. tue. nl/programs/graduate-school/masters-programs/embedded-systems/curriculum/cyber-physical-systems-stream/.

[44] University of California, Embedded and Cyber-Physical Systems, MECPS, https://www. mastersportal. com/studies/291499/embedded-and-cyber-physical-systems. html.

[45] German Academic Exchange Service, Mechatronic and Cyber-Physical Systems (MEng),

https://www2. daad. de/deutschland/studienangebote/international-programmes/en/detail/5378/.

[46] Deggendorf Institute of Technology, Master Mechatronic and Cyber-Physical Systems, https://www. th-deg. de/en/tc-cham-en/courses/master-mechatronic-and-cyber-physical-systems.

[47] Vanderbilt University, Master of Engineering Degree Program in Cyber-Physical Systems, https://engineering. vanderbilt. edu/academics/m_eng/CPS/index. php.

[48] C. Zintgraff, C. W. Green, J. N. Carbone, A regional and transdisciplinary approach to educating secondary and college students in cyber-physical systems, in: Applied Cyber-Physical Systems, Springer, New York, 2014, https://doi. org/10. 1007/978-1-4614-7336-7_3.

[49] M. Törngren, et al. , Education and training challenges in the era of cyber-physical systems: beyond traditional engineering, in: Proc. WESE'15, Workshop on Embedded and Cyber-Physical Systems Education, Amsterdam, October 8, 2015, 2015, Paper 8, https://doi. org/10. 1145/2832920. 2832928.

[50] W. Grega, A. J. Kornecki, Real-time cyber-physical systems: transatlantic engineering curricula framework, in: Proc. FedCSIS'2015, Federated Conference on Computer Science and Information Systems, Lodz, Poland, September 13-16, 2015, 2015, pp. 755-762, https://doi. org/10. 15439/2015F45.

[51] J. Wade, et al. , Systems engineering of cyber-physical systems: an integrated education program, in: Proc. ASEE'2016, 123rd Annual ASEE Conference, New Orleans, LA, June 26-29, 2016, Paper No. 17162.

[52] Janusz Zalewski, Fernando Gonzalez, Evolution in the education of software engineers: online course on cyberphysical systems with remote access to robotic devices, International Journal of Online and Biomedical Engineering (iJOE) 13 (8) (2017), https://doi. org/10. 3991/ijoe. v13i08. 7377.

[53] S. Peter, F. Momtaz, T. Givargis, From the browser to remote physical lab: programming cyber-physical systems, in: Proc. FIE'2015, Frontiers in Education Conference, El Paso, Texas, October 21-24, 2015.

[54] Elena Mäkiö-Marusik, Bilal Ahmad, Robert Harrison, Juho Mäkiö, Armando Walter Colombo, Competences of cyber physical systems engineers — survey results, in: Industrial Cyber-Physical Systems (ICPS), IEEE, 2018.

[55] N. Kun, icina, A. Zabašta, O. N, ikiforova, A. Romānovs, A. Patl, ins, Modern tools of career development and motivation of students in Electrical Engineering Education, in: Proceedings of 2018 IEEE 59th International Scientific Conference on Power and Electrical Engineering of Riga Technical University (RTUCON), Latvia, Riga, Nov 12-14, 2018, IEEE, Piscataway, 2018, pp. 1-6.

[56] D. Mourtzis, E. Vlachou, G. Dimitrakopoulos, V. Zogopoulos, Cyber-physical systems and Education 4. 0-the teaching factory 4. 0 concept, in: 8th Conference on Learning Factories 2018-Advanced Engineering Education &. Training for Manufacturing Innovations, https://doi. org/10. 1016/j. promfg. 2018. 04. 005.

[57] Abul K. M. Azad, Reza Hashemian, Cyber-physical systems in STEM disciplines, in: SAI

Computing Conference 2016, London, UK, July 13-15, 2016, pp. 868-884.

[58] Isam Ishaq, Rashid Jayousi, Salaheddin Odeh, et al., Work in progress-establishing a master program in cyber physical systems: basic findings and future perspectives, in: 2019 International Conference on Promising Electronic Technologies(ICPET), pp. 4-10.

[59] Martin Törngren, Martin Edin Grimheden, Jonas Gustafsson, Wolfgang Birk, Strategies and considerations in shaping Cyber-Physical Systems education, SIGBED Review 14(1)(October 2016)53-60.

[60] Martin Edin Grimheden, Martin Törngren, Towards curricula for cyber-physical systems, in: WESE'14, New Delhi, India, October 12-17, 2014, https://doi.org/10.1145/2829957. 2829965.

[61] Linda Laird, Strengthening the "engineering" in software engineering education: a software engineering bachelor of engineering program for the 21st century, in: 2016 IEEE 29th International Conference on Software Engineering Education and Training, pp. 128-131.

[62] Thi Bich Lieu Tran, Martin Törngren, Huu Duc Nguyen, Radoslav Paulen, Nancy Webster Gleason, Trong HaiDuong, Trends in preparing cyber-physical systems engineers, Cyber-Physical Systems 5(2) (2019) 65-91, https://doi.org/10.1080/23335777.2019.1600034.

[63] A 21st Century Cyber-Physical Systems Education, report, Committee on 21st Century Cyber-Physical Systems Education, Nat'l Academies Press, 2016, www.nap.edu/catalog/23686/a-21stcentury-cyber-physical-systems-education.

[64] Mehmet Baygin, Hasan Yetis, Mehmet Karakose, Erhan Akin, An effect analysis of Industry 4. 0 to higher education, in: Conference: 2016 15th International Conference on Information Technology Based Higher Education and Training (ITHET), https://doi.org/10.1109/ ITHET.2016.7760744.

[65] Mariagiovanna Sami, Miroslaw Malek, Umberto Bondi, Francesco Regazzoni, Embedded systems education: job market expectations, SIGBED Review 14(1) (October 2016) 22-28.

[66] A. Ziravecka, N. Kunicina, K. Berzina, A. Patlins, Flexible approach to course testing for the improvement of its effectiveness in engineering education, in: Proceedings of the 2015 IEEE 8th International Conference on Intelligent Data Acquisition and Advanced Computing Systems: Technology and Applications (IDAACS), Poland, Warsaw, 24-26 September, 2015, IDAACS'2015 Organizing Committee, Warsaw, 2015, pp. 955-959.

[67] Fadi Kurdahi, Mohammad Abdullah Al Faruque, Daniel Gajski, Ahmed Eltawil, A case study to develop a graduate-level degree program in embedded & cyber-physical systems, SIGBED Review 14 (1) (October 2016) 16-21.

[68] Walid Taha, Yingfu Zeng, Adam Duracz, Xu Fei, Kevin Atkinson, Paul Brauner, Robert Cartwright, Roland Philippsen, Developing a first course on cyber-physical systems, SIGBED Review 14(1)(October 2016) 44-52.

[69] Albert M. K. Cheng, An undergraduate cyber-physical systems course, in: CyPhy'14, April 14-17, 2014, Berlin, Germany, https://doi.org/10.1145/2593458.2593464.

[70] Daniela Antkowiak, Daniel Luetticke, Tristan Langer, Thomas Thiele, Tobias Meisen, Sabina

Jeschke，Cyber-physical production systems：a teaching concept in engineering education，in：2017 6th IIAI International Congress on Advanced Applied Informatics，https：//doi. org/10. 1109/IIAI-AAI. 2017. 35.

[71] N. Kun，icina，A. Žiravecka，J. Cᵕaiko，A. Patl，ins，L. Ribickis，Research-based approach application for electrical engineering education of bachelor program students in Riga Technical University，in：IEEE Education Engineering Conference(EDUCON 2010)，Spain，Madrid，14-16 April，2010，IEEE，Piscataway，2010，pp. 695-700，https：//doi. org/10. 1109/EDUCON. 2010. 5492510.

附录　缩略语表

英文简称	英文全称
ACC	Adaptive Cruise Control
ACOL	Analysis Constraints Optimisation Language
ADAS	Advanced Driver Assistance System
ADL	Architecture Description Language
AM3	AtlanMod Mega-Model Management
AMW	Atlas Model Weaving
AST	Abstract Syntax Trees
ATL	Atlas Transformation Language
BDD	Block Definition Diagram
BDI	Belief-Desire-Intention
BSU	Belarusian State University
CACC	Cooperative Adaptive Cruise Control
CNTU	Chernigov National University of Technologies
COTS	Commercial Off-The-Shelf
CPMS	Cyber-Physical Medical Systems
CPS	Cyber-Physical System
CT	Continuous-Time
CTL	Computation Tree Logic
DDMP	Double Degree Master Program
DE	Discrete Event
DEECo	Dependable Emergent Ensembles of Components
DEL	Distance E-Learning
DEv	Discrete Event Dynamic Systems
DEVS	Discrete Event Systems
DEVS	Discrete Event System Specification
DL	Description Logic
DSL	Domain-Specific Language

英文简称	英文全称
DSML	Domain-Specific Modeling Language
E&T	Education and Training
EBCPS	Ensemble-Based Cyber-Physical Systems
EDL	Ensemble Definition Language
EE	Energy-Efficient
EHEA	European Higher Education Area
ER	Entity-Relationship
ES	Energy-Saving
ES	Embedded Systems
EST	Energy-Saving Technologies
EV	Electric Vehicles
FTG+PM	Formalism Transformation Graph and Process Model
FUSED	Formal United System Engineering Development
FTG	Formalism Transformation Graph
FMI	Functional Mock-up Interface
FMU	Functional Mock-up Unit
FCT	Foundation for Science and Technology
FSM	Finite-State Machine
GMM	Global Model Management
GME	Generic Modelling Environment
GUI	Graphical User Interface
GSU	Gomel State University
HPI	Hasso Plattner Institute
HVAC	Heating, Ventilation, and Air Conditioning
HiL	Hardware in the Loop
HMI	Human-Machine Interface
HA	Hybrid Automata
HS	Hybrid Systems
HLPN	High-Level Petri Nets
HEI	Higher Educational Institution
IoT	Internet of Things
IRM	Invariant Refinement Method

英文简称	英文全称
IR	Infrared
IPP4CPPS	Integrated Product-Production co-simulation for Cyber-Physical Production System
IP	Intellectual Property
ICT	Information and Communication Technology
IA	Industrial Automation
KNU	Kryvyj Ryg National University
KhNAHU	Kharkiv National Automobile and Highway University
LTL	Linear Temporal Logic
MPM	Multi-Paradigm Modelling
MPM4CPS	Multi-Paradigm Modelling for Cyber-Physical Systems
MAS	Multi-Agent Systems
M4	Multi-scale Modelling
MoTE	Model Transformation Engine
MDE	Model-Driven Engineering
MMINT	Model Management INTeractive
MT	Model Test
MiL	Model-in-the-Loop
MDA	Model Driven Architecture
MBSE	Model-Based System Engineering
MDE	Model-Driven Architecture
MDD	Model-Driven Development
MBE	Model-Based Engineering
M&S	Modelling and Simulation
MSPU	Mozyr State Pedagogical University
OWL	Web Ontology Language
OSLC	Open Services for Lifecycle Collaboration
ODE	Ordinary Differential Equations
PM	Process Model
PIMM	Platform Independent Metamodel
PSMM	Platform-specific Metamodel
PDE	Partial Differential Equations
PC	Partner Countries

英文简称	英文全称
QUDV	Quantities, Units, Dimensions and Values
QUDT2	Quantities, Units, Dimensions and Types version 2
QSS	Quantised State System
RDF	Resource Description Framework
RP	Rapid Prototyping
RPL	Routing Protocol for Low-Power devices
RTU	Riga Technical University
SCEL	Service Component Ensemble Language
SM	Smart Manufacturing
SiL	Software in the Loop
SDF	Synchronous Data Flow
SDLC	System Development Life Cycle
SAT	Satisfiability
SMT	Satisfiability Modulo Theories
SE	System Engineering
SWEBOK	Systems Engineering Body of Knowledge
SMSE	Sharing Modelling and Simulation Environment
SPOC	Small Private Online Course
TGG	Triple Graph Grammars
TA	Timed Automata
TCTL	Timed Computation Tree Logic
UAV	Unmanned Air Vehicles
VDM	Vienna Development Method
VDM-RT	VDM Real-Time
WSN	Wireless Sensor Network
W3C	World Wide Web Consortium
WfMC	Workflow Management Coalition
XSD	XML Schema Definition

图 2.4 共享本体子领域的概述

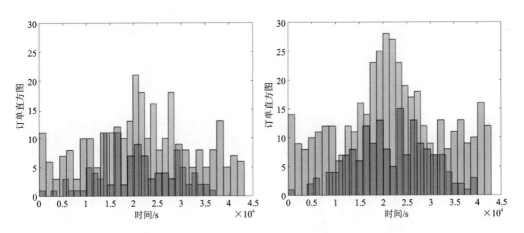

高斯分布(蓝色)和均匀分布(橙色)的 200 个(左图)和 300 个(右图)订单

图 7.10 订单直方图

1

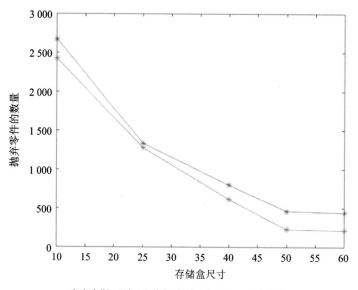

来自高斯(蓝色)和均匀(橙色)分布的 301 个订单

图 7.11 抛弃零件数量随存储盒大小的函数变化

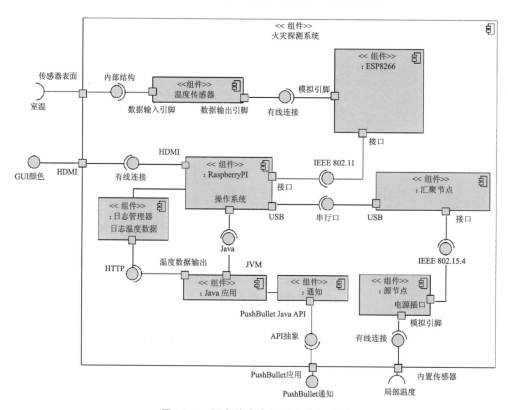

图 10.7 图书馆火灾探测系统组件图